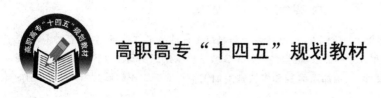

高职高专"十四五"规划教材

# CAD/CAM

## ——基于 UG NX12.0 项目实训指导教程

主编 刘晓明 王锋 韩超 孔凡坤

北京航空航天大学出版社

# 内 容 简 介

本书全面系统地介绍了 UG NX12.0 的建模方法、模具设计和数控编程的技术与技巧,主要依据企业生产实际流程,基于目前企业对 UG 应用人才的需求,根据各院校 UG 教学要求组织编写。内容分为典型零件建模、机械零件装配、塑料产品模具设计、三轴加工编程和多轴铣削加工编程 5 个工作领域;共计 11 个工作项目。

本书可作为各大中专院校和各类培训学校的 CAD/CAM 课程教材,也可作为工程技术人员的自学参考书。

**图书在版编目(CIP)数据**

CAD/CAM:基于 UG NX12.0 项目实训指导教程 / 刘晓明等主编. -- 北京:北京航空航天大学出版社,2021.8
ISBN 978 - 7 - 5124 - 3557 - 5

Ⅰ. ①C⋯ Ⅱ. ①刘⋯ Ⅲ. ①计算机辅助制造—应用软件—教材 Ⅳ. ①TP391.73

中国版本图书馆 CIP 数据核字(2021)第 133779 号

**CAD/CAM——基于 UG NX12.0 项目实训指导教程**
主编 刘晓明 王锋 韩超 孔凡坤
策划编辑 董瑞 责任编辑 宋淑娟
\*
北京航空航天大学出版社出版发行

北京市海淀区学院路 37 号(邮编 100191) http://www.buaapress.com.cn
发行部电话:(010)82317024 传真:(010)82328026
读者信箱:goodtextbook@126.com 邮购电话:(010)82316936
三河市华骏印务包装有限公司印装 各地书店经销
\*
开本:787×1 092 1/16 印张:23 字数:618 千字
2021 年 10 月第 1 版 2021 年 10 月第 1 次印刷 印数:2 000 册
ISBN 978 - 7 - 5124 - 3557 - 5 定价:69.00 元

# 前　言

　　UG 是一款功能强大的三维 CAD/CAM/CAE 软件系统,其内容涵盖了从概念设计、工业造型设计、三维模型设计、分析计算、动态模拟与仿真、工程图输出到生产加工成产品的全过程,应用范围涉及航空航天、汽车、机械、造船、数控(NC)加工、医疗器械和电子等诸多领域。UG NX12.0 是目前功能最强、最新的 UG 版本,它采用复合建模技术,融合了实体建模、曲面建模和参数化建模等多方面技术,弥补了传统参数化建模严重依赖草图,以及生成和编辑方法单一的缺陷。用户可根据自身需要和习惯选择建模方法。该软件所提供的一个基于过程的产品设计环境,使产品开发从设计到加工真正实现了数据的无缝集成,从而优化了企业的产品设计与制造。

　　本书是基于当前企业对 UG 应用人才的需求和各院校 UG 教学要求而组织编写的。以目前 UG 软件最新版本 UG NX12.0 中文版为操作平台,全面系统地介绍了 UG NX12.0 的造型方法、模具设计和数控编程技术与技巧。内容分为典型零件建模、机械零件装配、塑料产品模具设计、三轴加工编程和多轴铣削加工编程 5 个工作领域,共计 11 个工作项目。工作领域一主要包括轴、盘盖、叉架和脚丫形摄像头曲面建模 4 个工作项目;工作领域二是千斤顶机构装配与爆炸图创建;工作领域三为电话机壳产品注塑模具设计,系统地演示模具设计的整个过程;工作领域四、五包括平面铣削加工、型腔铣削加工、点位加工、3+2 铣削加工和五轴联动铣削加工 5 个工作项目,各项目精选典型结构加工零件,按照零件工艺分析、加工参数确定、CAM 编程操作前工艺准备和 CAM 编程操作的过程编写。

　　书中的各工作项目均从基础入手,精选典型零件结构,图文并茂,实用性强,针对性强,详细介绍了零件建模、模具设计和数控加工编程等过程及操作步骤和方法。

　　本书特色如下:

　　① 内容全面。包含 CAD 建模、模具设计、CAM 数控加工编程三大部分内容。

　　② 范例丰富。以实用性强、针对性强的工作项目为引导,精选机械零件中典型的轴、盘盖、叉架、千斤顶装配体等产品作为建模实例。

　　③ 讲解详细。从 2D 草图、3D 建模、装配设计、注塑模具设计到数控铣加工,循序渐进地介绍了 UG NX12.0 的常用模块和实用操作方法。

　　④ 条理清晰。各项目内容均按照项目实际操作流程编写。CAM 加工编程涵盖了平板类零件、复杂型腔模具零件、多孔类零件及多轴铣削加工零件,均按照零件工艺分析、加工参数确定、CAM 数控加工策略选择和 CAM 编程操作的过程编写。

本书工作领域一、二由黑龙江农业工程职业学院韩超、韩旭、张湘媛、孔凡坤及哈尔滨北方航空职业技术学院李媛媛编写;工作领域三由黑龙江农业工程职业学院刘晓明、韩超、高军伟、闫玉蕾及长春职业技术学院赵洪波编写;工作领域四、五由黑龙江农业工程职业学院王锋、李宏学、刘晓明、张栋及长春职业技术学院赵洪波编写。全书由刘晓明、王锋、韩超、孔凡坤任主编。黑龙江农业工程职业学院吕修海教授和广东轻工职业技术学院宋丽华教授审阅了全书并提出了许多宝贵意见和建议,在此深表感谢!

由于编者水平有限,书中难免存在疏漏和不妥之处,恳请各教学单位和读者提出宝贵意见,以便今后改进。

所有意见和建议请发至:153244071@qq.com。

编　者

2021 年 5 月

> ➤ 本书配有教学视频,可使用微信或浏览器扫描二维码观看。
> ➤ 教学视频著作权归本书作者所有,未经授权不得复制、转载。
> ➤ 如遇网络问题导致无法观看视频,可邮件至 goodtextbook@126.com 申请视频电子文件。若需其他帮助,可拨打 010 - 82317037 联系我们。

# 目　　录

# 工作领域一　典型零件建模

## 项目一　轴类零件建模

**项目目标**

　　① 能正确识读轴零件图并分析各部分的组合关系；
　　② 能利用 UG 草绘命令绘制参数化草图；
　　③ 能正确完成轴上各结构的建模操作。

**项目简介**

　　轴零件是机器中经常遇到的典型零件之一,主要用来支撑传动零部件、传递扭矩和承受载荷。如图 1-1 所示的轴类零件由各同心轴的外圆柱面、键槽、退刀槽、螺纹及倒角等结构组成。

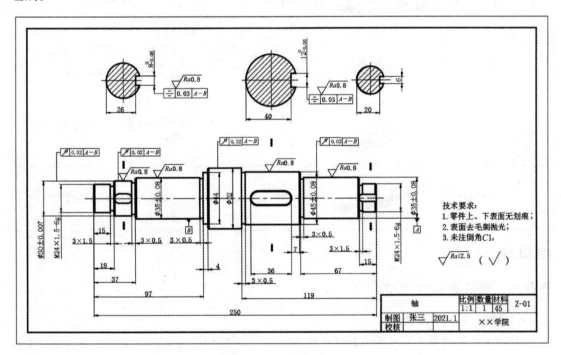

图 1-1　轴零件图

**项目分析**

　　各同心外圆柱面的建模方法主要有以下几种：
　　① 通过绘制截面草图进行旋转生成圆柱面；
　　② 通过绘制截面圆进行拉伸生成圆柱面；
　　③ 通过凸台命令进行圆柱体的叠加生成圆柱面。
　　本项目采用绘制截面草图进行旋转生成圆柱面,其他结构按照对应的命令来创建。

为了便于读者清晰地理解轴的建模流程,将对应的知识点和技能点进行汇总建立了表1-1,其详细过程可按如下操作完成。

表1-1 轴类零件建模过程知识点与技能点分解

| 序 号 | 内 容 | 建模流程 | 知识点 | 技能点 |
|---|---|---|---|---|
| 1 | 绘制参数化草图形状 | 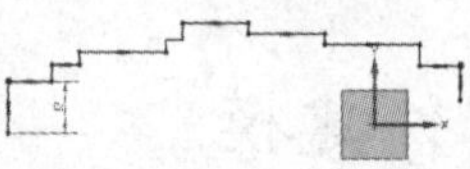 | 创建 XY 草图平面;<br>绘制草图直线 | 学会选择和创建不同的平面并绘制草图;<br>学会参数化绘图的方法 |
| 2 | 完成旋转草图 | 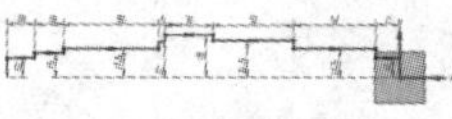 | 点约束到 X 轴上;<br>端点与原点的重合约束;<br>快速尺寸标注;<br>学会检查尺寸完全定位的方法 | 学会草图中点约束的操作命令;<br>能够对草图进行快速尺寸标注;<br>能够检查草图是否已完全定位 |
| 3 | 创建旋转实体 |  | 由草图旋转生成实体 | 学会根据旋转截面草图生成旋转实体的方法 |
| 4 | 创建退刀槽 |  | 读懂退刀槽尺寸;<br>在圆柱面上生成退刀槽 | 学会在圆柱面上生成退刀槽的方法 |
| 5 | 创建倒角 | 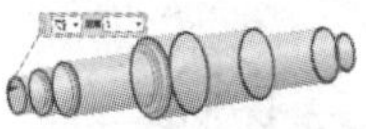 | 创建 C1 的对称尺寸倒角 | 学会在边上创建倒角的方法 |
| 6 | 创建螺纹 |  | 创建 M24×1.5-6g 的符号螺纹 | 学会在圆柱面上创建符号螺纹的方法 |
| 7 | 创建键槽 |  | 创建键槽 | 学会在圆柱面上创建键槽的方法 |

## 项目操作

### 任务一 圆柱面建模操作

**1. 绘制旋转轴草图曲线**

选择【文件】→【菜单】→【插入】→【在任务环境中绘制草图】命令,如图1-2所示,弹出【创建草图】对话框,如图1-3所示。【创建草图】对话框由【草图类型】和【草图坐标系】两部分组成。

在【草图类型】下拉列表框中有"在平面上"和"基于路径"两种类型,如图1-4所示。"在平面上"表示在平面上创建草图,"基于路径"表示在曲线上创建草图。

在【草图坐标系】区域中包含四方面内容,如图1-5所示。在【平面方法】下拉列表框中有"自动判断"和"新平面"两个选项,如图1-6所示。"自动判断"表示选择绝对坐标系 XY 平面作为草图绘制平面,"新平面"表示选择其他平面作为草图绘制平面。

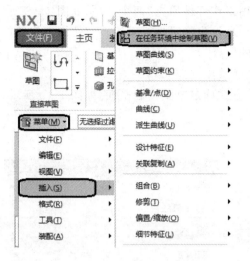

图 1-2　进入草图绘制环境

图 1-3　【创建草图】对话框

图 1-4　【草图类型】的选项

图 1-5　【草图坐标系】的选项

【参考】下拉列表框中有"水平"和"竖直"两个选项,如图 1-7 所示。"水平"表示草图的坐标方向与绝对坐标系 $XY$ 平面的方向相同,"竖直"表示草图的坐标方向与绝对坐标系 $XY$ 平面的方向相反。

图 1-6　【平面方法】的选项

图 1-7　【参考】的选项

【原点方法】下拉列表框中有"指定点"和"使用工作部件原点"两个选项,如图 1-8 所示。"指定点"表示可以指定点作为草图坐标系的原点,默认为绝对坐标系原点;"使用工作部件原点"表示可以选择工作部件原点作为草图坐标系的原点。

【指定坐标系】表示可根据需要自定义草图坐标系。

本项目【创建草图】对话框中全部采用默认的方式确定草图绘制平面,如图 1-9 所示,单击【确定】按钮进入草图绘制界面。

图 1-8 【原点方法】的选项

图 1-9 轴建模的创建草图方法

草图绘制界面主要由草图绘制功能区和草图绘制区组成,分别如图 1-10 中 1 处和 2 处所示。

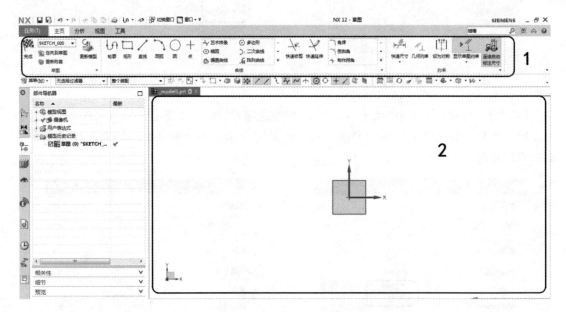

图 1-10 草图绘制界面

草图绘制功能区主要由【草图】、【曲线】和【约束】三大部分组成,如图 1-11 所示。

在开始绘制草图前,一定要正确识读零件图,了解零件图的图形形状及各尺寸的大小关系,如图 1-12 所示为轴建模所需的草图形状和尺寸的提取。

图 1-11　草图绘制功能区

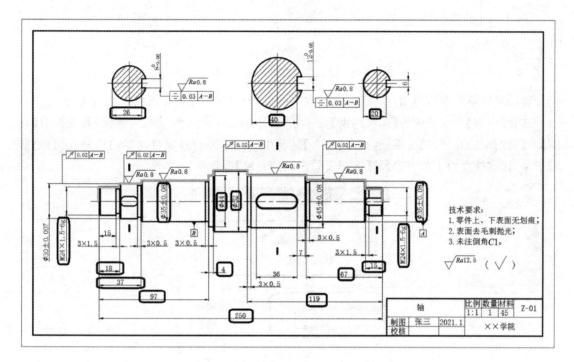

图 1-12　轴建模所需草图形状和尺寸提取

旋转草图形状的绘制既可以采用 Auto CAD 绘制平面图形的方法,也可以采用 UG 中常用的参数化绘制草图的方法。下面介绍参数化绘制轴零件草图的方法。

按照参数化绘制草图的要求,第一条线段的尺寸应准确绘制,要绘制长度为 12 mm 的竖直线段。

选择【曲线】功能区中的【轮廓】命令，弹出【轮廓】对话框,如图 1-13 所示,有【对象类型】和【输入模式】两项内容,灰色部分表示系统默认的【对象类型】为"直线",【输入模式】为"坐标模式"。

在屏幕任何位置单击,确定直线段的第一个点,第二个点的位置采用输入【长度】和【角度】的方式来确定,【长度】和【角度】的输入值如图 1-14 所示,确定无误后按【Enter】键结束。同理,绘制完成旋转草图的大致形状,如图 1-15 所示。

图 1-13　【轮廓】对话框　　　　　图 1-14　绘制长度为 12 mm 的竖直线段

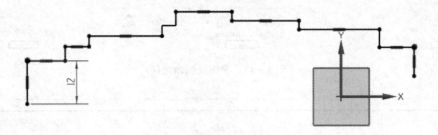

**图 1 - 15　绘制完成旋转草图的大致形状**

轴的旋转草图截面两端点应在同一条水平线上,因此需要把两端点约束到 X 轴上。

选择【约束】功能区中的【几何约束】命令 ,弹出如图 1 - 16 所示的对话框,其主要分【约束】和【要约束的几何体】两部分内容,【约束】区域中的内容为约束项目,【要约束的几何体】区域中含有【选择要约束的对象】和【选择要约束到的对象】两项内容。

**图 1 - 16　【几何约束】对话框**

在【约束】区域中单击"点在曲线上"图标 ,【选择要约束的对象】为两个端点,【选择要约束到的对象】为 X 轴,如图 1 - 17 所示,单击【确定】按钮完成点在 X 轴上的约束,如图 1 - 18 所示。

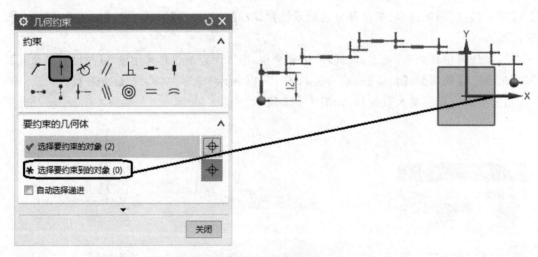

**图 1 - 17　点在曲线上的约束**

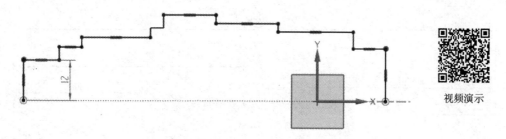

视频演示

图 1-18 点在 *X* 轴上的约束

各线段的尺寸要与图 1-12 中的尺寸要求相一致,采用【快速尺寸】命令进行标注。

选择【约束】功能区中的【快速尺寸】命令 ，弹出如图 1-19 所示的对话框,在【参考】区域中有【选择第一个对象】和【选择第二个对象】两项内容,标注时单击需要标注尺寸的两个端点,如图 1-20 所示。

按照上述方法,初步完成旋转草图的尺寸定义,如图 1-21 所示。

再次选择【快速尺寸】命令 ，如图 1-22 所示,显示尺寸标注没有完全变为绿色,表明还有部分尺寸没有定位完全。

通过分析可知,出现部分尺寸没有定位完全是由于最左或最右端线段没有定位完全,因此,对最右端线段进行尺寸约束。

图 1-19 【快速尺寸】标注对话框

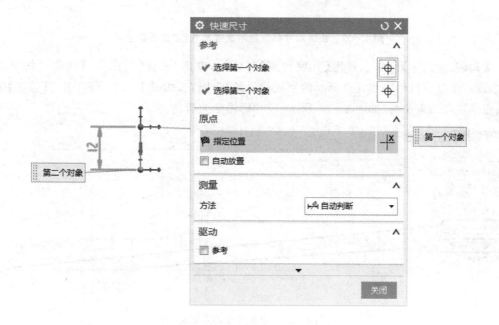

图 1-20 快速尺寸标注方法

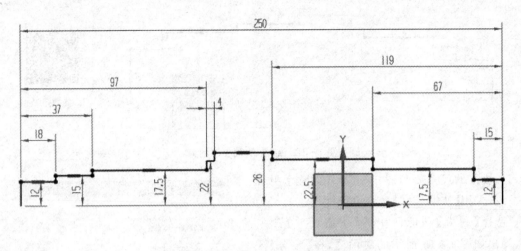

图 1 – 21　初步完成旋转草图的尺寸定义

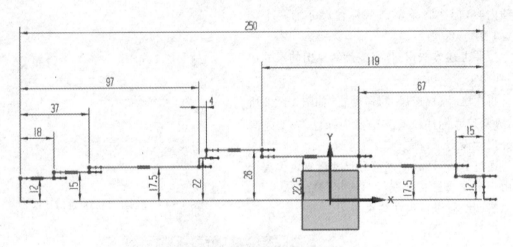

图 1 – 22　快速尺寸标注显示定位尺寸(定位不完全)

选择【几何约束】命令 弹出【几何约束】对话框,单击"重合"图标 ,【选择要约束的对象】为最右端竖直线的端点,【选择要约束到的对象】为原点,如图 1 – 23 所示,单击【关闭】按钮完成点的重合约束命令,如图 1 – 24 所示,尺寸标注变为蓝色。

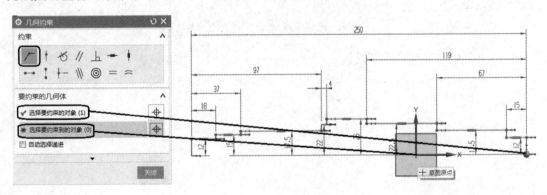

图 1 – 23　重合尺寸约束定义

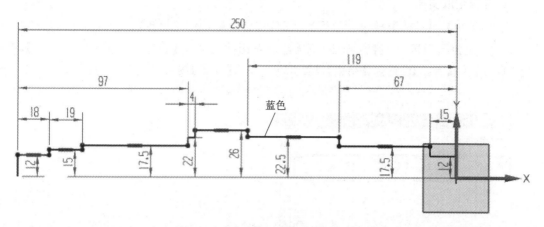

图 1-24    重合约束后的尺寸标注

选择【快速尺寸】命令 🏁,显示尺寸标注完全变为绿色,如图 1-25 所示,表明旋转轴草图已完全定位,从而完成了草图的绘制。

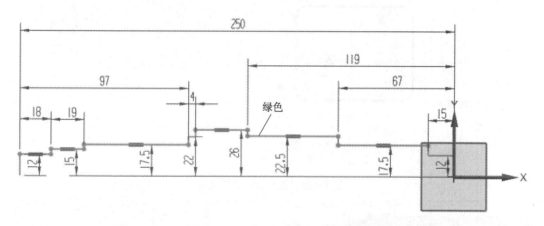

图 1-25    快速尺寸标注显示定位尺寸(完全定位)

选择【完成】命令 🏁 完成旋转轴草图的绘制,返回到【建模】工作环境,在 $XY$ 平面生成旋转轴草图,如图 1-26 所示。

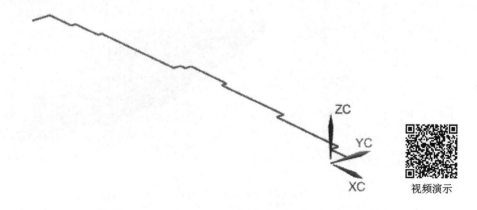

视频演示

图 1-26    生成旋转轴草图

**2. 旋转生成实体**

选择【菜单】→【插入】→【设计特征】→【旋转】命令🐷,弹出【旋转】对话框,对图 1-27 中的 1、2、3 和 4 处进行设置,1 处【选择曲线】为绘制草图曲线;2 处【指定矢量】为 X 轴;3 处【指定点】为原点;4 处【开始】设置 0°,【结束】设置 360°。单击【确定】按钮生成轴旋转实体,如图 1-28 所示。

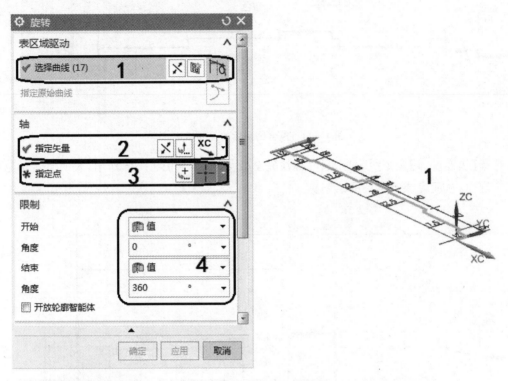

图 1-27 旋转命令选择曲线

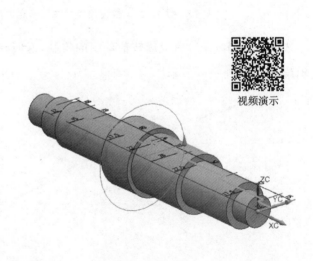

视频演示

图 1-28 生成轴旋转实体

## 任务二　退刀槽建模操作

选择【菜单】→【插入】→【设计特征】→【槽】命令 🛢，弹出【槽】对话框，如图1-29所示。单击【矩形】按钮，弹出【矩形槽】对话框，确定槽的放置面，如图1-30所示。以创建最左端M24×1.5-6g段圆柱面上3×1.5退刀槽为例，选择圆柱面，弹出【矩形槽】对话框，输入矩形槽参数如图1-31所示，单击【确定】按钮弹出【定位槽】对话框，如图1-32所示，选择定位槽的"目标边"和"工具边"，如图1-33所示，弹出【创建表达式】对话框，将表达式【p26】的值改为0 mm，如图1-34所示，完成矩形槽的创建，如图1-35所示。

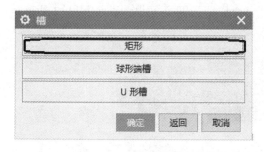

图1-29　【槽】对话框

图1-30　【矩形槽】对话框

图1-31　输入矩形槽参数

图1-32　【定位槽】对话框

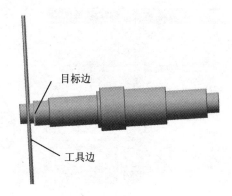

图1-33　选择定位槽边

图 1-34 【创建表达式】对话框

图 1-35 完成矩形槽的创建

按照同样的方法,完成如图 1-1 所示所有矩形槽的创建,尺寸自左向右分别为 3 mm×1.5 mm、3 mm×0.5 mm、3 mm×0.5 mm、3 mm×0.5 mm、3 mm×0.5 mm、3 mm×1.5 mm,如图 1-36 所示。

图 1-36 完成多个矩形槽的创建

## 任务三 倒角建模操作

选择【特征】功能区中的【倒斜角】命令，如图 1-37 所示,弹出【倒斜角】对话框,选择图中所有要倒角的边,在【横截面】下拉列表框中选择"对称",在【距离】中输入倒角大小 1 mm,单击【确定】按钮,如图 1-38 所示,生成边倒角结构。

图 1-37 选择【倒斜角】命令

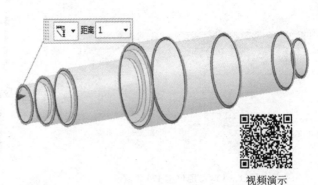

视频演示

图 1-38 完成多个倒斜角的创建

## 任务四　螺纹建模操作

选择【菜单】→【插入】→【设计特征】→【螺纹】命令 ▋，弹出【螺纹切削】对话框，选择需要生成螺纹的圆柱面，根据螺纹规格 M24×1.5-6g 填写符号螺纹参数，如图 1-39 所示，单击【确定】按钮。同理，完成另一端符号螺纹的创建，如图 1-40 所示。

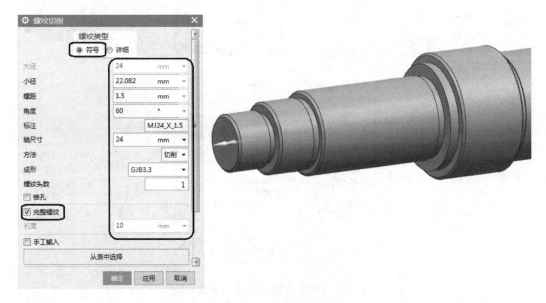

图 1-39　填写符号螺纹参数

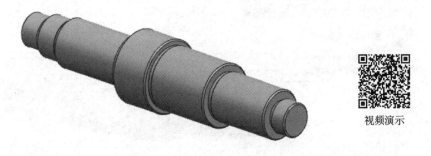

图 1-40　生成两端符号螺纹

视频演示

## 任务五　键槽建模操作

在 UG NX12.0 建模环境下，【键槽】命令已被隐藏，需要通过右上角的【命令查找器】进行搜索，输入"键槽"，单击搜索图标，如图 1-41 所示，显示键槽命令，选择【键槽（原有）命令 ▋，弹出如图 1-42 所示的【槽】对

图 1-41　【命令查找器】搜索"键槽"命令

话框，选择槽的种类为"矩形槽"，单击【确定】按钮，弹出【矩形槽】对话框，确定放置平面，如图 1-43 所示。

选择键槽所在的圆柱面，系统提示键槽的放置面必须是平面，如图 1-44 所示，因此需要在圆柱面上创建放置键槽的平面。

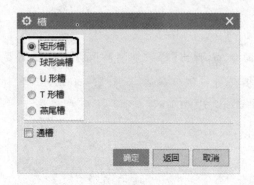

图 1-42 选择槽的种类

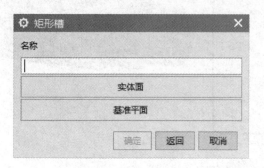

图 1-43 【矩形槽】对话框确定放置平面

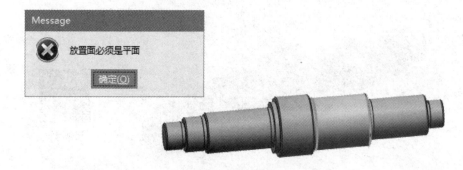

图 1-44 选择键槽面的放置方式

选择【特征】功能区中的【基准平面】→【基准坐标系】命令，如图 1-45 所示，选择键槽所在圆柱面的象限点创建基准坐标系，如图 1-46 所示。

选择基准坐标系下的 XY 平面为键槽放置平面，弹出创建键槽方向对话框，如图 1-47 所示，单击【接受默认边】，单击【确定】按钮，弹出【水平参考】对话框，选择 X 轴为键槽的水平参考方向，如图 1-48 所示，弹出【矩形槽】对话框，输入键槽尺寸如图 1-49 所示，单击【确定】按钮，弹出【定位】对话框，选择如图 1-50 所示的【水平】定位命令，选择"目标边"对象如图 1-51 所示，根据键槽尺寸的要求，单击选择【相切点】方式进行水平定位，如图 1-52 所示，选择"工具边"对象，单击选择【相切点】方式进行水平定位，如图 1-53 所示，弹出【创建表达式】对话框，输入数值－7 mm，

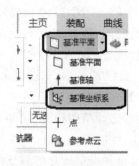

图 1-45 选择【基准坐标系】

单击【确定】按钮完成 $\phi45$ 圆柱面上键槽的创建,如图 1-54 所示。

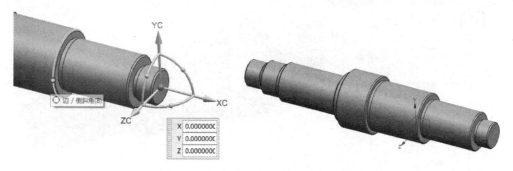

图 1-46　完成基准坐标系的创建

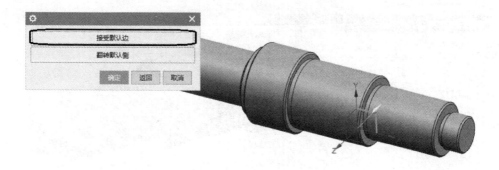

图 1-47　完成键槽方向的创建

图 1-48　【水平参考】对话框

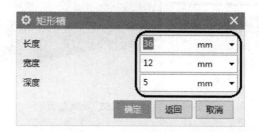

图 1-49　输入键槽尺寸

图 1-50　【定位】对话框

图 1-51　选择"目标边"

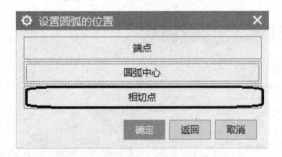

图 1-52　选择目标边位置

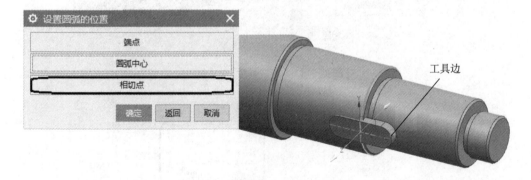

图 1-53　选择"工具边"及其位置

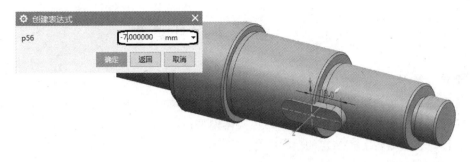

**图 1 - 54　创建表达式完成键槽的创建**

按照上述键槽的建模方法,分别完成 $\phi30$ 和 $\phi24$ 圆柱面上键槽的创建,如图 1 - 55 所示。

视频演示

**图 1 - 55　完成所有键槽的创建**

# 项目综合评价表

**轴类零件建模项目综合评价表**

| 评价类别 | 序　号 | 评价内容 | 分　值 | 得　分 |
|---|---|---|---|---|
| 成果评价(50分) | 1 | 建模结构是否符合图样要求 | 15 | |
| | 2 | 建模过程是否合理 | 15 | |
| | 3 | 零件建模尺寸是否正确 | 5 | |
| | 4 | 草绘操作及尺寸绘制是否正确 | 5 | |
| | 5 | 是否有创新技能操作 | 10 | |
| 自我评价(25分) | 1 | 学习活动的主动性 | 7 | |
| | 2 | 独立解决问题的能力 | 5 | |
| | 3 | 工作方法的正确性 | 5 | |
| | 4 | 团队合作 | 5 | |
| | 5 | 个人在团队中的作用 | 3 | |
| 教师评价(25分) | 1 | 工作态度 | 7 | |
| | 2 | 工作量 | 5 | |
| | 3 | 工作难度 | 3 | |
| | 4 | 工具使用能力 | 5 | |
| | 5 | 自主学习 | 5 | |
| 项目总成绩(100分) | | | | |

# 项目二  盘盖类零件建模

## 项目目标

① 能正确识读盘盖类零件图并分析各部分的组合关系；
② 能利用 UG 实体及草图绘制命令创建实体模型；
③ 能正确完成盘盖上各结构的建模操作。

## 项目简介

盘类零件是机械加工中常见的典型零件之一，通常起支撑和导向作用。如图 2-1 所示，该零件的主体特征是盘，附加特征包括内孔、槽、斜角、均布圆孔及均布豁口，整体零件的特征简单明显，没有过多的复杂曲面。

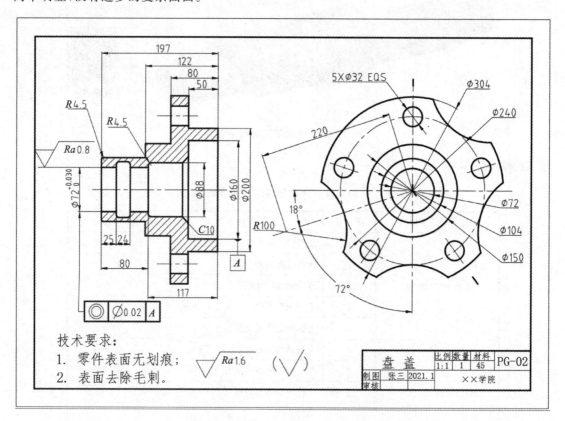

**图 2-1  盘零件图**

## 项目分析

这种盘类零件的建模有很多种方法，但是普遍采用的建模过程是先用增料—除料形成主体特征，然后再增加附加特征。这种方法的优点是：较多地运用了 UG 中的实体建模命令，减少了草图的绘制，整个绘图过程较为清晰和直观。其详细建模过程如表 2-1 所列。

表 2-1　盘类零件建模过程知识点与技能点分解

| 序　号 | 内　容 | 建模流程 | 知识点 | 技能点 |
|---|---|---|---|---|
| 1 | 创建零件主体 |  | 创建圆柱；创建凸台 | 应用凸台创建圆柱体的方法 |
| 2 | 创建零件内孔、倒角及槽 | 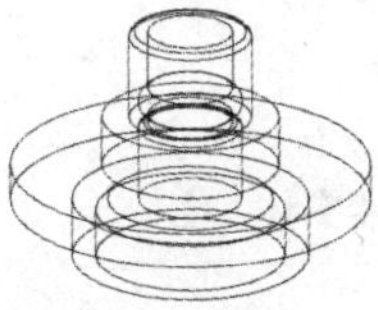 | 创建孔；创建倒角；创建沟槽 | 创建孔、倒角、沟槽的方法 |
| 3 | 创建均布孔 |  | 阵列孔 | 应用阵列创建均布孔的方法 |
| 4 | 创建豁口草图 | 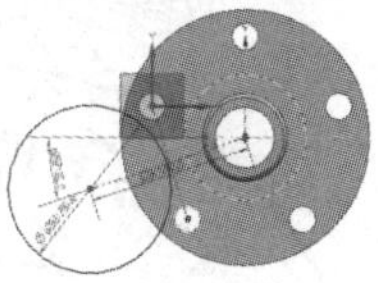 | 创建豁口草图 | 绘制草图及草图定位方法 |
| 5 | 创建豁口 |  | 创建拉伸豁口 | — |
| 6 | 阵列豁口 |  | 阵列豁口 | 利用阵列创建均布豁口的方法 |

## 项目操作

## 任务一　识读盘盖零件图

　　通过识读如图 2-1 所示的零件图可知：该盘由各同心圆柱面、内孔、退刀槽、圆角、倒角和均匀分布的孔、豁口等结构组成。

　　各同心外圆柱面采用圆柱、凸台命令进行实体建模；采用孔命令绘制内孔，采用槽命令绘制退刀槽，采用圆角、倒角命令绘制圆角和倒角，采用阵列命令绘制均匀分布的孔、豁口等特征。按照上述步骤和方法，绘制如图 2-2 所示的盘盖类零件。

图 2-2　盘盖类零件实体

## 任务二　绘制盘盖主体结构操作

通过实体命令中的圆柱和凸台命令,绘制盘盖的主体结构,其尺寸如图 2-3 所示。

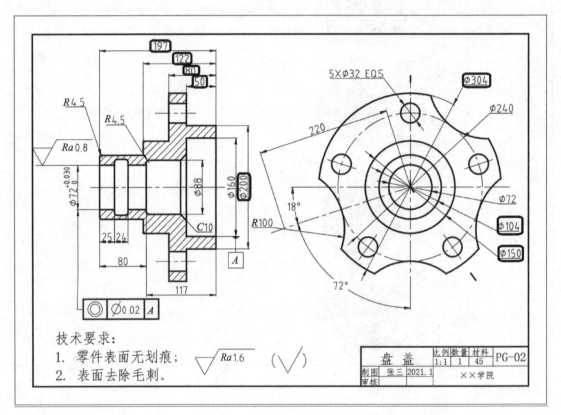

技术要求:
1. 零件表面无划痕;
2. 表面去除毛刺。

图 2-3　盘盖的主体结构尺寸

### 1. 圆柱体建模

选择【菜单】→【插入】→【设计特征】→【圆柱】命令,如图 2-4 所示,弹出【圆柱】对话框,输入圆柱体的【直径】和【高度】,如图 2-5 所示,单击【确定】按钮之后,绘图区显示圆柱实体,如图 2-6 所示。

图 2-4　选择【圆柱】命令

图 2-5　输入圆柱体尺寸

图 2-6　完成圆柱体的绘制

**2. 凸台圆柱体建模**

选择【菜单】→【插入】→【设计特征】→【凸台】命令,如图 2-7 所示,弹出【支管】对话框,输入凸台的【直径】和【高度】,如图 2-8 所示,选择圆柱体的上表面为凸台放置平面,如图 2-9 所示。

图 2-7 选择【凸台】命令

图 2-8 输入凸台尺寸

图 2-9 选择凸台放置平面

下面对凸台定位。选择凸台放置平面后,弹出【定位】对话框,绘图区如图 2-10 所示,已绘制的圆柱体上表面圆高亮显示即为定位基准,这时凸台所在的位置是随机的,需要对它进行定位。单击【定位】对话框中的"点落在点上"图标,以"点落在点上"为定位方式,如图 2-11 所示。

图 2-10 凸台定位基准

图 2-11 选择定位方式

弹出【点落在点上】对话框,如图 2-12 所示,单击凸台下表面圆,如图 2-13 所示。

弹出【设置圆弧的位置】对话框,如图 2-14 所示,选择【圆弧中心】后,凸台下表面圆心即与圆柱上表面圆心落在同一点上。至此完成凸台的定位,如图 2-15 所示。

图 2-12 【点落在点上】对话框

图 2-13 单击凸台下表面圆

图 2-14 【设置圆弧的位置】对话框

图 2-15 凸台定位完毕

盘盖主体其他两段凸台的绘制方式完全相同,只是凸台尺寸不同,第一段凸台尺寸如图 2-16 所示,绘制完成后,主窗口显示创建了第一段凸台的盘盖主体,如图 2-17 所示。

图 2-16 输入第一段凸台尺寸

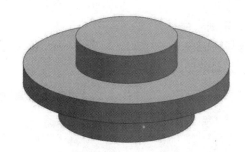

图 2-17 创建了第一段凸台的盘盖主体

第二段凸台尺寸如图 2-18 所示,盘盖主体如图 2-19 所示。

图 2-18 输入第二段凸台尺寸

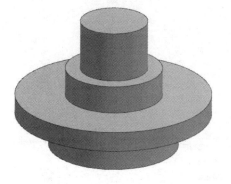

图 2-19 盘盖主体完成

视频演示

## 任务三　绘制盘盖内孔操作

通过实体命令中的孔命令，绘制盘盖的内孔结构，其尺寸如图 2-20 所示。

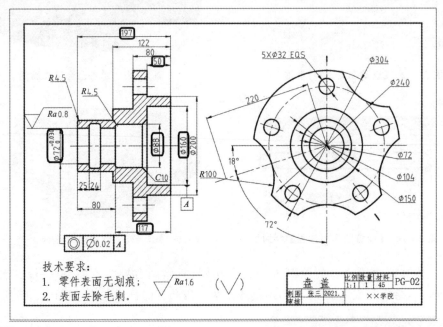

图 2-20　内孔的尺寸

### 1. 常规孔建模

选择【孔】命令，如图 2-21 所示，弹出【孔】对话框，如图 2-22 所示，单击盘盖主体上表面圆心作为孔的中心，如图 2-23 所示。

图 2-21　选择【孔】命令 　　图 2-22　【孔】对话框 　　图 2-23　选择孔的中心
（常规孔建模） 　　　　　　（常规孔建模）

输入孔的【直径】【深度】【顶锥角】,【布尔】运算选择"减去",如图2-24所示,单击【确定】
按钮后完成孔的绘制,如图2-25所示。

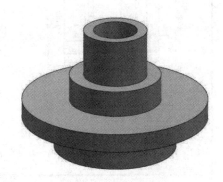

图2-24 输入孔的尺寸　　　　　　　　　图2-25 孔绘制完成

**2. 沉头孔的绘制**

沉头孔与常规孔类似,只是孔的中心位于底面圆心上,如图2-26所示,孔的尺寸如图2-27
所示,绘制完成后的沉头孔如图2-28所示。

视频演示

图2-26 选择沉头孔的中心　　　图2-27 输入沉头孔尺寸　　　图2-28 沉头孔绘制完成

## 任务四　绘制圆角、倒角、槽操作

通过实体命令中的圆角、倒角、槽命令,绘制盘盖的细节结构,其尺寸如图 2-29 所示。

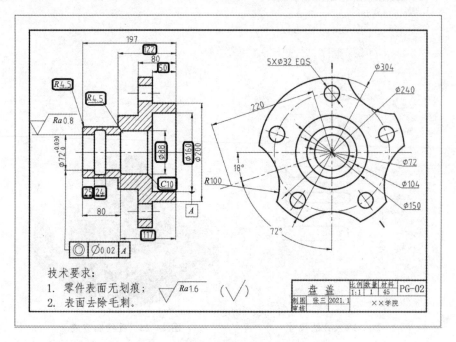

**图 2-29　圆角、倒角、槽的尺寸**

### 1. 倒圆角建模

选择【静态线框】命令改变实体的渲染方式,如图 2-30 所示。选择【边倒圆】命令,如图 2-31 所示,弹出【边倒圆】对话框,输入圆角半径,如图 2-32 所示。

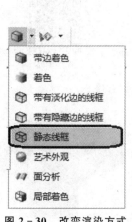

**图 2-30　改变渲染方式**
　　**(倒圆角建模)**

**图 2-31　选择【边倒圆】命令**　　**图 2-32　【边倒圆】对话框**

分别选取需要倒圆角的边,如图 2-33 和图 2-34 所示,单击【确定】按钮后完成倒圆角,如图 2-35 所示。

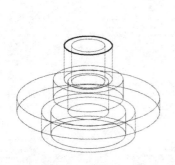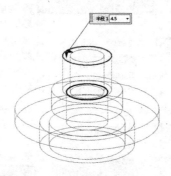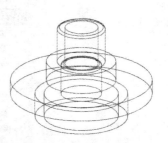

图 2-33 选择圆角边 1　　　图 2-34 使用【边倒圆】命令　　　图 2-35 倒圆角完成

**2. 倒斜角建模**

选择【倒斜角】命令,如图 2-36 所示,弹出【倒斜角】对话框,输入斜角参数,如图 2-37 所示,选取需要倒斜角的边,如图 2-38 所示,单击【确定】按钮后完成倒斜角,如图 2-39 所示。

图 2-36 选择【倒斜角】命令　　　图 2-37 【倒斜角】对话框

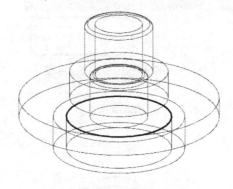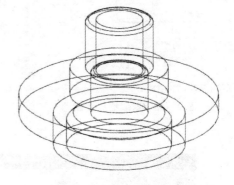

图 2-38 选择倒斜角的边　　　图 2-39 倒斜角完成

**3. 沟槽建模**

选择【菜单】→【插入】→【设计特征】→【槽】命令,如图 2-40 所示,弹出【槽】对话框,如图 2-41 所示,单击【球形端槽】后,弹出【球形端槽】对话框,如图 2-42 所示。

图 2-40　选择【槽】命令

图 2-41　【槽】对话框

图 2-42　【球形端槽】对话框

　　单击内孔表面作为槽放置面,如图 2-43 所示,弹出【球形端槽】对话框,输入槽尺寸,如图 2-44 所示,单击【确定】按钮后弹出【定位槽】对话框,如图 2-45 所示,选取内孔边作为定位基准 1,如图 2-46 所示,选取槽工具边为定位基准 2,如图 2-47 所示,弹出【创建表达式】对话框,输入两基准间的距离 49 mm,如图 2-48 所示,单击【确定】按钮后完成槽的绘制,如图 2-49 所示。

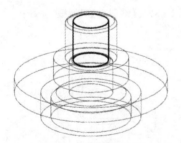

图 2-43　选取槽放置面

图 2-44　输入槽尺寸

图 2-45　【定位槽】对话框

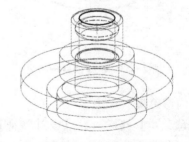

图 2-46　选取定位基准 1

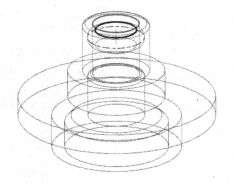

图 2-47　选取定位基准 2

图 2-48　【创建表达式】对话框

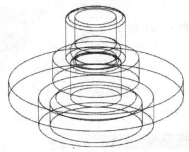

视频演示

图 2-49　完成槽的绘制

## 任务五　绘制均布圆孔操作

通过实体命令中的孔命令,绘制均布孔阵列,其尺寸如图 2-50 所示。

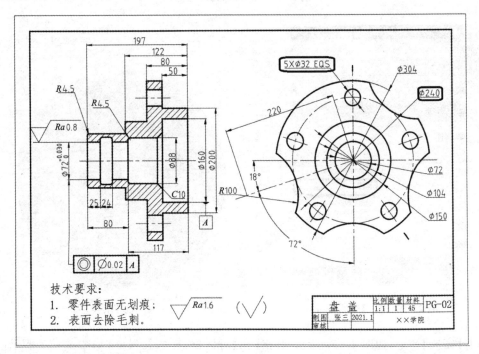

图 2-50　均布孔的尺寸

29

**1. 孔的建模**

　　选择【带边着色】命令改变实体的渲染方式,如图 2-51 所示,选择【孔】命令如图 2-52 所示,单击孔放置面,如图 2-53 所示,弹出【草图点】对话框,如图 2-54 所示,单击"点对话框"图标,弹出【点】对话框,输入 Y 轴坐标为 120 mm,如图 2-55 所示,单击【确定】按钮后完成孔中心的定位,如图 2-56 所示。

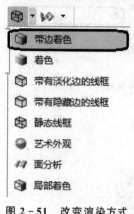

图 2-51　改变渲染方式
（孔建模）

图 2-52　选择【孔】命令
（孔建模）

图 2-53　选择孔放置面

图 2-54　【草图点】对话框

图 2-55　【点】对话框

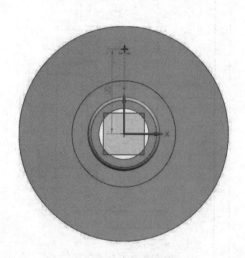

图 2-56　确定孔中心位置

　　选择【完成】命令,如图 2-57 所示,弹出【孔】对话框,输入孔尺寸,如图 2-58 所示,单击【确定】按钮完成孔的绘制,如图 2-59 所示。

图 2-57 完成草图
（孔建模）

图 2-58 【孔】对话框
（孔建模）

图 2-59 完成孔的绘制

### 2. 阵列特征建模

选择【阵列特征】命令，如图 2-60 所示，弹出【阵列特征】对话框，在【布局】下拉列表框中选择"圆形"，如图 2-61 所示，选择"简单孔"作为阵列特征，如图 2-62 所示，弹出【阵列特征】对话框，指定 ZC 方向为矢量方向，如图 2-63 所示，单击"点对话框"图

图 2-60 选择【阵列特征】命令

标，如图 2-64 所示，弹出【点】对话框，输入矢量点坐标为(0,0,0)，如图 2-65 所示。单击【确定】按钮后返回【阵列特征】对话框，输入阵列特征参数，如图 2-66 所示，单击【确定】按钮后完成均布孔的绘制，如图 2-67 所示。

图 2-61 【阵列特征】对话框

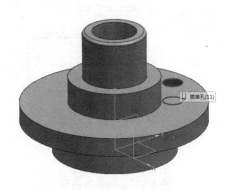

图 2-62 选择"简单孔"为阵列特征

图 2-63　指定矢量方向

图 2-64　单击"点对话框"图标

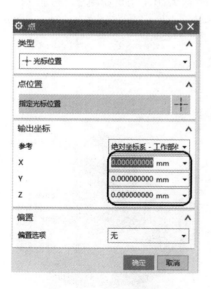

图 2-65　指定矢量点

图 2-66　输入阵列特征参数

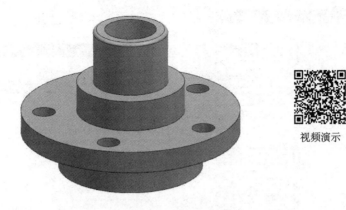

图 2-67　完成阵列孔绘制

视频演示

## 任务六　绘制均布豁口操作

通过【拉伸】命令和【阵列】命令绘制均布豁口，其尺寸如图 2-68 所示。

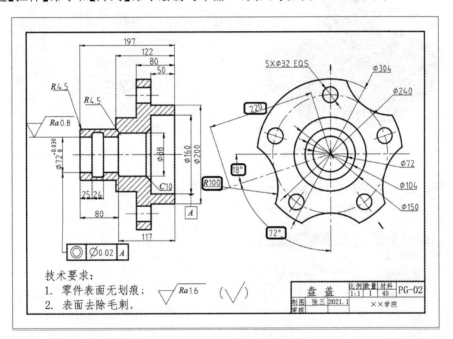

技术要求：
1. 零件表面无划痕；
2. 表面去除毛刺。

| | 盘　盖 | 比例 | 数量 | 材料 | PG-02 |
|---|---|---|---|---|---|
| | | 1:1 | 1 | 45 | |
| 制图 | 张三 2021.1 | | ××学院 | | |
| 审核 | | | | | |

图 2-68　均布豁口的尺寸

### 1. 豁口建模

选择【拉伸】命令，如图 2-69 所示，弹出【拉伸】对话框，单击"绘制截面"图标，如图 2-70 所示，弹出【创建草图】对话框，如图 2-71 所示。

选择如图 2-72 所示平面为草图绘制平面，绘制如图 2-73 所示草图。

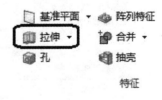

图 2-69　选择【拉伸】命令

图 2-70 【拉伸】对话框

图 2-71 【创建草图】对话框

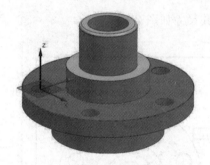

图 2-72 选择草图绘制平面

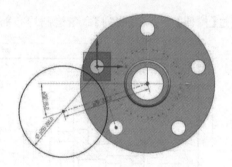

图 2-73 绘制草图(豁口建模)

选择【完成】命令,返回【拉伸】对话框,输入拉伸参数,如图 2-74 所示,单击【确定】按钮后完成单一豁口的绘制,如图 2-75 所示。

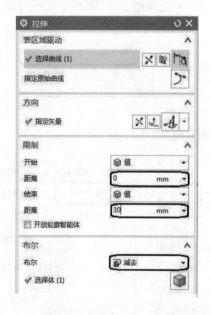

图 2-74 输入拉伸参数

图 2-75 完成单一豁口的绘制

#### 2. 阵列豁口

豁口的阵列方式与简单孔的阵列方式完全一致,阵列参数如图 2-76 所示,完成后的盘盖实体图形如图 2-77 所示。

图 2-76　豁口阵列参数

视频演示

图 2-77　完成盘盖零件绘制

## 项目综合评价表

盘盖类零件建模项目综合评价表

| 评价类别 | 序　号 | 评价内容 | 分　值 | 得　分 |
|---|---|---|---|---|
| 成果评价(50分) | 1 | 建模结构是否符合图样要求 | 15 | |
| | 2 | 建模过程是否合理 | 15 | |
| | 3 | 零件建模尺寸是否正确 | 5 | |
| | 4 | 草绘操作及尺寸绘制是否正确 | 5 | |
| | 5 | 是否有创新技能操作 | 10 | |
| 自我评价(25分) | 1 | 学习活动的主动性 | 7 | |
| | 2 | 独立解决问题的能力 | 5 | |
| | 3 | 工作方法的正确性 | 5 | |
| | 4 | 团队合作 | 5 | |
| | 5 | 个人在团队中的作用 | 3 | |

| 评价类别 | 序　号 | 评价内容 | 分　值 | 得　分 |
|---|---|---|---|---|
| 教师评价(25分) | 1 | 工作态度 | 7 | |
| | 2 | 工作量 | 5 | |
| | 3 | 工作难度 | 3 | |
| | 4 | 工具使用能力 | 5 | |
| | 5 | 自主学习 | 5 | |
| 项目总成绩(100分) | | | | |

# 项目三　叉架类零件建模

## 项目目标

① 能正确识读叉架零件图并分析各部分的组合关系;
② 能利用 UG 实体建模和草图绘制命令创建叉架实体模型;
③ 能正确完成叉架上各结构的建模操作。

## 项目简介

叉架类零件是机械加工中常见的典型零件之一,通常起连接、拨动、支承等作用。如图 3-1 所示,该零件的主体特征由圆环、圆筒、圆锥和连接板组成,整体零件的特征简单明显,没有过多的复杂曲面。

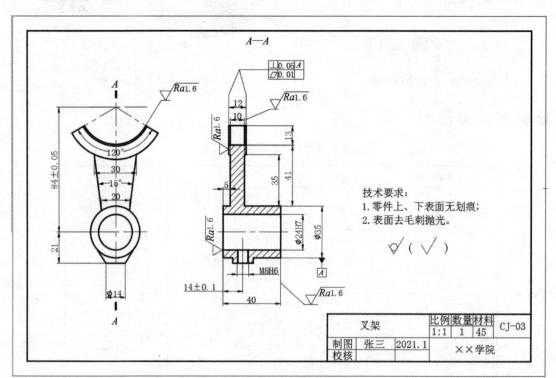

图 3-1　叉架零件图

**项目分析**

这种叉架类零件在绘制过程中一般运用各基本体相互叠加成型的方法,各基本体上的局部特征运用减料方法获得。这种方法的优点在于:较多地运用了 UG 中的实体建模命令,减少了草图的绘制,整个绘图过程较为清晰和直观。其详细建模过程如表 3-1 所列。

表 3-1　叉架类零件建模过程知识点与技能点分解

| 序　号 | 内　容 | 建模流程 | 知识点 | 技能点 |
|---|---|---|---|---|
| 1 | 创建叉架下部结构 |  | 创建圆柱;<br>创建圆锥;<br>修剪多余圆锥 | 创建圆锥的方法;<br>修剪多余实体的方法 |
| 2 | 创建叉架上部圆柱 | 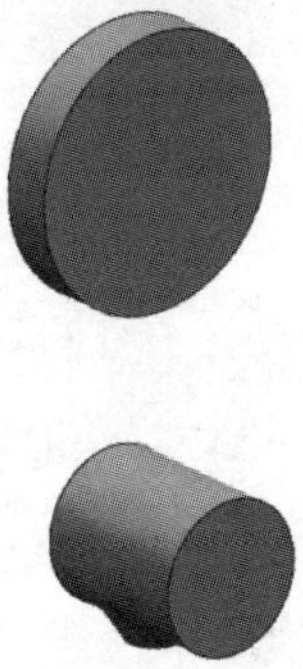 | 创建圆柱 | 设置圆柱体建模参数的方法 |
| 3 | 创建连接板 | 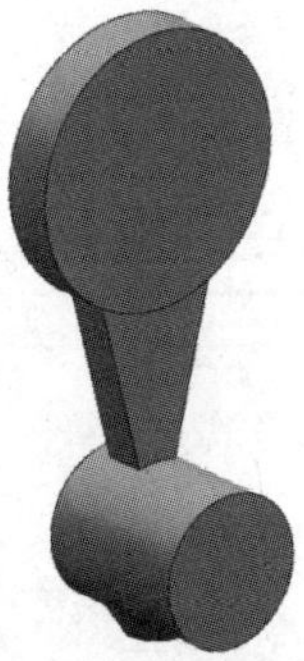 | 创建草图;<br>创建拉伸体;<br>合并实体 | 创建连接板的方法;<br>将多个实体合成为一个实体的方法 |
| 4 | 创建细节特征 |  | 创建孔;<br>创建草图;<br>拉伸草图;<br>创建螺纹 | 创建细节孔、顶部豁口、底部螺纹的方法 |

**项目操作**

**任务一　识读叉架零件图**

通过识读如图 3-1 所示的零件图可知:该叉架由圆柱、圆锥、圆环、连接板及内孔等结构组成。

各圆柱体采用圆柱体实体命令建模,圆锥、连接板、顶部豁口采用草图旋转或拉伸方法获得,采用孔命令绘制各内孔,采用螺纹命令绘制底部螺纹。按照上述步骤和方法绘制如图 3-2 所示的叉架类零件。

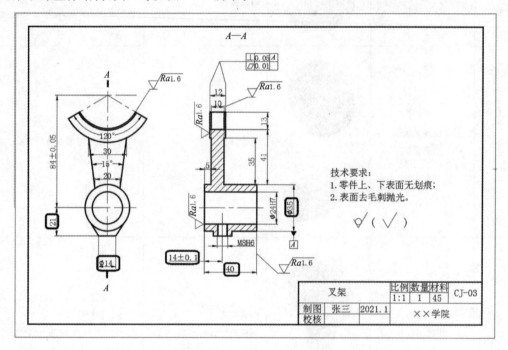

## 任务二　绘制叉架下部结构操作

通过实体命令中的圆柱、草图、旋转、合并、修剪体等命令,绘制叉架下部主体结构,其尺寸如图 3-3 所示。

图 3-2　叉架类零件实体

图 3-3　叉架的主体结构尺寸

### 1. 圆柱体建模

选择【菜单】→【插入】→【设计特征】→【圆柱】命令,如图 3-4 所示,弹出【圆柱】对话框,单

图 3-4　选择【圆柱】命令(叉架下部)

击【指定矢量】,如图 3 - 5 所示。选择 XC 为矢量方向,如图 3 - 6 所示,输入圆柱体的【直径】和
【高度】,如图 3 - 7 所示,单击【确定】按钮后绘图区显示圆柱实体,如图 3 - 8 所示。

图 3 - 5　单击"指定矢量"图标

图 3 - 6　选择 XC 为矢量方向

图 3 - 7　输入圆柱体尺寸(叉架下部)

图 3 - 8　完成圆柱体绘制(叉架下部)

## 2. 基准平面建模

选择【基准平面】命令,如图 3 - 9 所示,弹出【基准平面】对话框,在【类型】下拉列表框中选
择"按某一距离",输入【距离】为 14 mm,如图 3 - 10 所示。单击选择 *YOZ* 平面为基准平面,如
图 3 - 11 所示,在绘图区域中预览基准平面,如图 3 - 12 所示,单击【确定】按钮后完成基准平
面的绘制,如图 3 - 13 所示。

图 3 - 9  选择【基准平面】命令

图 3 - 10  设置基准平面参数

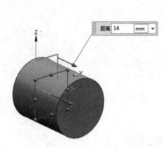

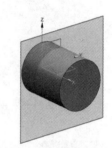

图 3 - 11  选择 *YOZ* 平面

图 3 - 12  预览基准平面

图 3 - 13  完成基准平面绘制

### 3. 草图建模

选择【草图】命令，如图 3 - 14 所示，以上一步所建立的基准平面为草图绘制平面，如图 3 - 15 所示，绘制草图如图 3 - 16 所示，选择【完成】命令完成草图绘制，如图 3 - 17 所示，绘图区的草图如图 3 - 18 所示。

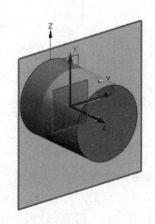

图 3 - 14  选择【草图】命令（叉架下部）

图 3 - 15  选择草图绘制平面（叉架下部）

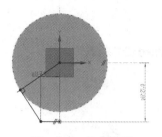

图 3 – 16 绘制草图
（叉架下部）

图 3 – 17 选择【完成】命令
（叉架下部）

图 3 – 18 完成草图绘制
（叉架下部）

#### 4. 圆锥体建模

选择【旋转】命令，如图 3 – 19 所示，弹出【旋转】对话框，单击【选择曲线】，如图 3 – 20 所示，选择上一步完成的草图曲线，如图 3 – 21 所示。选择 ZC 轴为旋转轴，如图 3 – 22 所示，单击"点对话框"图标，如图 3 – 23 所示，输入点的坐标，如图 3 – 24 所示，选择【布尔】运算方式为"合并"，如图 3 – 25 所示，完成绘制后的圆锥体如图 3 – 26 所示。

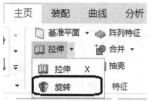

图 3 – 19 选择【旋转】命令
（叉架下部）

图 3 – 20 单击【选择曲线】

图 3 – 21 选择旋转曲线

图 3-22　选择旋转矢量的方向

图 3-23　"点对话框"图标

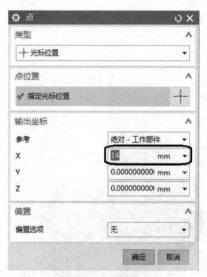

图 3-24　点的坐标

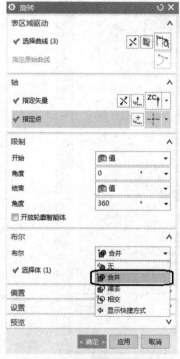

图 3-25　选择【布尔】运算方式

图 3-26　完成圆锥体绘制

## 5. 修剪体建模命令应用

圆锥体绘制完成后,将会发现有一处瑕疵,如图 3-27 所示,选择【修剪体】命令,如图 3-28 所示,单击【选择体】,如图 3-29 所示,选择被修剪体,如图 3-30 所示,在【工具选项】下拉列表框中选择"面或平面",如图 3-31 所示,选择修剪面,如图 3-32 所示,修剪体预览如图 3-33 所示,单击【反向】图标对修剪体进行反向修剪,如图 3-34 所示,单击【确定】按钮后完成叉架下部主体绘制,如图 3-35 所示。

图 3-27　圆锥体瑕疵

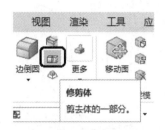

图 3-28　选择【修剪体】命令

图 3-29　单击【选择体】

图 3-30　选择被修剪体

图 3-31　选择"面或平面"

图 3-32　选择修剪面

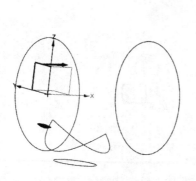

图 3－33　修剪体预览　　　　　　　　　图 3－34　【反向】图标

视频演示

图 3－35　完成修剪后的叉架下部主体

## 任务三　绘制叉架上部圆柱体操作

通过实体命令中的圆柱命令,绘制叉架的上部圆柱体,其尺寸如图 3－36 所示。

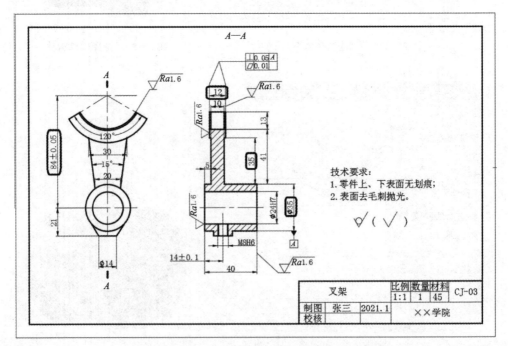

图 3－36　叉架上部圆柱体尺寸

选择【菜单】→【插入】→【设计特征】→【圆柱】命令,如图 3-37 所示,弹出【圆柱】对话框,输入圆柱体尺寸,单击"点对话框"图标,如图 3-38 所示,弹出【点】对话框,输入点的坐标,如图 3-39 所示,单击【确定】按钮后返回【圆柱】对话框,选择 XC 为矢量方向,如图 3-40 所示,单击【确定】按钮后完成圆柱体的绘制,如图 3-41 所示。

图 3-37 选择【圆柱】命令(叉架上部)

图 3-38 输入圆柱体尺寸(叉架上部)

图 3-39 【点】对话框

图 3-40 选择矢量方向

视频演示

图 3-41 圆柱体绘制完成(叉架上部)

## 任务四 绘制连接板操作

通过草图和拉伸命令绘制连接板,其尺寸如图 3-42 所示。

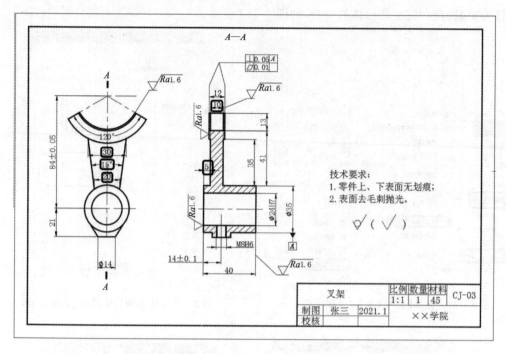

图 3-42 叉架连接板尺寸

### 1. 草图建模

选择【草图】命令,如图 3-43 所示,以上一步所建立的圆柱体前表面为草图绘制平面,如图 3-44 所示,绘制草图如图 3-45 所示,选择【完成】命令,如图 3-46 所示,绘图区的草图如图 3-47 所示。

图 3-43 选择【草图】
命令(连接板)

图 3-44 选择草图绘制平面(连接板)

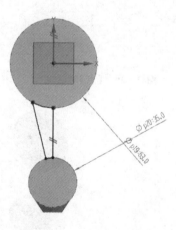

图 3-45 绘制草图(连接板)

图 3-46 选择【完成】命令(连接板) 　　图 3-47 完成草图绘制(连接板)

**2. 拉伸建模**

选择【拉伸】命令,如图 3-48 所示,弹出【拉伸】对话框,输入拉伸数值,如图 3-49 所示,选择上一步绘制的草图曲线为拉伸曲线,如图 3-50 所示,单击【确定】按钮完成拉伸操作,如图 3-51 所示。

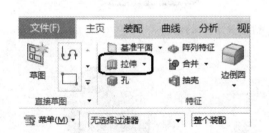

图 3-48 选择【拉伸】命令(连接板) 　　图 3-49 【拉伸】对话框(连接板)

图 3-50 选择拉伸曲线(连接板) 　　图 3-51 完成拉伸(连接板)

3. 镜像几何体建模

选择【菜单】→【插入】→【关联复制】→【镜像几何体】命令，如图 3 - 52 所示，弹出【镜像几何体】对话框，单击【选择对象】，如图 3 - 53 所示，选择上一步绘制的拉伸实体，如图 3 - 54 所示，单击【指定平面】，如图 3 - 55 所示，选择 *XOZ* 平面为镜像平面，如图 3 - 56 所示，单击【确定】按钮后完成连接板实体的绘制，如图 3 - 57 所示。

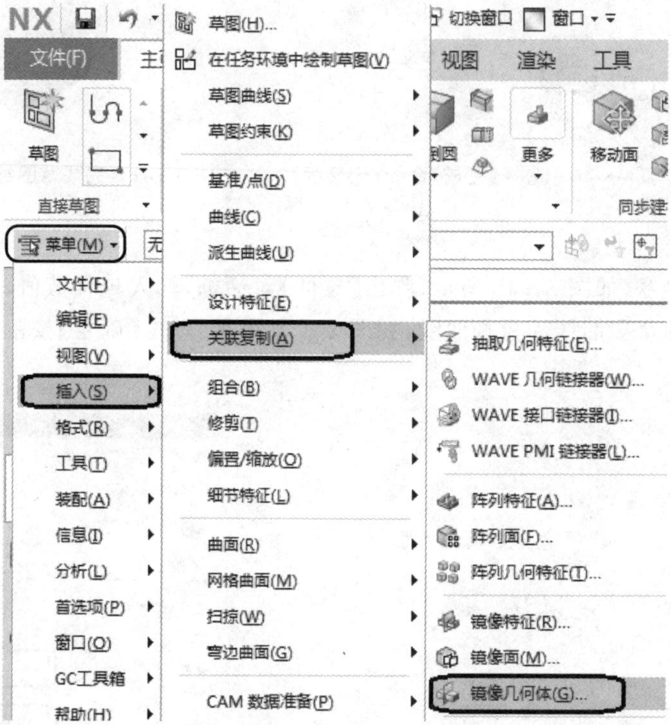


图 3 - 52　选择【镜像几何体】命令

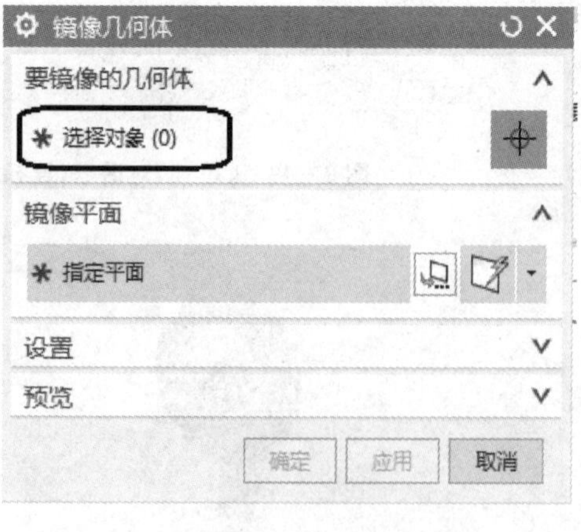


图 3 - 53　【镜像几何体】对话框

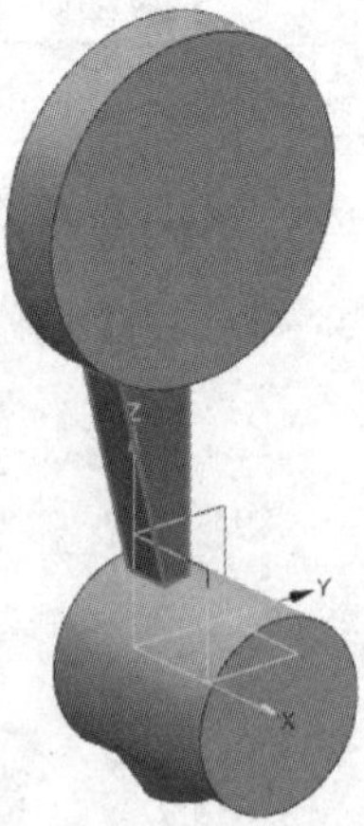

图 3 - 54　选择拉伸实体

图 3 - 55　单击【指定平面】

图 3 - 56　选择 *XOZ* 平面
为镜像平面

图 3 - 57　连接板实体
绘制完成

#### 4. 合并实体建模

选择【合并】命令,如图 3 - 58 所示,弹出【合并】对话框,如图 3 - 59 所示,依次选择所有实体,如图 3 - 60 所示,单击【确定】按钮后完成叉架主体的绘制,如图 3 - 61 所示。

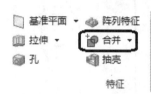

图 3 - 58　选择【合并】命令

图 3 - 59　【合并】对话框

图 3 - 60　选择要合并的实体

视频演示

图 3 - 61　叉架主体绘制完成

### 任务五　绘制细节特征操作

通过实体命令中的孔命令,结合草图和拉伸命令绘制叉架的各部分细节特征,其尺寸如图 3-62 所示。

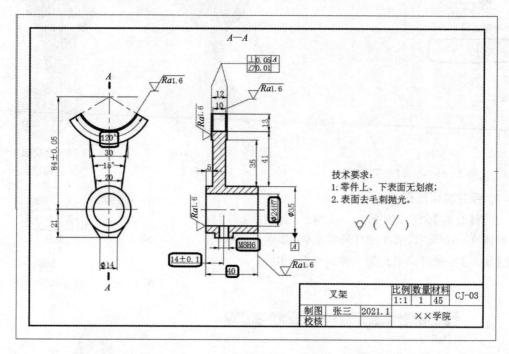

**图 3-62　叉架细节特征尺寸**

#### 1. 孔的建模

选择【孔】命令,如图 3-63 所示,单击孔中心,如图 3-64 所示,在【孔】对话框中,【类型】选择为"常规孔",输入孔的尺寸,【布尔】运算选择"减去",如图 3-65 所示,单击【确定】按钮后完成部分打孔操作,如图 3-66 所示。叉架上的其他两个孔与上述打孔操作类似,完成全部打孔操作后如图 3-67 所示。

**图 3-63　选择【孔】命令(细节特征)**　　　**图 3-64　单击孔中心(细节特征)**

图 3-65 输入孔的尺寸
（细节特征）

图 3-66 完成部分打孔操作

图 3-67 完成全部打孔操作

**2. 豁口建模**

选择【草图】命令，如图 3-68 所示，选择圆环前表面为草图绘制平面，如图 3-69 所示，绘制草图如图 3-70 所示，选择【完成】命令后的草图如图 3-71 所示。

图 3-68 选择【草图】命令（细节特征）

图 3-69 选择草图绘制平面
（细节特征）

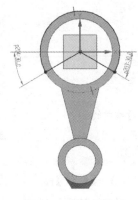

图 3-70 绘制草图
（细节特征）

图 3-71 完成草图
（细节特征）

选择【拉伸】命令，如图 3-72 所示，弹出【拉伸】对话框，输入拉伸数值，如图 3-73 所示。

选择上一步绘制的草图曲线为拉伸曲线,如图 3-74 所示,单击【确定】按钮完成拉伸操作,绘制的豁口草图如图 3-75 所示。

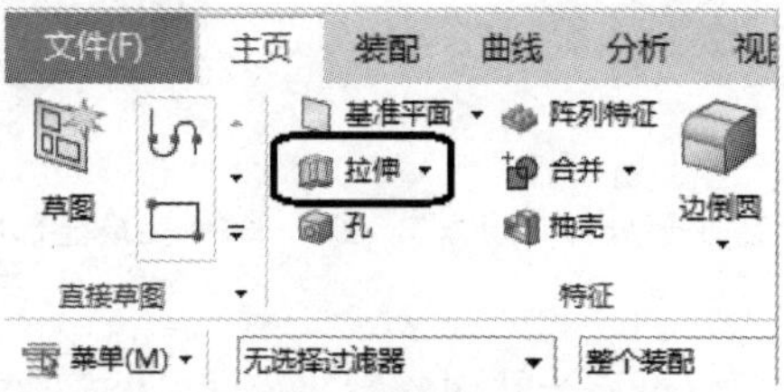

图 3-73 【拉伸】对话框

（细节特征）

图 3-72 选择【拉伸】命令

（细节特征）

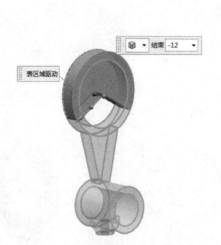

图 3-74 选择拉伸曲线

（细节特征）

图 3-75 完成豁口绘制

### 3. 螺纹建模

选择【菜单】→【插入】→【设计特征】→【螺纹】命令,如图 3-76 所示,弹出【螺纹切削】对话框,单击【详细】单选按钮,如图 3-77 所示,显示详细螺纹切削参数,如图 3-78 所示。选择孔内壁作为螺纹切削表面,如图 3-79 所示,单击【确定】按钮后完成螺纹绘制,如图 3-80 所示,隐藏各基准及草图后完成零件绘制,如图 3-81 所示。

图 3-76　选择【螺纹】命令

图 3-77　【螺纹切削】对话框

图 3-78　显示详细螺纹切削参数

图 3-79　选择螺纹切削表面

图 3-80　完成螺纹绘制

视频演示

图 3-81　完成叉架零件绘制

# 项目综合评价表

叉架类零件建模项目综合评价表

| 评价类别 | 序　号 | 评价内容 | 分　值 | 得　分 |
|---|---|---|---|---|
| 成果评价（50 分） | 1 | 建模结构是否符合图样要求 | 15 | |
| | 2 | 建模过程是否合理 | 15 | |
| | 3 | 零件建模尺寸是否正确 | 5 | |
| | 4 | 草绘操作及尺寸绘制是否正确 | 5 | |
| | 5 | 是否有创新技能操作 | 10 | |
| 自我评价（25 分） | 1 | 学习活动的主动性 | 7 | |
| | 2 | 独立解决问题的能力 | 5 | |
| | 3 | 工作方法的正确性 | 5 | |
| | 4 | 团队合作 | 5 | |
| | 5 | 个人在团队中的作用 | 3 | |
| 教师评价（25 分） | 1 | 工作态度 | 7 | |
| | 2 | 工作量 | 5 | |
| | 3 | 工作难度 | 3 | |
| | 4 | 工具使用能力 | 5 | |
| | 5 | 自主学习 | 5 | |
| 项目总成绩（100 分） | | | | |

# 项目四  自由曲面建模

## 项目目标

① 能正确分析脚掌、脚趾、支架间的组合关系；

② 能利用 UG 实体建模和曲线、曲面命令创建实体模型。

## 项目简介

本实例是脚丫形摄像头的建模，如图 4-1 所示，其大部分由自由曲面构成。

图 4-1  脚丫形摄像头照片

## 项目分析

整个建模过程遵循了点—线—网格线—自由曲面—实体的过程，其详细建模过程如表 4-1 所列。

表 4-1  脚丫形摄像头建模过程知识点与技能点分解

| 序  号 | 内  容 | 建模流程 | 知识点 | 技能点 |
|---|---|---|---|---|
| 1 | 创建脚板 | | 创建艺术样条；<br>创建草图；<br>创建桥接曲线；<br>创建曲线网格；<br>创建曲面 | 创建脚丫轮廓平面草图；<br>通过桥接和艺术样条创建曲线网格；<br>通过曲线网格创建曲面 |
| 2 | 创建脚趾 | | 创建艺术样条；<br>创建草图；<br>创建相交曲线；<br>创建桥接曲线；<br>创建曲线网格；<br>创建曲面 | 创建脚趾轮廓片体；<br>通过相交、桥接和艺术样条创建曲线网格；<br>通过曲线网格创建曲面 |

| 序 号 | 内 容 | 建模流程 | 知识点 | 技能点 |
|---|---|---|---|---|
| 3 | 创建脚丫实体 | 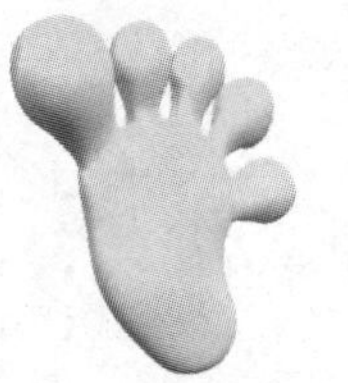 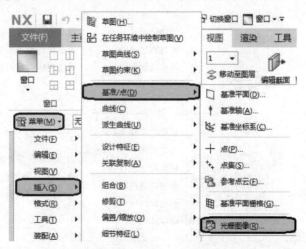 | 创建镜像几何体；<br>缝合片体为实体 | 通过镜像复制脚丫的另一面；<br>通过缝合将多个片体合成一个实体 |
| 4 | 创建底座 | 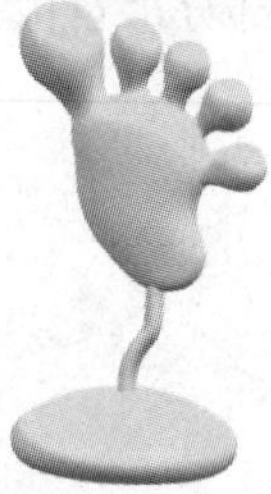 | 创建曲面草图；<br>创建管；<br>创建旋转体；<br>曲面合并 | 创建支撑管和底座 |

## 项目操作

### 任务一 识读脚丫形摄像头照片

通过识读如图 4-1 所示的脚丫形摄像头照片可知：该零件由脚掌曲面、脚趾曲面和底座组成。脚掌、脚趾部分采用"艺术样条""草图""相交""桥接""通过曲线网格"等命令进行自由曲面建模。底座部分通过"草图""管""旋转"命令进行建模。按照上述步骤和方法绘制如图 4-2 所示的自由曲面零件实体。

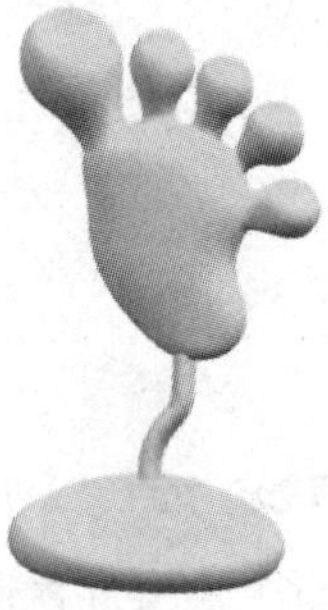

图 4-2 自由曲面
零件实体

### 任务二 绘制脚掌自由曲面操作

#### 1. 脚掌曲面草图建模

选择【菜单】→【插入】→【基准/点】→【光栅图像】命令，如图 4-3 所示，弹出【光栅图像】对话框，单击【指定平面】，如图 4-4 所示，选择 XOY 平面为放置面，如图 4-5 所示。

图 4-3 选择【光栅图像】命令

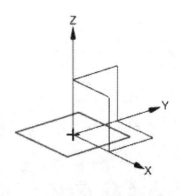

图4-4　【光栅图像】对话框　　　　图4-5　选择 XOY 平面(脚掌)(1)

单击"选择图像文件"图标,如图4-4所示,调入脚丫图片,如图4-6所示。

选择【草图】命令,如图4-7所示,选择 XOY 平面为草图放置面,如图4-8所示。

图4-6　调入脚丫图片　　　　图4-7　选择【草图】命令　　　图4-8　选择草图
　　　　　　　　　　　　　　　　　　　(脚掌)(1)　　　　　　　放置平面(脚掌)

选择【更多】命令,取消【连续自动标注尺寸】,如图4-9所示,展开【草图曲线】命令的下拉菜单,如图4-10所示。

图4-9　【更多】命令　　　　　　图4-10　【草图曲线】命令的下拉菜单

选择【艺术样条】命令,如图 4-11 所示,弹出【艺术样条】对话框并设置参数,如图 4-12 所示。

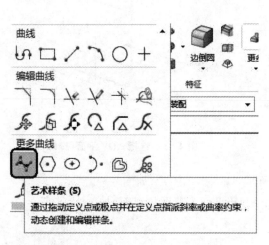

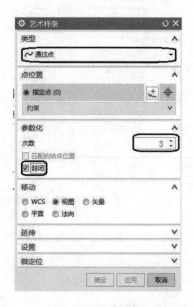

图 4-11　选择【艺术样条】命令(脚掌)(1)　　　　图 4-12　【艺术样条】对话框(脚掌)(1)

绘制如图 4-13 所示的草图,单击【确定】按钮后完成脚掌草图绘制,如图 4-14 所示。

图 4-13　绘制草图(脚掌)　　　　　　图 4-14　完成脚掌草图绘制

右击脚丫图片,选择【隐藏】命令,如图 4-15 所示,调整曲线方向并按 F8 键,完成的脚掌曲线如图 4-16 所示。

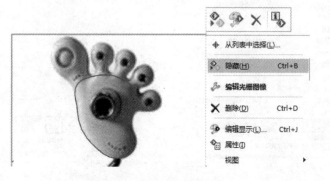

图 4-15　选择【隐藏】命令　　　　　　　图 4-16　脚掌曲线完成

**2．脚掌曲面建模**

（1）拉伸曲线

选择【拉伸】命令，如图 4-17 所示，弹出【拉伸】对话框并设置参数，如图 4-18 所示。

选择如图 4-16 所示脚掌曲线作为拉伸曲线，单击【确定】按钮后完成拉伸脚掌曲线，如图 4-19 所示。

图 4-17 选择【拉伸】命令　　　图 4-18 【拉伸】对话框　　　图 4-19 拉伸脚掌

（脚掌）(1)　　　　　　　　（脚掌）(1)　　　　　　　曲线完成

（2）截面曲线建模

选择【菜单】→【插入】→【派生曲线】→【截面】命令，如图 4-20 所示，弹出【截面曲线】对话

图 4-20 选择【截面】命令

框并设置参数,如图 4 - 21 所示。选择要剖切的对象,如图 4 - 22 所示。在【截面曲线】对话框中调整【起点】、【终点】和【步进】的值,产生如图 4 - 23 所示的 10 个截面,单击【确定】按钮后生成截面线,如图 4 - 24 所示。

图 4 - 21 【截面曲线】对话框

图 4 - 22 选择剖切对象

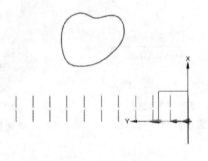

图 4 - 23 产生的截面

图 4 - 24 截面线

(3)桥接曲线建模

选择【菜单】→【插入】→【派生曲线】→【桥接】命令,如图 4 - 25 所示,弹出【桥接曲线】对话

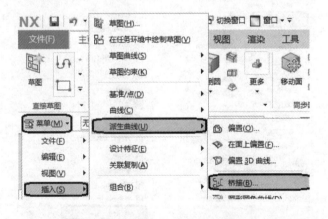

图 4 - 25 选择【桥接】命令(脚掌)

框,如图 4-26 所示。选择两条要桥接的曲线,如图 4-27 和图 4-28 所示,在【桥接曲线】对话框中调整【形状控制】区域中的值,生成如图 4-29 所示的桥接曲线。使用同样的方法桥接其他截面线,生成的全部桥接曲线如图 4-30 所示。

图 4-26 【桥接曲线】对话框(脚掌)

图 4-27 选择第一条桥接曲线

图 4-28 选择第二条桥接曲线

图 4-29 生成第一条桥接曲线

图 4-30 生成全部桥接曲线

(4) 相交曲线建模

选择【草图】命令,如图 4-31 所示,选择 *XOY* 平面为草图放置面,如图 4-32 所示。选择【圆弧】命令,如图 4-33 所示,绘制如图 4-34 所示的圆弧,单击【确定】按钮完成草图绘制。

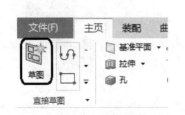

图 4-31 选择【草图】命令(脚掌)(2)

图 4-32 选择 *XOY* 平面(脚掌)(2)

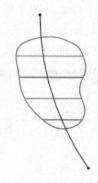

图 4-33　选择【圆弧】命令　　　　　图 4-34　绘制圆弧

选择【拉伸】命令，如图 4-35 所示，弹出【拉伸】对话框并设置参数，如图 4-36 所示。选择拉伸曲线，如图 4-37 所示，单击【确定】按钮后形成拉伸片体，如图 4-38 所示。

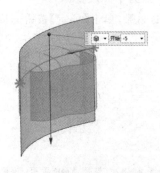

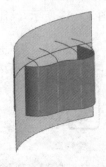

图 4-35　选择【拉伸】命令(脚掌)(2)　　　图 4-36　【拉伸】对话框(脚掌)(2)

图 4-37　选择拉伸曲线(脚掌)　　　　　图 4-38　形成拉伸片体(脚掌)

选择【菜单】→【插入】→【派生曲线】→【相交】命令,如图4-39所示,弹出【相交曲线】对话框,如图4-40所示。选择第一组面,如图4-41所示,选择第二组面,如图4-42所示,单击【确定】按钮后形成相交曲线,如图4-43所示。

图4-39　选择【相交】命令(脚掌)　　　　图4-40　【相交曲线】对话框(脚掌)

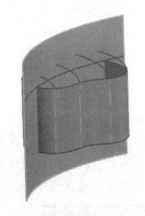

图4-41　选择第一组面
(脚掌)(1)

图4-42　选择第二组面
(脚掌)(1)

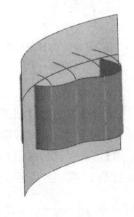

图4-43　形成相交曲线

(5)相交点的建模

选择【菜单】→【基准/点】→【点】命令,如图4-44所示,弹出【点】对话框,选择【类型】为"交点",如图4-45所示。选择第一组面,如图4-46所示,选择第二组面,如图4-47所示,单击【确定】按钮完成点的绘制,如图4-48所示。

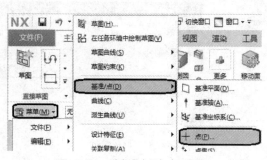

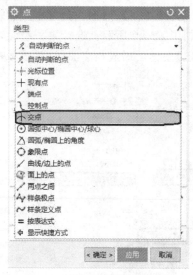

图 4-44 选择【点】命令(脚掌)　　　　图 4-45 【点】对话框(脚掌)

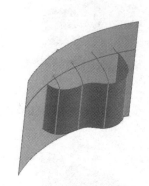

图 4-46 选择第一组面　　　图 4-47 选择第二组面　　　图 4-48 点的绘制完成
　　　(脚掌)(2)　　　　　　　(脚掌)(2)　　　　　　　(脚掌)

(6) 移动图层命令应用

选择【菜单】→【格式】→【移动至图层】命令,如图 4-49 所示,弹出【类选择】对话框,如图 4-50 所示,选择对象为上一步中的拉伸片体,如图 4-51 所示,单击【确定】按钮弹出【图层移动】对话框,输入【目标图层或类别】为"11",如图 4-52 所示,单击【确定】按钮,则该片体被移动至 11 层,且 11 层为非工作层,如图 4-53 所示。也可将其他曲线移动至非工作层。

图 4-49 选择【移动至图层】命令　　　　图 4-50 【类选择】对话框

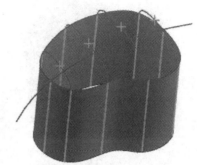

图 4 - 51　选择片体　　　　　　　　　　　　　　　　　　　　图 4 - 53　片体移动至
（移动图层）　　　　　图 4 - 52　输入目标层　　　　　　　非工作层

（7）艺术样条曲线建模

选择【菜单】→【插入】→【曲线】→【艺术样条】命令，如图 4 - 54 所示，弹出【艺术样条】对话框，设置【次数】为"3"，如图 4 - 55 所示，按图 4 - 56 设置过滤器。

图 4 - 54　选择【艺术样条】命令（脚掌）（2）　　　　　图 4 - 55　【艺术样条】对话框（脚掌）（2）

图 4 - 56　设置过滤器（脚掌）（1）

选择样条曲线上的第一点,选择约束方式为 G1,如图 4-57 所示,按图 4-58 更改过滤器的设置。依次选择三条桥接曲线上的三个点,如图 4-59 所示,选择样条曲线上的最后一点,选择约束方式为 G1,如图 4-60 所示。单击【确定】按钮后形成艺术样条曲线,如图 4-61 所示。

图 4-57 选择第一点(脚掌)

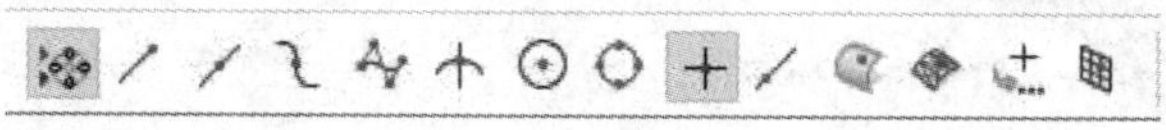

图 4-58 设置过滤器(脚掌)(2)

图 4-59 选择桥接
曲线上的三个点

图 4-60 选择样条
曲线上的最后一点

图 4-61 艺术样条曲线

右击拉伸片体,选择【隐藏】命令,如图 4-62 所示,片体被隐藏,显示曲线网格结构,如图 4-63 所示。

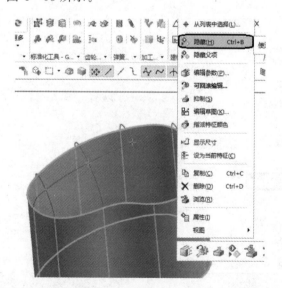

图 4-62 【隐藏】命令

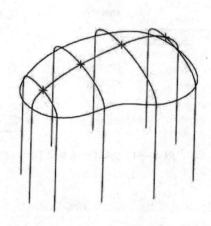

图 4-63 曲线网格

（8）脚掌表面曲面建模

选择【菜单】→【插入】→【网格曲面】→【通过曲线网格】命令，如图4-64所示，弹出【通过曲线网格】对话框，如图4-65所示，单击曲线端点为第一主曲线，单击鼠标中键确认，如图4-66所示。

图4-64　选择【通过曲线网格】命令（脚掌）

图4-65　【通过曲线网格】对话框（脚掌）

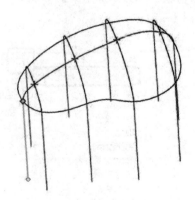

图4-66　选择第一主曲线（脚掌）

单击桥接曲线为第二主曲线，单击鼠标中键确认，如图4-67所示。单击桥接曲线为第

三、四、五主曲线,每单击一条曲线后,都要单击鼠标中键确认,如图 4-68 所示。

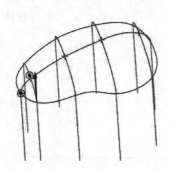
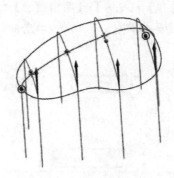

图 4-67　选择第二主曲线(脚掌)　　　　图 4-68　选择第三、四、五主曲线(脚掌)

单击曲线端点为第六主曲线,单击鼠标中键确认,如图 4-69 所示,主曲线选择完成后如图 4-70 所示。

图 4-69　选择第六主曲线(脚掌)　　　　图 4-70　完成主曲线的选择

在【通过曲线网格】对话框中单击【交叉曲线】下的【选择曲线】,如图 4-65 所示,设置过滤器为"单条曲线",并单击"在相交处停止"图标,如图 4-71 所示。依次单击脚掌曲线上的每一段作为交叉曲线,单击鼠标中键确认,如图 4-72 所示,依次单击桥接曲线上的每一段作为交叉曲线,单击鼠标中键确认,绘图区的预览曲面如图 4-73 所示。单击【通过曲线网格】对话框中【交叉曲线】下的【添加新集】,如图 4-65 所示,依次选择另一侧的交叉曲线,绘图区的预览曲面如图 4-74 所示。

图 4-71　设置过滤器(脚掌)(3)

图 4-72　选择第一交叉曲线

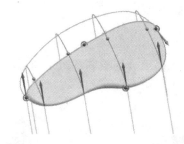

图 4-73　选择第二交叉曲线

图 4-74　选择另一侧的交叉曲线

　　显示隐藏的片体,如图 4-75 所示,在【通过曲线网格】对话框中的【连续性】区域下选择
【第一交叉线串】为 G1,如图 4-76 所示,单击选择片体,如图 4-77 所示,在【通过曲线网格】
对话框中的【连续性】区域下选择【最后交叉线串】为 G1,如图 4-78 所示,单击选择片体,如
图 4-79 所示,单击【确定】按钮后完成曲面绘制,如图 4-80 所示,隐藏多余的曲面和曲线后,
脚掌曲面如图 4-81 所示。

图 4-75　显示隐藏的片体

图 4-76　选择第一交叉线串连续性

图 4-77　选择片体(第一交叉线串)

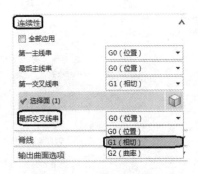

图 4-78　选择最后交叉线串连续性

图 4-79　选择片体
(最后交叉线串)

图 4-80　曲面绘制完成

视频演示

图 4-81　脚掌曲面

### 任务三　绘制脚趾自由曲面操作

**1. 脚趾草图建模**

选择【草图】命令,在 $XOY$ 平面上分别绘制草图 1 和草图 2,如图 4-82 和图 4-83 所示。

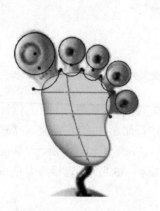

图 4-82　草图 1

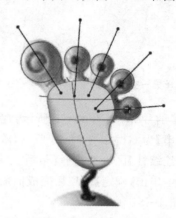

图 4-83　草图 2

选择【拉伸】命令,如图 4-84 所示,弹出【拉伸】对话框并设置参数,如图 4-85 所示,按图 4-86 设置过滤器。

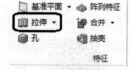

图 4-84　选择【拉伸】命令
(脚趾)(1)

图 4-85　【拉伸】对话框
(脚趾)(1)

图 4-86　设置过滤器
(脚趾)(1)

依次选择 5 条草图圆弧作为拉伸曲线,如图 4-87 所示,单击【确定】按钮后形成拉伸片体,如图 4-88 所示。

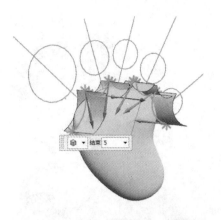

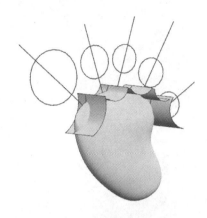

图4-87　选择5条拉伸曲线(脚趾)　　　　图4-88　形成拉伸片体(脚趾)

选择【修剪体】命令,如图4-89所示,弹出【修剪体】对话框,如图4-90所示。

图4-89　选择【修剪体】命令　　　　　图4-90　【修剪体】对话框

选择目标体,如图4-91所示,选择一个工具面后单击【应用】按钮形成修剪体,如图4-92所示。

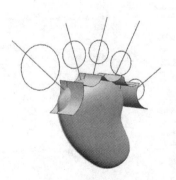
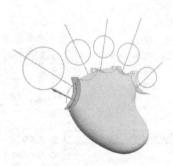

图4-91　选择目标体　　　　　　　图4-92　选择工具面

选择另外4个拉伸曲面作为工具面,修剪脚掌曲面,如图4-93所示,隐藏工具面后,如图4-94所示。已完成的曲面与脚丫图片对比,如图4-95所示。

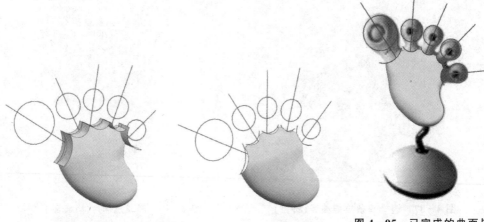

图 4-93  脚掌修剪完成          图 4-94  隐藏工具面          图 4-95  已完成的曲面与
                                                        脚丫图片对比

### 2. 脚趾面建模

（1）脚趾与脚掌连接曲线建模

选择【菜单】→【插入】→【派生曲线】→【桥接】命令，如图 4-96 所示，弹出【桥接】对话框，如图 4-97 所示。选择起始对象，如图 4-98 所示，选择终止对象，如图 4-99 所示，单击箭头调整桥接曲线，使之与图片上脚趾与脚掌的连接曲线相符，如图 4-100 所示。使用同样方法，在脚趾另一侧绘制桥接曲线，如图 4-101 所示。

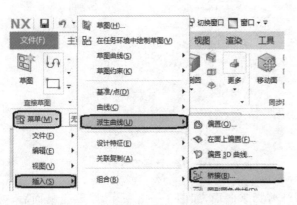

图 4-96  选择【桥接】命令（脚趾）（1）          图 4-97  【桥接】对话框（脚趾）（1）

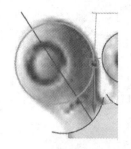 

图 4 - 98　选择起始对象(脚趾)(1)　　　　图 4 - 99　选择终止对象(脚趾)(1)

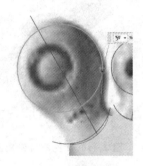 

图 4 - 100　调整桥接曲线　　　　　图 4 - 101　完成另一侧桥接曲线

（2）拉伸桥接曲线建模

选择【拉伸】命令,如图 4 - 102 所示,弹出【拉伸】对话框并设置参数,如图 4 - 103 所示。设置过滤器为"单条曲线",并单击"在相交处停止"图标,如图 4 - 104 所示。选择拉伸曲线,如图 4 - 105 所示,在【拉伸】对话框中单击"反向"图标,如图 4 - 103 所示,单击【确定】按钮后完成拉伸曲面的绘制,如图 4 - 106 所示。

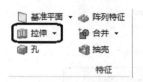

图 4 - 102　选择【拉伸】命令(脚趾)(2)　　　　图 4 - 103　【拉伸】对话框(脚趾)(2)

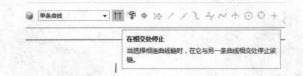

图 4 - 104　设置过滤器（脚趾）（2）

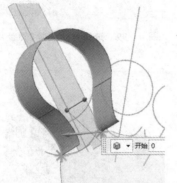

图 4 - 105　选择拉伸曲线（脚趾）（2）　　　　　图 4 - 106　完成拉伸曲面

（3）脚趾曲面相交线建模

选择【菜单】→【插入】→【派生曲线】→【相交】命令，如图 4 - 107 所示，弹出【相交曲线】对话框，如图 4 - 108 所示。设置过滤器为"单个面"，如图 4 - 109 所示，选择上一步的拉伸曲面和脚掌曲面为第一组面，如图 4 - 110 所示，选择第二组面，如图 4 - 111 所示，单击【确定】按钮后形成相交曲线，如图 4 - 112 所示。

图 4 - 107　选择【相交】命令（脚趾）

图 4 - 108 【相交曲线】对话框(脚趾)　　　　图 4 - 109 　设置过滤器(脚趾)(3)

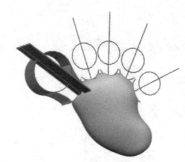

图 4 - 110 　选择第一组面　　　图 4 - 111 　选择第二组面　　　图 4 - 112 　完成相交
　　　　(脚趾)　　　　　　　　　　(脚趾)　　　　　　　　　　　曲线绘制

　　选择【菜单】→【插入】→【派生曲线】→【桥接】命令,如图 4 - 113 所示。选择起始对象,如
图 4 - 114 所示,选择终止对象,如图 4 - 115 所示。调整曲线形状,如图 4 - 116 所示。单击
【确定】按钮完成桥接曲线绘制,并显示拉伸平面,如图 4 - 117 所示。

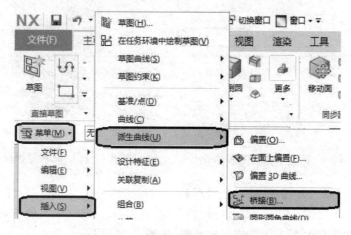

图 4 - 113 　选择【桥接】命令(脚趾)(2)

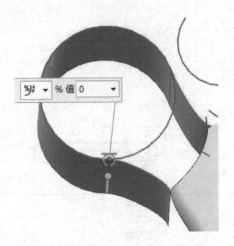

图 4-114　选择起始对象(脚趾)(2)

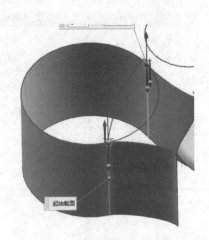

图 4-115　选择终止对象(脚趾)(2)

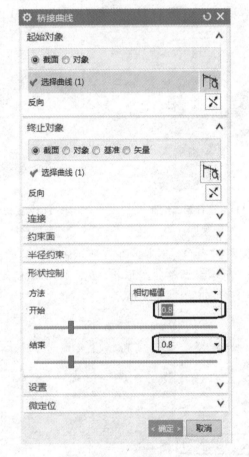

图 4-116　调整曲线形状

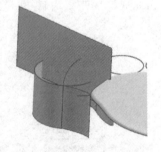

图 4-117　完成桥接曲线绘制

　　选择【菜单】→【插入】→【基准/点】→【点】命令,如图 4-118 所示,弹出【点】对话框,选择【类型】为"交点",如图 4-119 所示,选择拉伸平面,如图 4-120 所示,单击选择桥接曲线,如图 4-121 所示,单击【确定】按钮完成点的绘制,如图 4-122 所示。

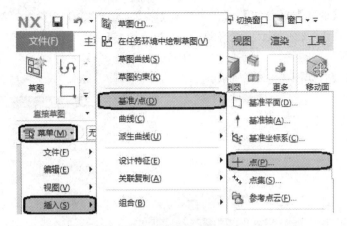

图 4 - 118　选择【点】命令（脚趾）

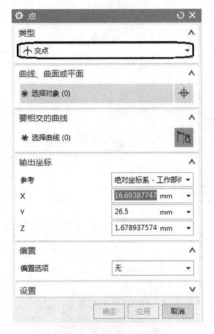

图 4 - 119　【点】对话框（脚趾）

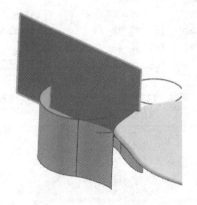

图 4 - 120　选择拉伸平面

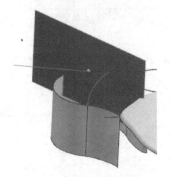

图 4 - 121　选择桥接曲线

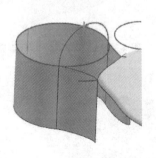

图 4 - 122　点的绘制完成

选择【菜单】→【插入】→【曲线】→【艺术样条】命令,如图 4-123 所示,弹出【艺术样条】对话框,参数设置如图 4-124 所示。选择第一点,并选择 G1 连续,如图 4-125 所示;选择第二点,如图 4-126 所示;选择第三点,并选择 G1 连续,如图 4-127 所示。单击【确定】按钮后完成艺术样条曲线绘制,如图 4-128 所示。

图 4-123　选择【艺术样条】命令(脚趾)　　　　图 4-124　【艺术样条】对话框(脚趾)

图 4-125　选择第一点(脚趾)　　　　图 4-126　选择第二点(脚趾)

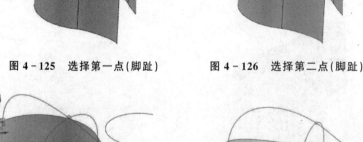

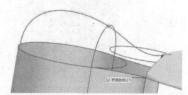

图 4-127　选择第三点(脚趾)　　　　图 4-128　完成艺术样条曲线绘制

（4）脚趾曲面建模

选择【菜单】→【插入】→【网格曲面】→【通过曲线网格】命令,如图 4 - 129 所示,弹出【通过曲线网格】对话框,如图 4 - 130 所示,设置过滤器为"单条曲线",如图 4 - 131 所示,选择第一主曲线,单击鼠标中键确认,如图 4 - 132 所示;选择第二主曲线,单击鼠标中键确认,如图 4 - 133 所示;选择第三主曲线,单击鼠标中键确认,如图 4 - 134 所示。

图 4 - 129　选择【通过曲线网格】命令(脚趾)　　图 4 - 130　【通过曲线网格】对话框(脚趾)

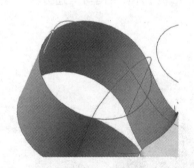

图 4 - 131　设置过滤器(脚趾)(4)　　　　图 4 - 132　选择第一主曲线(脚趾)

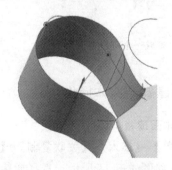

图 4 - 133　选择第二主曲线(脚趾)　　图 4 - 134　选择第三主曲线(脚趾)

再次单击鼠标中键，设置过滤器为"单条曲线"，并单击"在相交处停止"图标，如图 4-135 所示，选择第一交叉线串，单击鼠标中键确认，如图 4-136 所示；选择第二交叉线串，单击鼠标中键确认，如图 4-137 所示。单击【通过曲线网格】对话框中【交叉曲线】下的【添加新集】，如图 4-130 所示，依次选择另一侧的交叉曲线，单击【确定】按钮后完成脚趾曲面的绘制，如图 4-138 所示。

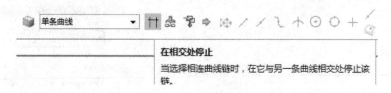

图 4-135　设置过滤器(脚趾)(5)

图 4-136　选择第一交叉线串

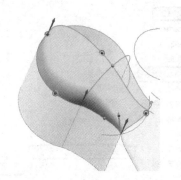

图 4-137　选择第二交叉线串

其他脚趾曲面的绘制与上述方法完全一致，依次绘制完成后如图 4-139 所示。

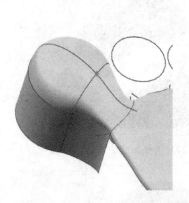

图 4-138　完成一个脚趾曲面绘制

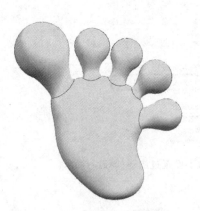

图 4-139　完成全部脚趾曲面绘制

视频演示

## 任务四　创建脚丫实体操作

### 1. 脚丫曲面建模

选择【菜单】→【插入】→【关联复制】→【镜像几何体】命令，如图 4-140 所示，弹出【镜像几何体】对话框，如图 4-141 所示。选择要镜像的几何体，如图 4-142 所示，选择镜像平面，如图 4-143 所示，单击【确定】按钮后形成脚丫片体，如图 4-144 所示。

图 4 - 140　选择【镜像几何体】命令

图 4 - 141　【镜像几何体】对话框

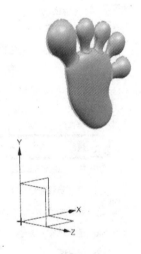

图 4 - 142　选择要镜像的几何体

图 4 - 143　选择镜像平面

图 4 - 144　完成脚丫片体绘制

**2. 脚丫实体建模**

选择【菜单】→【插入】→【组合】→【缝合】命令，如图 4-145 所示，依次选择图中所有片体，如图 4-146 所示，单击【确定】按钮完成片体的缝合成为实体。改变渲染方式为"着色"，如图 4-147 所示，完成脚丫实体的绘制，如图 4-148 所示。

图 4-145　选择【缝合】命令

图 4-146　选择缝合片体

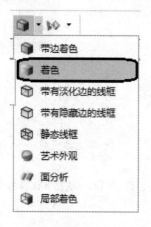

图 4-147　改变渲染方式为"着色"

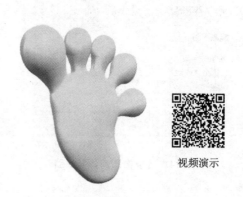

视频演示

图 4-148　完成脚丫实体绘制

## 任务五　创建底座操作

**1. 底座连接管建模**

选择【草图】命令，如图 4-149 所示，选择 *XOY* 平面作为草图放置面。展开【更多】下拉菜单，关闭【连续自动标注尺寸】，如图 4-150 所示。绘制的草图如图 4-151 所示，该草图应尽量与底座曲线部分近似。

选择【菜单】→【插入】→【扫掠】→【管】命令，如图 4-152 所示，弹出【管】对话框，输入横截面的尺寸，如图 4-153 所示，选择管路径，如图 4-154 所示，完成管的绘制，如图 4-155 所示。

图 4-149　选择【草图】命令(底座)

图 4 - 150　关闭【连续自动标注尺寸】　　　　图 4 - 151　完成草图绘制

图 4 - 152　选择【管】命令　　　　　　　图 4 - 153　【管】对话框

图 4 - 154　选择管路径　　　　　　　图 4 - 155　完成管实体绘制

**2. 底座体建模**

在 *XOY* 平面上绘制底座草图,如图 4 – 156 所示,选择【旋转】命令,如图 4 – 157 所示,弹出【旋转】对话框,选择 YC 轴为矢量方向,如图 4 – 158 所示。选择草图为旋转曲线,如图 4 – 159 所示,单击【指定点】,如图 4 – 158 所示,弹出【点】对话框,在【类型】下拉列表框中选择"曲线/边上的点",如图 4 – 160 所示,选择草图直线端点为矢量点,如图 4 – 161 所示,单击【确定】按钮完成旋转体绘制,如图 4 – 162 所示。

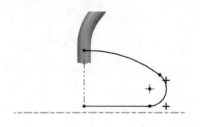

图 4 – 156 绘制底座草图

图 4 – 157 选择【旋转】命令

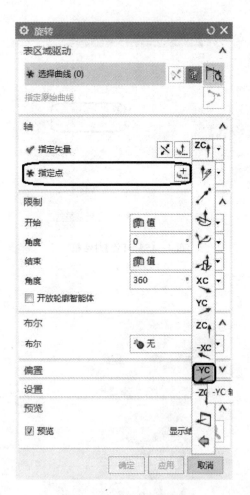

图 4 – 158 【旋转】对话框

图 4 – 159 选择旋转曲线

图 4-160　【点】对话框(底座)　　　　图 4-161　选择矢量点

视频演示

图 4-162　完成旋转体绘制

# 项目综合评价表

**自由曲面建模项目综合评价表**

| 评价类别 | 序　号 | 评价内容 | 分　值 | 得　分 |
|---|---|---|---|---|
| 成果评价(50分) | 1 | 建模结构是否与图片相似 | 5 | |
| | 2 | 建模过程是否合理 | 5 | |
| | 3 | 曲线网格建立是否合理 | 15 | |
| | 4 | 曲面建立是否完整、平顺 | 15 | |
| | 5 | 是否有创新技能操作 | 10 | |

续表

| 评价类别 | 序 号 | 评价内容 | 分 值 | 得 分 |
|---|---|---|---|---|
| 自我评价(25分) | 1 | 学习活动的主动性 | 7 | |
| | 2 | 独立解决问题的能力 | 5 | |
| | 3 | 工作方法的正确性 | 5 | |
| | 4 | 团队合作 | 5 | |
| | 5 | 个人在团队中的作用 | 3 | |
| 教师评价(25分) | 1 | 工作态度 | 7 | |
| | 2 | 工作量 | 5 | |
| | 3 | 工作难度 | 3 | |
| | 4 | 工具使用能力 | 5 | |
| | 5 | 自主学习 | 5 | |
| 项目总成绩(100分) | | | | |

# 工作领域二　机械零件装配

## 项目五　千斤顶机构产品装配

**项目目标**

　　① 能正确识读装配图中各零件的装配关系及配合形式；

　　② 能利用 UG 装配模块进行机器（部件）的装配；

　　③ 能正确进行装配体的爆炸图操作。

**项目简介**

　　千斤顶是简单的起重工具，它用可调节力臂长度的铰杠带动螺旋杆在螺套中做旋转运动，螺旋作用使螺旋杆上升，装在螺旋杆顶部的顶垫顶起重物。

　　下面以图 5-1 所示的千斤顶机构产品装配为例，了解利用 UG 装配模块进行装配的方法，以及如何创建爆炸图。

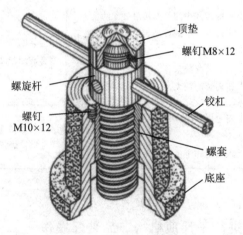

顶垫
螺钉M8×12
螺旋杆
铰杠
螺钉M10×12
螺套
底座

**图 5-1　千斤顶产品装配图**

**项目分析**

　　UG 装配模块不仅能快速组合零部件成为产品，而且在装配中，可参照其他部件进行部件关联设计，并可对装配模型进行间隙分析、重量管理等操作。装配模型生成后，可创建爆炸图，并可将其引入装配工程图中。

　　千斤顶的装配采用自下而上装配建模，依次完成底座、螺套、螺钉 M10×12、螺旋杆、顶垫、螺钉 M8×12 和铰杠的建模，如图 5-2 所示，其装配过程对应的知识点和技能点如表 5-1 所列，其详细装配过程如下。

图 5-2 千斤顶装配产品

表 5-1 装配过程及对应的知识点和技能点

| 序 号 | 装配过程 | 知识点 | 技能点 |
|---|---|---|---|
| 1 | 自下而上装配产品 | 接触对齐中的首选接触装配约束；<br>接触对齐中的自动判断中心/轴装配约束；<br>同心装配约束；<br>距离装配约束 | 学会装配产品固定装配件的选择方法；<br>学会装配产品中各组件的约束方法 |
| 2 | 创建产品爆炸图 | 新建爆炸名称；<br>编辑爆炸；<br>取消爆炸组件 | 学会创建爆炸图的方法；<br>学会取消爆炸组件的方法 |

## 项目操作

### 任务一 利用 UG 软件进行千斤顶机构产品装配操作

**1. 底座装配**

双击 NX12.0 图标,打开软件主程序,选择【文件】→【新建】命令,弹出【新建】对话框,在【模板】中选择"装配",设定新文件的【名称】和【文件夹】的名称,如图 5-3 所示,单击【确定】按钮弹出【添加组件】对话框,如图 5-4 所示。

【添加组件】主要包括【要放置的部件】、【位置】、【放置】和【设置】选项,展开【设置】区域中的内容,选中"启用预览窗口"复选框,如图 5-4 所示。

单击要【放置的部件】区域中的【打开】图标,弹出的【部件名】对话框用于调取零件,选择文件底座.prt,如图 5-5 所示,单击【OK】按钮完成操作。

在主窗口和预览窗口中会弹出底座组件,定位于当前的绝对坐标系位置,并且底座组件已具有固定约束,不必另加固定约束,如图 5-6 所示。

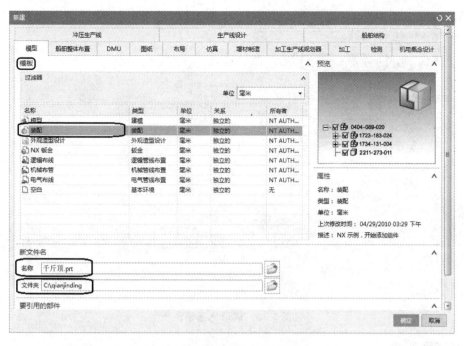

图 5-3 新建模型环境

图 5-4 【添加组件】对话框

**图 5 - 5　调取底座零件**

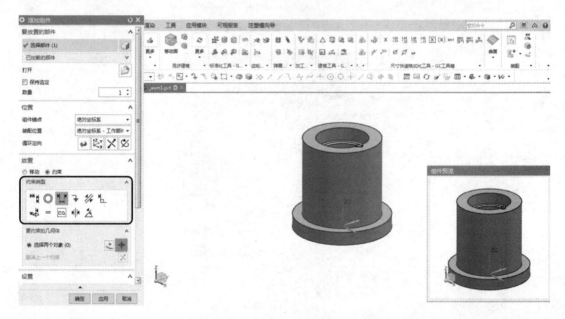

**图 5 - 6　显示底座组件**

单击 UG 软件左侧资源条中的【约束导航器】图标,如图 5 - 7 所示,显示底座已固定。

图 5 - 6 中【约束类型】区域中的选项如图 5 - 8 所示,选择合适的【约束类型】对正确约束组件至关重要,各选项的含义如下:

　接触对齐:约束两个对象以使它们相互接触或对齐。

　同心(非同轴):约束两条圆边或椭圆边以使中心重合并使边的平面共面。

　距离:指定两个对象之间的 3D 距离。

　固定:将对象固定在其当前位置。

　平行:将两个对象的方向矢量定义为相互平行。

　垂直:将两个对象的方向矢量定义为相互垂直。

对齐/锁定:将不同对象中的两个轴对齐,同时防止绕公共轴旋转。

适合窗口约束:约束具有等半径的两个对象,例如圆边与椭圆边,或者圆柱面与球面。

胶合:将对象约束到一起以使它们作为刚体移动。

中心:使一个或两个对象处于一对对象的中间,或者使一对对象沿着另一对象处于中间。

角度:指定两个对象(可绕指定轴旋转)之间的角度。

图5-7　显示固定约束(底座)

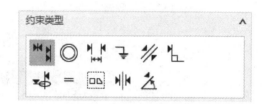

图5-8　显示【约束类型】

**2. 添加螺套组件**

单击【要放置的部件】区域中的【打开】图标,弹出的【部件名】对话框用于调取零件,选择文件螺套. prt,如图5-9所示,单击【OK】按钮完成操作。

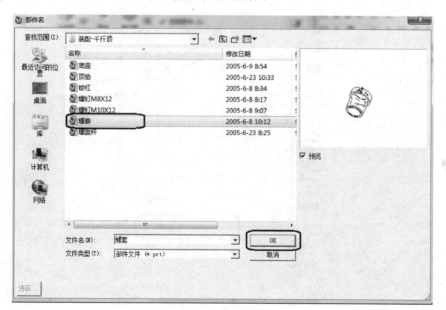

图5-9　调取螺套零件

在组件预览窗口中弹出螺套组件,可以对其单独操作,如图5-10所示。同时,系统自动弹出【添加组件】对话框,【放置】方式选择为"约束",【约束类型】选择为"接触对齐",在【要约束的几何体】区域中,将【方位】下拉列表框选择为"自动判断中心/轴",如图5-11所示,将【选择两个对象】分别选择为螺套和底座的中心轴,如图 5-12 所示,在【约束导航器】中出现螺套和底座组件的对齐约束,如图 5-13 所示。

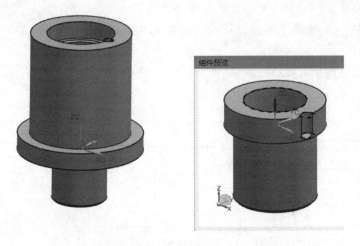

图 5-10　预览螺套组件

图 5-11　选择"接触对齐"约束类型(螺套、底座)

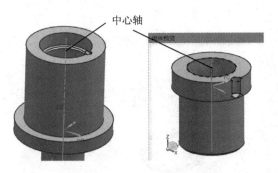

图 5-12 选择两组件的中心轴(螺套、底座)　　　图 5-13 显示对齐约束(螺套、底座)

　　同理,将【要约束的几何体】中【方位】下拉列表框选择为"首选接触",如图 5-14 所示,将【选择两个对象】分别选择为螺套台阶底面和底座内孔台阶面,如图 5-15 所示,两组件会根据"首选接触"约束方式进行定位,如图 5-16 所示,在【约束导航器】中出现螺套和底座两组件的"接触"约束项,如图 5-17 所示。单击【应用】按钮完成螺套和底座的定位约束。

图 5-14 选择"首选接触"约束类型(螺套、底座)

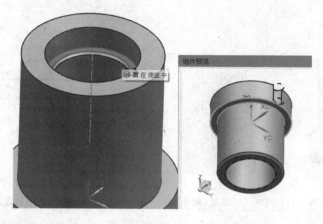

图 5-15　选择两台阶面定位(螺套、底座)

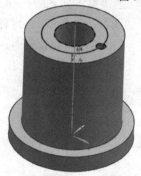

视频演示

图 5-16　预览接触面定位约束(螺套、底座)　　图 5-17　显示接触约束(螺套、底座)

**3. 添加螺钉 M10×12 组件**

单击【要放置的部件】区域中的【打开】图标,弹出的【部件名】对话框用于调取零件,选择文件螺钉 M10×12. prt,如图 5-18 所示,单击【OK】按钮完成操作。

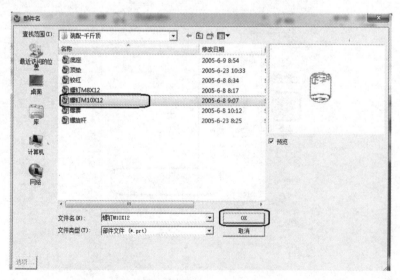

图 5-18　调取螺钉 M10×12 零件

系统自动弹出【添加组件】对话框,【放置】方式选择为"约束",【约束类型】选择为"同心",如图 5-19 所示,将【选择两个对象】分别选择为螺钉和螺套的半圆面,如图 5-20 所示,两组件会根据同心约束方式进行定位,如图 5-21 所示,在【约束导航器】中出现螺钉和螺套两组件的"同心"约束项,如图 5-22 所示,单击【应用】按钮完成螺钉 M10×12 和螺套的定位约束。

图 5-19 选择"同心"约束类型(螺钉 M10×12、螺套)

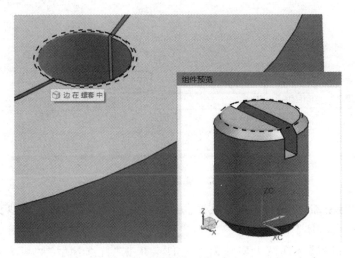

图 5-20 选择同心约束的两个对象(螺钉 M10×12、螺套)

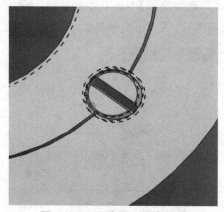

视频演示

图 5-21　预览同心约束效果

（螺钉 M10×12、螺套）

图 5-22　显示同心约束

（螺钉 M10×12、螺套）

**4. 添加螺旋杆组件**

单击【要放置的部件】区域中的【打开】图标,弹出的【部件名】对话框用于调取零件,选择文件螺旋杆.prt,如图 5-23 所示,单击【OK】按钮完成操作。

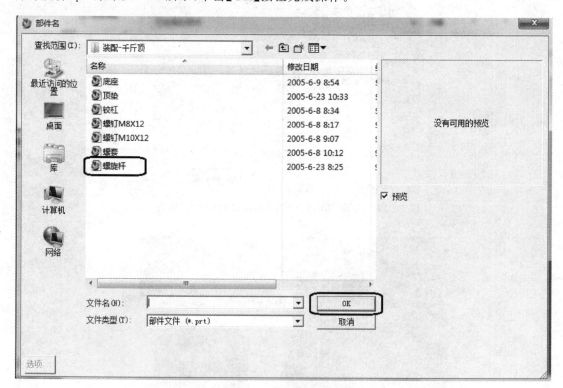

图 5-23　调取螺旋杆零件

系统自动弹出【添加组件】对话框,【放置】方式选择为"约束",【约束类型】选择为"接触对齐",将【要约束的几何体】中【方位】下拉列表框选择为"首选接触",如图 5-24 所示,按图 5-25 中的选择设置【选择两个对象】,两组件会根据"首选接触"约束方式进行定位,如图 5-26 所示,在【约束导航器】中出现螺旋杆和螺套两组件的"接触"约束项,如图 5-27 所示。

图 5 - 24　选择"接触对齐"约束类型
（螺旋杆、螺套）

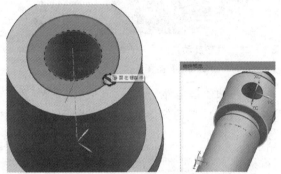

图 5 - 25　选择首选接触的两个对象
（螺旋杆、螺套）

图 5 - 26　预览首选接触约束效果
（螺旋杆、螺套）

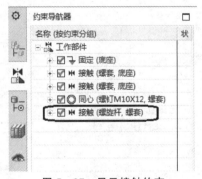

图 5 - 27　显示接触约束
（螺旋杆、螺套）

　　同理，【放置】方式选择为"约束"，【约束类型】选择为"接触对齐"，将【要约束的几何体】中【方位】下拉列表框选择为"自动判断中心/轴"，将【选择两个对象】分别选择为底座和螺旋杆的中心轴，两组件会根据"自动判断中心/轴"约束方式进行定位，如图 5 - 28 所示，在【约束导航器】中出现底座和螺旋杆两组件的"对齐"约束项，如图 5 - 29 所示，单击【应用】按钮完成底座和螺旋杆的定位约束。

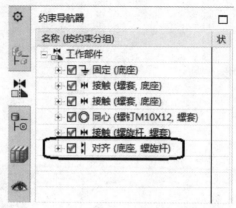

视频演示

图 5-28 预览自动判断中心/轴约束效果
（底座、螺旋杆）

图 5-29 显示对齐约束
（底座、螺旋杆）

**5. 添加顶垫组件**

单击【要放置的部件】区域中的【打开】图标，弹出的【部件名】对话框用于调取零件，选择文件顶垫.prt，如图 5-30 所示，单击【OK】按钮完成操作。

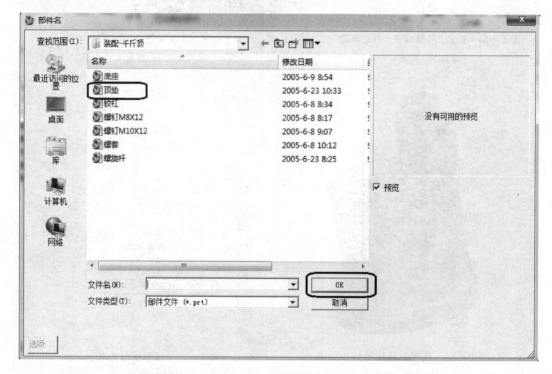

图 5-30 调取顶垫零件

系统自动弹出【添加组件】对话框，【放置】方式选择为"约束"，【约束类型】选择为"接触对齐"，将【要约束的几何体】中【方位】下拉列表框选择为"首选接触"，如图 5-31 所示，按图 5-32 中的选择设置【选择两个对象】，两组件会根据"首选接触"约束方式进行定位，如图 5-33 所示，在【约束导航器】中出现顶垫和螺旋杆两组件的"接触"约束项，如图 5-34 所示。

图 5-31　选择"接触对齐"约束类型(顶垫、螺旋杆)

图 5-32　选择首选接触的两个对象(顶垫、螺旋杆)

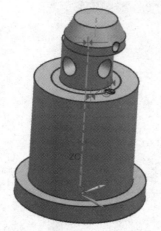

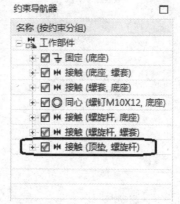

图 5-33　预览首选接触约束效果　　　　图 5-34　显示接触约束
（顶垫、螺旋杆）　　　　　　　　　　　（顶垫、螺旋杆）

同理，【放置】方式选择为"约束"，【约束类型】选择为"接触对齐"，将【要约束的几何体】中【方位】下拉列表框选择为"自动判断中心/轴"，将【选择两个对象】分别选择为顶垫和螺旋杆的中心轴，两组件会根据"自动判断中心/轴"约束方式进行定位，如图 5-35 所示，在【约束导航器】中出现螺旋杆和顶垫两组件的"对齐"约束项，如图 5-36 所示，单击【应用】按钮完成顶垫和螺旋杆的定位约束。

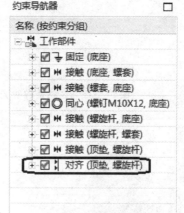

视频演示

图 5-35　预览自动判断中心/轴约束效果　　图 5-36　显示对齐约束
（顶垫、螺旋杆）　　　　　　　　　　　（顶垫、螺旋杆）

### 6. 添加 M8×12 螺钉组件

单击【要放置的部件】区域中的【打开】图标，弹出的【部件名】对话框用于调取零件，选择文件螺钉 M8×12. prt，如图 5-37 所示，单击【OK】按钮完成操作。

系统自动弹出【添加组件】对话框，【放置】方式选择为"约束"，【约束类型】选择为"接触对齐"，将【要约束的几何体】中【方位】下拉列表框选择为"自动判断中心/轴"，如图 5-38 所示，按图 5-39 中的选择设置【选择两个对象】，两组件会根据"接触对齐"约束方式进行定位，如图 5-40 所示。

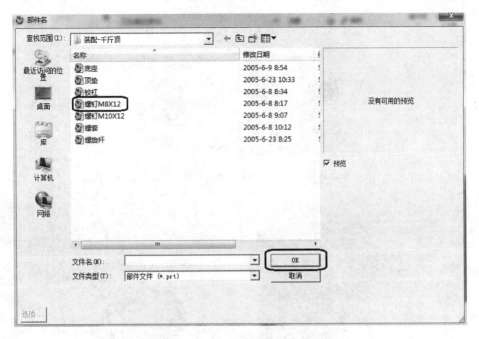

图 5 - 37 调取螺钉 M8×12 零件

图 5 - 38 选择"接触对齐"约束类型(螺钉 M8×12、顶垫)

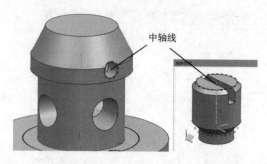

图 5-39　选择自动判断中心/轴的两个对象(螺钉 M8×12、顶垫)

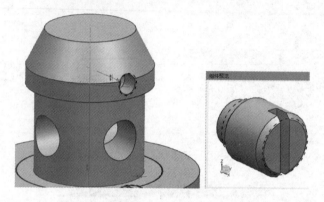

图 5-40　预览自动判断中心/轴约束效果(螺钉 M8×12、顶垫)

同理,【放置】方式选择为"约束",【约束类型】选择为"接触对齐",将【要约束的几何体】中
【方位】下拉列表框选择为"首先接触",按图 5-41 中的选择设置【选择两个对象】,其定位约束
效果如图 5-42 所示,在【约束导航器】中出现螺钉 M8×12 和螺旋杆两组件的"接触"约束项,
如图 5-43 所示,单击【应用】按钮完成螺钉 M8×12 的装配。

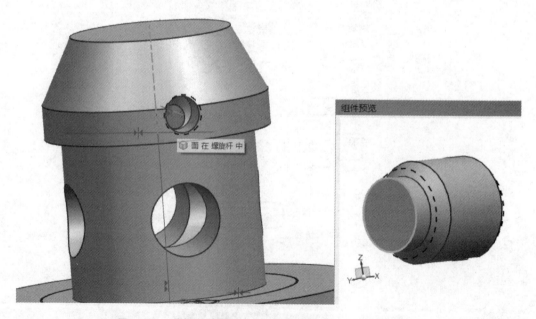

图 5-41　选择首选接触约束的两面(螺钉 M8×12、螺旋杆)

图 5 - 42　预览首选接触约束效果
（螺钉 **M8×12**、螺旋杆）

视频演示

图 5 - 43　显示接触约束
（螺钉 **M8×12**、螺旋杆）

　　为了更加清晰地显示螺钉 M8×12 与螺旋杆的装配结构关系，选择【视图】→【编辑截面】命令，弹出【视图剖切】对话框，如图 5 - 44 所示。

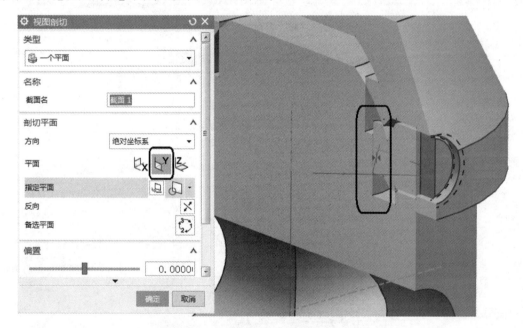

图 5 - 44　显示内部剖开结构（螺钉 **M8×12**、螺旋杆）

### 7. 添加铰杠组件

　　单击【要放置的部件】区域中的【打开】图标，弹出的【部件名】对话框用于调取零件，选择文件铰杠. prt，如图 5 - 45 所示，单击【OK】按钮完成操作。

　　系统自动弹出【添加组件】对话框，【放置】方式选择为"约束"，【约束类型】选择为"接触对齐"，将【要约束的几何体】中【方位】下拉列表框选择为"自动判断中心/轴"，如图 5 - 46 所示，按图 5 - 47 中的选择设置【选择两个对象】，两组件会根据"自动判断中心/轴"约束方式进行定位，如图 5 - 48 所示。

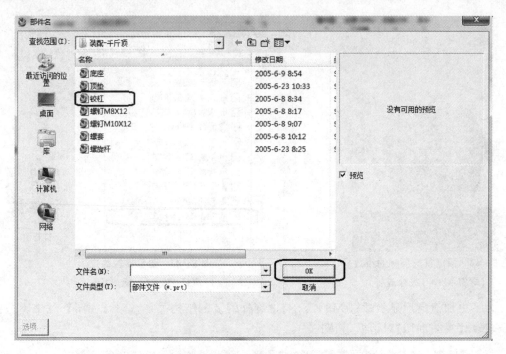

图 5 - 45　调取铰杠零件

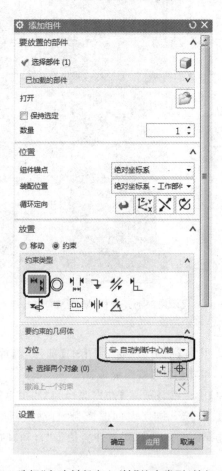

图 5 - 46　选择"自动判断中心/轴"约束类型(铰杠、螺旋杆)

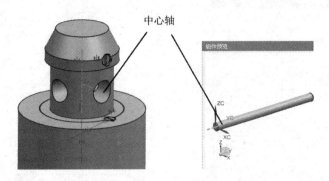

图 5-47 选择自动判断中心/轴的两个对象(铰杠、螺旋杆)

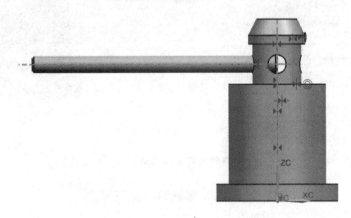

图 5-48 预览自动判断中心/轴约束效果(铰杠、螺旋杆)

　　将【约束类型】选择为"距离",选择要约束距离的两组件表面,如图 5-49 所示,结果如图 5-50 所示,经过计算,两表面的距离应为 120 mm,则在如图 5-51 所示的【距离】处输入"120",单击【确定】按钮完成铰杠组件的定位,如图 5-52 所示,在【约束导航器】中出现铰杠和螺旋杆的"对齐"和"距离"约束项,如图 5-53 所示。

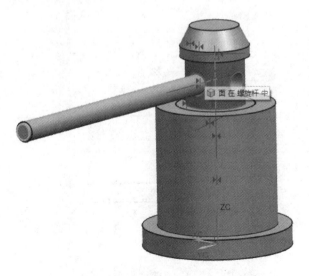

图 5-49 选择约束距离的两面(铰杠、螺旋杆)

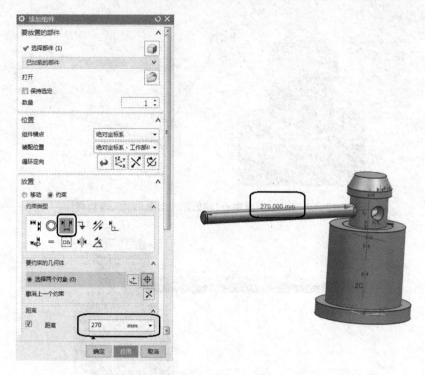

图 5-50　测量约束两面的距离(铰杠、螺旋杆)

图 5-51　设定约束两面距离(铰杠、螺旋杆)

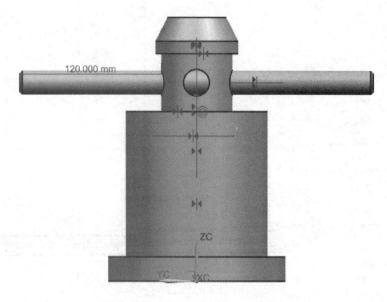

图 5 - 52　完成铰杠距离约束(铰杠、螺旋杆)

视频演示

图 5 - 53　显示对齐和距离约束(铰杠、螺旋杆)

### 8.显示和隐藏装配约束

选择【菜单】→【编辑】→【显示和隐藏】→【显示和隐藏】命令,如图 5 - 54 所示,弹出【显示和隐藏】对话框,选择"装配约束",单击"－"减号隐藏按钮,如图 5 - 55 所示,隐藏装配约束后的效果如图 5 - 56 所示,单击【关闭】按钮完成操作。

图 5-54　选择【显示和隐藏】命令

图 5-55　装配约束的隐藏

图 5-56　千斤顶装配体隐藏装配约束效果

## 任务二　创建千斤顶装配体爆炸图操作

使用爆炸图命令可创建一个视图,在该视图中,选中的部件或子装配体相互分离开来,以便用于图纸或图解,如图 5-57 所示。此命令以可见形式在爆炸图中对组件进行变换,并且不会更改组件的实际装配位置。

要创建爆炸图,必须执行以下步骤:

① 创建新的爆炸图。

② 重定位组件在爆炸图中的位置。

图 5-57　爆炸图

对千斤顶装配体创建爆炸图，选择【装配】→【爆炸图】命令，如图 5-58 所示，显示【爆炸图】下拉菜单中的各命令选项，如图 5-59 所示。

图 5-58 选择【爆炸图】命令

图 5-59 爆炸图内的各选项

选择【新建爆炸】命令，弹出【新建爆炸】对话框，输入【名称】为"千斤顶"，如图 5-60 所示，单击【确定】按钮，图 5-61 中的灰色命令选项被激活。

选择【编辑爆炸】命令，弹出【编辑爆炸】对话框，如图 5-62 所示。

图 5-60 输入爆炸图的名称

图 5-61 激活爆炸图内的各选项

图 5-62 【编辑爆炸】对话框

按照千斤顶部件的装配关系，由上至下依次选择螺钉 M8×12、顶垫、铰杠、螺旋杆、螺钉 M10×12、螺套和底座。

**1. 移动螺钉 M8×12**

选择螺钉 M8×12 组件,如图 5－63 所示,单击【应用】按钮,单击【移动对象】单选按钮,在螺钉上出现动态坐标,单击 Z 轴,激活【距离】选项,输入"50",如图 5－64 所示,单击【应用】按钮完成螺钉的移动,如图 5－65 所示。

图 5－63　选择螺钉 M8×12 组件

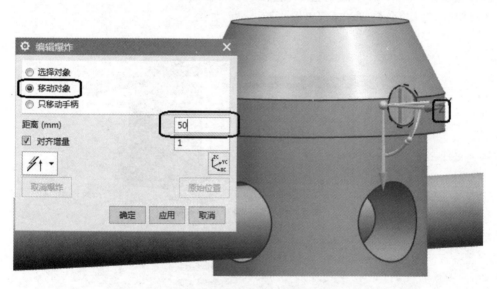

图 5－64　选择移动方向和输入距离值(移动螺钉 M8×12)

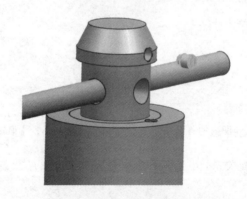

图 5－65　移动螺钉 M8×12 组件

**2. 移动顶垫组件**

选择顶垫组件,单击【应用】按钮,单击【移动对象】单选按钮,在顶垫体上出现动态坐标,单击 X 轴,激活【距离】选项,输入"100",如图 5-66 所示,单击【应用】按钮完成顶垫的移动,如图 5-67 所示。

同理,完成对铰杠、螺旋杆、螺钉 M10×12、螺套和底座的移动,生成千斤顶爆炸图,如图 5-68 所示。

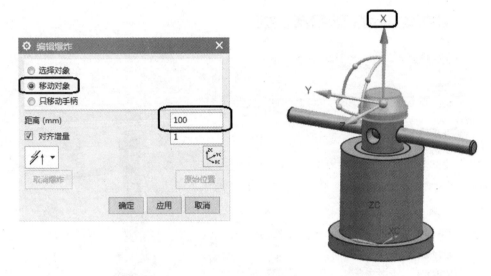

图 5-66 选择移动方向和输入距离值(移动顶垫组件)

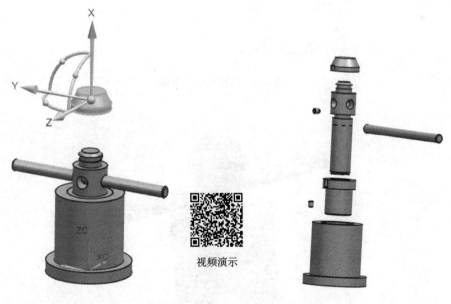

图 5-67 移动顶垫组件    图 5-68 千斤顶爆炸图

**3. 取消爆炸组件**

选择【取消爆炸组件】命令,如图 5-69 所示,弹出【类选择】对话框,选择千斤顶装配体,如图 5-70 所示,单击【确定】按钮取消千斤顶爆炸图,如图 5-71 所示。

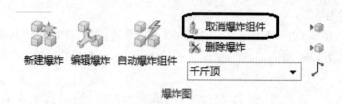

图 5 - 69　选择【取消爆炸组件】命令

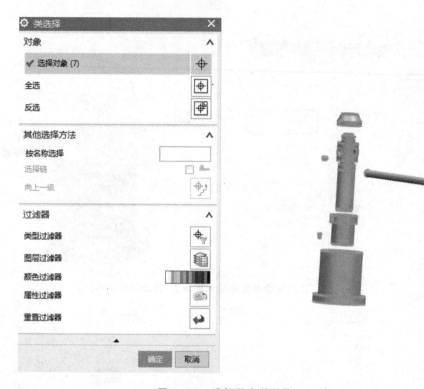

图 5 - 70　选择整个装配体

图 5 - 71　取消千斤顶装配体爆炸图

# 项目综合评价表

## 千斤顶机构产品装配项目综合评价表

| 评价类别 | 序　号 | 评价内容 | 分　值 | 得　分 |
|---|---|---|---|---|
| 成果评价（50分） | 1 | 装配机构是否符合图样要求 | 15 | |
| | 2 | 组件的添加过程是否合理 | 15 | |
| | 3 | 装配约束命令使用是否正确 | 5 | |
| | 4 | 装配爆炸图操作是否正确 | 5 | |
| | 5 | 是否有创新技能操作 | 10 | |
| 自我评价（25分） | 1 | 学习活动的主动性 | 7 | |
| | 2 | 独立解决问题的能力 | 5 | |
| | 3 | 工作方法的正确性 | 5 | |
| | 4 | 团队合作 | 5 | |
| | 5 | 个人在团队中的作用 | 3 | |
| 教师评价（25分） | 1 | 工作态度 | 7 | |
| | 2 | 工作量 | 5 | |
| | 3 | 工作难度 | 3 | |
| | 4 | 工具使用能力 | 5 | |
| | 5 | 自主学习 | 5 | |
| 项目总成绩（100分） | | | | |

# 工作领域三　塑料产品模具设计

## 项目六　电话机壳产品注塑模具设计

### 项目目标

① 能正确理解注塑模具设计的相关理论知识；

② 能根据塑件产品要求合理分析和设计注塑模具结构；

③ 能利用 UG 软件中的注塑模具设计模块进行塑料产品的模具设计。

### 项目简介

塑料工业是当今世界上发展最快的工业门类之一，而注塑模具是其中发展较快的种类。近年来我国在注塑模具方面有了长足的进步，部分模具已达到国际先进水平；但每年仍有各类大型、精密、复杂模具需要进口，与发达国家在模具技术上仍有不小的差距。为了推动我国模具在技术上不断创新，缩小与国际先进水平的差距，大力推广 CAD/CAM/CAE 技术是模具设计制造的发展方向，可显著提高模具设计制造水平。

本项目以电话机外壳塑件为例，利用 UG NX12.0 中的 MoldWizard 模块进行注塑模具设计，以便对注塑模具有一个初步认识，并能注意到设计中的某些细节问题，了解模具结构及工作原理。

### 项目分析

以电话机外壳塑件为例，分析注塑模具设计的大体流程为：制件模型分析—分模—创建型腔布局—创建虎口—调取模架—侧抽芯机构设计—斜顶机构设计—浇注系统设计—推出机构设计—冷却机构设计—开腔操作—生成模具。

注塑模具设计过程及对应的知识点和技能点如表 6-1 所列。

表 6-1　注塑模具设计过程及对应的知识点和技能点

| 序　号 | 模具设计过程 | 知识点 | 技能点 |
|---|---|---|---|
| 1 | 制件产品结构工艺分析 | 产品结构形状、尺寸、精度分析；<br>拔模斜度分析；<br>壁厚分析；<br>制件模型检验分析 | 掌握进行产品模具设计前需要分析的项目内容；<br>具备完成 DFM 报告的能力 |
| 2 | 制件产品分模 | 项目初始化；<br>创建模具坐标系；<br>创建工件；<br>靠破孔；<br>创建分型面 | 具备设计分型面的能力；<br>学会各种补孔技巧 |
| 3 | 型腔布局设计 | 一模两腔模具设计 | 掌握一模两腔模具设计的尺寸要求及注意事项 |

| 序　号 | 模具设计过程 | 知识点 | 技能点 |
|---|---|---|---|
| 4 | 虎口精定位设计 | 利用块操作进行虎口精定位设计 | 学会虎口精定位的设计方法和原理 |
| 5 | 模架库及标准件库选用操作 | 模架、标准件的调取方法 | 了解模架库及标准件库里的项目内容及名称 |
| 6 | 型腔组件——侧抽机构、斜顶机构的操作方法 | 滑块头和斜顶头的设计；侧抽芯机构和斜顶机构在标准件库中的调用 | 掌握滑块机构和斜顶机构的设计方法及注意事项 |
| 7 | 浇注系统设计操作 | 定位圈、浇口套设计；分流道、浇口设计；拉料杆设计 | 学会设计和利用不同类型的浇注系统 |
| 8 | 推出系统设计操作 | 顶杆和司筒机构设计；弹簧复位机构设计 | 学会合理分析和设计推出系统 |
| 9 | 冷却系统设计操作 | 冷却水路设计；堵头设计；水嘴设计；密封圈设计 | 学会分析水路并能根据产品设计水路结构 |

## 项目操作

### 任务一　塑料产品的工艺性分析操作

**1. 塑件结构形状及设计要求分析**

结构形状分析：电话机上盖大体呈方形，有各种孔位，3 个柱位，产品侧面由侧孔、缺料位和内部带凹槽等的结构组成，如图 6 - 1 所示。

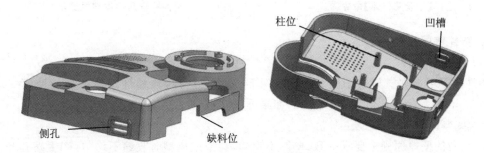

**图 6 - 1　塑件产品结构形状分析**

设计要求分析：在模具设计过程中进行分模操作时，需合理对所有孔位进行补孔操作；对于缺料位，模具设计常采用设计枕位的操作；对于柱位，模具设计需采用司筒方式顶出；当制件有侧孔时，模具需设计侧向成型抽芯机构；当制件内部有凹槽时，模具需设计斜顶抽芯机构。

**2. 塑件 3D 模型验证及修补**

在接受客户资料后，需要根据客户要求对客户提供的制件产品进行数模检验。如果客户提供的是二维制件零件图，则需要根据零件图进行三维建模；如果客户提供的是三维建模，则需要根据客户提供的三维模型类型，进行相应的格式转换和检查，检查模型是否有缺陷，例如曲面片丢失或结构不全等。下面对电话机上盖制件进行 3D 模型验证,具体过程如下。

选择【菜单】→【分析】→【检查几何体】命令,如图 6-2 所示,弹出【检查几何体】对话框,在【要检查的对象】选项中将【选择对象】选择为整个电话机上盖实体,选中【体检查/检查后状态】选项组中的四个选项,表示要检查四项内容,在【操作】选项中单击【检查几何体】,检查结果如图 6-3 所示,四项检查内容全部通过,说明模型不存在建模缺陷,可以利用该模型进行模具设计。

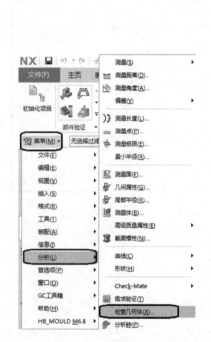

视频演示

图 6-2　选择【检查几何体】命令　　　　图 6-3　塑件检查几何体结果显示

### 3. 塑件壁厚检查

(1) 壁厚的选择

塑件壁厚可根据材料的不同和产品的外形尺寸来选择,热塑性塑料产品的壁厚一般为 0.5～3 mm,最常用的数值为 2～3 mm,如果强度不够,应采用加强筋结构。

(2) 壁厚的设计原则

① 制品的壁厚原则上要求一致,壁厚不均匀,会造成成型时收缩不均匀,产生缩孔和内部应力,导致变形或开裂。

② 当无法避免不同的壁厚时,应采用倾斜方式使壁厚逐渐变化。

利用 UG NX12.0 检测电话机上盖制件的壁厚,操作步骤如下:

选择【菜单】→【分析】→【模具部件验证】→【检查壁厚】命令,如图 6-4 所示,弹出【检查壁厚】对话框,单击【计算厚度】图标,其他选项选择默认,计算结果如图 6-5 所示。

一般情况下平均壳体厚度大于 1.2 mm,周边壳体厚度大于 1.3 mm。本塑件平均壁厚为 1.57 mm,满足塑件壁厚设计要求,而且从壁厚颜色云图分析看到壁厚均匀,没有变化明显的部分。

**图6－4　选择【检查壁厚】命令**

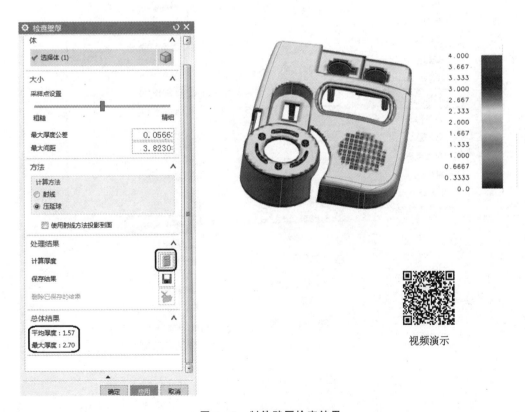

视频演示

**图6－5　制件壁厚检查结果**

**4. 拔模斜度检查**

塑料成型后,塑料产品紧紧抱住模具型芯或型腔中的凸出部位,给取出产品带来困难,为了便于从模具内取出产品或从产品内抽出型芯,在设计塑料产品结构时,必须考虑足够的脱模斜度。

利用 UG NX12.0 检测电话机上盖制件的拔模斜度,操作步骤如下:

选择【菜单】→【分析】→【形状】→【斜率】命令,如图 6-6 所示,弹出【斜率分析】对话框,在【目标】选项中将【选择面】选择为全部体的面,在【参考矢量】中【指定矢量】为开模方向即 Z 轴,其余选项选择默认,单击【应用】按钮,如图 6-7 所示,得到塑件模型的拔模斜度云图,如图 6-8 所示,图中粉色部分属于型腔正向斜率,蓝色部分属于型芯负向斜率,绿色部分属于零斜率。

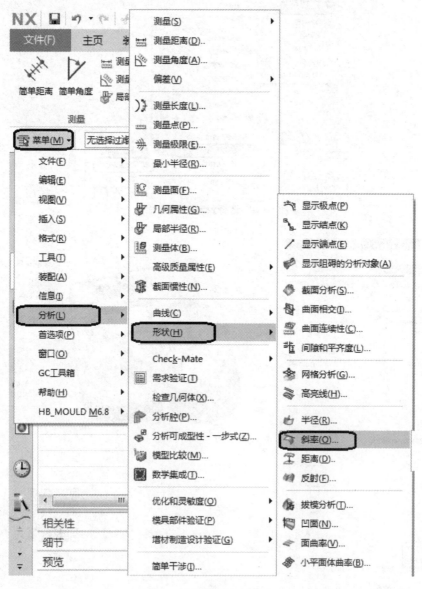

图 6-6 选择【斜率】命令

图6-7　进行斜率分析

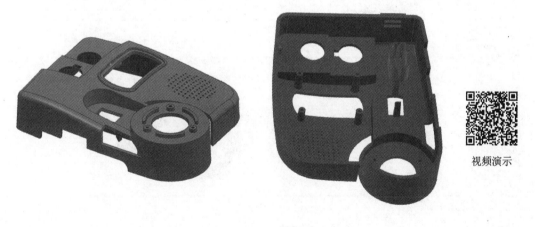

视频演示

图6-8　塑件模型的拔模斜度云图

## 任务二　塑料产品的分模操作

### 1. 打开文件并切换至注塑模向导模式

单击【主页】→【打开】工具按钮,选择电话机上盖制件文件v0.prt,单击【OK】按钮,如图6-9所示,此时NX12.0软件的模式为【主页】,切换至【注塑模向导】模式,如图6-10所示。

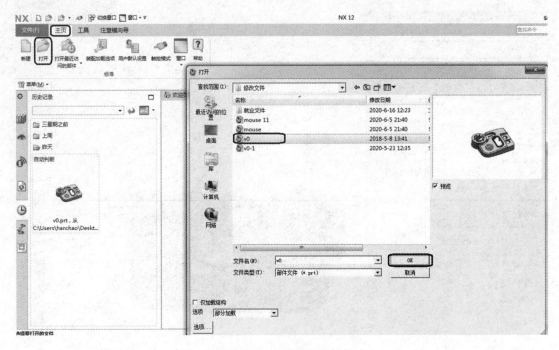

图 6-9　打开制件模型

图 6-10　切换至【注塑模向导】模式

### 2. 初始化项目操作

初始化项目的主要目的是确定模具设计文件保存的位置、名称,以及制件的材料和收缩率等的设置是否正确。

单击【初始化项目】工具按钮，弹出如图 6-11 所示的【初始化项目】对话框,其中选项的含义是:

图 6 - 11 【初始化项目】对话框

- 【路径】：更改路径，注意文件夹最好为新建的空文件夹，同时要保存制件的原始模型。
- 【Name】：对项目名称进行修改，建议项目名称尽量简短。
- 【材料】和【收缩】：【材料】用于设定制件的材料，打开下拉列表框展开【材料】清单，如图 6 - 12 所示，可以选择相应制件的材料，同时下方的【收缩】选项会自动设定为本材料收缩率范围的中间值，本制件采用的【材料】为"ABS"，【收缩】设置为"1.005"。

图 6 - 12 塑件材料和收缩率的设置

- 【配置】：确定型腔和型芯毛坯料的尺寸定义形式，共三种，如图 6 - 13 所示，一般选择默认的"Mold. V1"，即利用草图绘制方式。

初始化项目设置完毕后，单击【确定】按钮，进入注塑模具设计环境，如图 6 - 14 所示。

图 6-13 塑件配置的设置

视频演示

图 6-14 项目初始化后的产品

### 3. 模具坐标系

模具坐标系在注塑模向导的操作中十分重要,它是模具分模以及后续的模具模架等标准件加载的重要参考依据。模具坐标系的原点必须在分模面的正中心(这里要区别多腔模具的说法),同时一般情况下要求模具的脱模方向必须与模具坐标系的+Z 方向相统一。

单击【注塑模向导】模式下【主要】功能区中的【模具坐标系】工具按钮 ,弹出【模具坐标系】设置对话框,如图 6-15 所示。

【更改产品位置】选项组中有三个选项,其具体含义是:

图 6-15 【模具坐标系】对话框

- "当前 WCS":设置模具坐标系与制件当前的 WCS 坐标系相匹配,即制件坐标系符合模具坐标系要求,将制件坐标系设定为模具坐标系。
- "产品实体中心":将模具坐标系设定在制件产品的实体中心位置上。
- "选定面的中心":设置模具坐标系位于选取面的中心位置上。

【锁定 XYZ 位置】选项组用于设置允许重新放置的模具坐标系,被锁定的平面位置保持不变。

**注意:**

① 模具坐标系的设置可在任何时间进行多次重复设定;

② 当选中"产品实体中心"或"选定面的中心"选项时,必须先对锁定项进行设置,然后再选中"产品实体中心"或"选定面的中心"选项,否则会发生不准确设定。

分型面为平面的制件模具坐标系的 Z 轴位置应在塑件的分型面上,同时+Z 轴必须与塑件的脱模方向一致,X 轴和 Y 轴应在制件实体中心位置。

模具坐标系设置的具体步骤如下:

① 在【更改产品位置】选项组下选中"选择面的中心",选择制件的所有底平面,如图 6-16 所示,单击【应用】按钮完成 Z 轴设置。

② 在【更改产品位置】选项组下选中"产品实体中心",在【锁定 XYZ 位置】选项组下选中"锁定 Z 位置",如图 6-17 所示,单击【确定】按钮,即固定+Z 高度不变,+X 轴、+Y 轴位置在制件体的中心上。

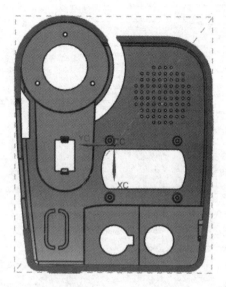

图 6-16　Z 轴模具坐标系设置

视频演示

图 6-17　X 轴、Y 轴模具坐标系设置

## 4. 工　件

工件功能用于定义型腔和型芯的镶块体,即称为工件。

单击【注塑模向导】模式下【主要】功能区中的【工件】工具按钮◆,弹出如图 6-18 所示的【工件】对话框。

在【类型】下拉列表框中有两个选项:"产品工件"和"组合工件",对单一塑件产品进行模具设计时选择"产品工件"。

在【工件方法】下拉列表框中有四个选项:"用户定义的块"、"型腔型芯"、"仅型腔和仅型芯"和"组合工件"。其中"型腔型芯"和"仅型腔和仅型芯"选项的含义是创建的工件只作为型腔或型芯使用。此模具设计选择默认选项"用户定义的块"。

在【尺寸】的【定义类型】下拉列表框中有两个选项:"草图"和"参考点","草图"表示定义块的尺寸采用草图模式,"参考点"表示定义块的尺寸采用参考点模式。此模具设计选择默认选项"草图"。

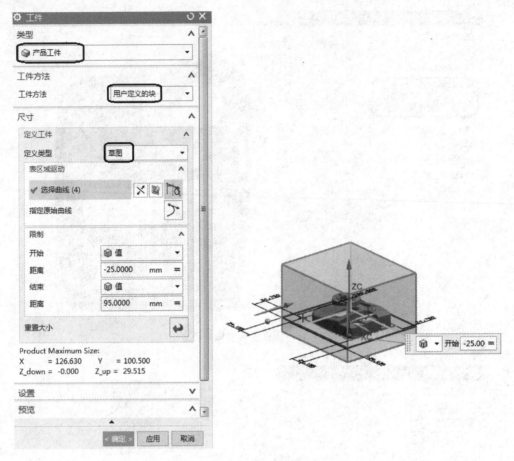

图 6-18 【工件】对话框

单击【选择曲线】右侧的"绘制截面"图标▦,进入【草图】模式,定义块的尺寸,其尺寸大小采用变量等式的形式,首先删除 p49~p54 的所有变量等式,删除后的草图如图 6-19 所示。单击【设为对称】工具按钮▥,把块的四条边设置为关于 $X$ 轴和 $Y$ 轴对称。单击【快速尺寸】工具按钮▨,定义块的 $X$ 向(长度)尺寸为 180,$Y$ 向(宽度)尺寸为 150,如图 6-20 所示。

在【尺寸】的【定义类型】选项组中的【限制】选项组下有【开始】、【距离】、【结束】和【距离】四个选项,【开始】和【距离】表示型芯下面的底平面到分型面的高度距离,【结束】和【距离】表示型腔的上平面到分型面的高度距离。

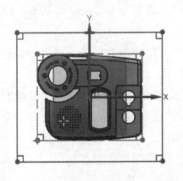

图 6-19 删除所有变量等式后的草图

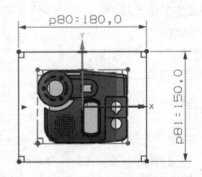

图 6-20 定义块的长度和宽度大小

一般情况下，塑件底面距型芯下面的底平面35～40 mm，本例取 40，塑件上表面距型腔上平面30～35 mm，本例取 35。开始距离和结束距离的数值需经过计算得出，如图 6‑21 所示为制件产品的尺寸信息，其中：

Product Maximum Size:
X　 = 126.630　　Y　 = 100.500
Z_down = ‑0.000　　Z_up = 29.515

图 6‑21　制件产品尺寸信息

- "X=126.630"表示制件长度方向的尺寸大小；
- "Y=100.500"表示制件宽度方向的尺寸大小；
- "Z_down=−0.000"表示制件最低点距分型面高度方向的尺寸大小；
- "Z_up=29.515"表示制件最高点距分型面高度方向的尺寸大小。

40+Z_down 之和取整数后应是开始距离的大小，因位于分型面以下，故取值为"−40"；35+Z_up 之和取整数后应是结束距离的大小，因位于分型面以上，故取值为"65"。

如图 6‑22 所示，单击【开始】、【距离】后面的"="，选择"设为常量"命令，输入−40 mm；同理，将【结束】、【距离】设置为 65 mm，设置结果如图 6‑23 所示，单击【确定】按钮生成工件的高度尺寸，如图 6‑24 所示。

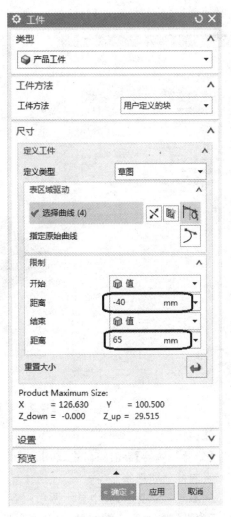

图 6‑22　将距离"设为常量"的设置

图 6‑23　开始距离和结束距离的设置

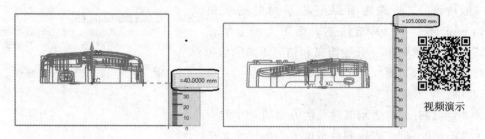

图 6-24 定义工件块高度尺寸

**5. 模具分模**

【注塑模向导】模式下的【分型刀具】功能区为分模所用
工具,如图 6-25 所示。

（1）检查区域

【检查区域】的作用为定义制件的型腔面和型芯面。

单击【检查区域】工具按钮,弹出【检查区域】对话框,
同时也弹出【分型导航器】导航窗口,如图 6-26 所示。

图 6-25 【分型刀具】功能区

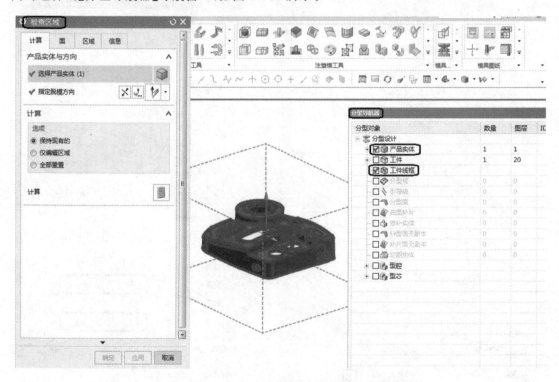

图 6-26 【检查区域】对话框和【分型导航器】导航窗口

注:

【分型导航器】导航窗口主要用来控制是否显示分型过程中各元素的成分,以便检查或观
察元素的特征和现象。

如图 6-26 所示,选中显示两项内容,分别是"产品实体"和"工件线框",其中显示"工件线
框"不利于清晰显示分模过程,因此可不选中该项,如图 6-27 所示。

在【检查区域】对话框中的【产品实体与方向】选项组内,将【选择产品实体】选择为制件产

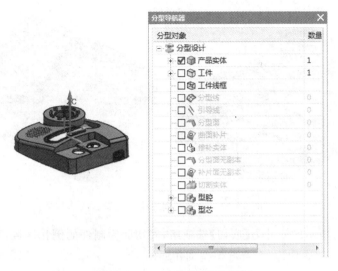

图 6-27  不显示"工件线框"

品实体,将【指定脱模方向】指定为图 6-28(a)中 1 处的"ZC 轴",单击 2 处的"计算"图标 ▤ 完成制件的分析。

计算完成后,单击【检查区域】对话框上方 3 处的【面】标签,【面】选项卡如图 6-28(b)所示,将 4 处的【拔模角限制】的角度更改为 2,再单击 5 处的【设置所有面的颜色】图标,对制件模型按照拔模角区分的区域颜色进行设定,制件模型如图 6-29 所示。

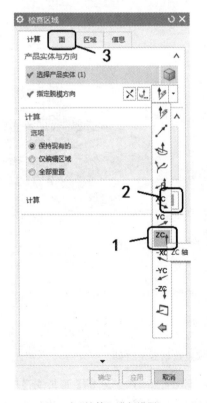

(a) 对"计算"进行设置

(b)【面】选项卡显示结果

图 6-28  【检查区域】对话框的设置

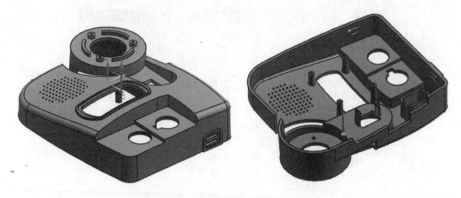

图 6-29 设置不同拔模角的面颜色

如图 6-28(b)所示的 6 处为【底切】选项组,底切即为制件的倒扣区域,可以通过选中"交叉面"、"底切区域"和"底切边"来查看模型倒扣面的情况。如图 6-30 所示,选中 6 处的"交叉面"、"底切区域"和"底切边",将 7 处的【透明度】选项组中"未选定的面"拽拉至末尾(实质是设置未选定的面为透明),可以清楚地观看所有交叉面和倒扣区域的情况,有一处为侧孔结构,在模具设计时需设计滑块侧抽芯机构;有一处为内孔结构,在模具设计时需设计斜顶内抽芯机构;还有一处为交叉面结构,分模前需先进行面拆分操作,如图 6-30 右图所示。

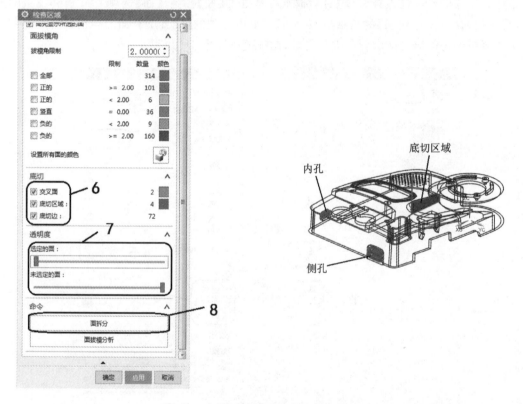

图 6-30 【底切】选项组选项显示结果

对如图 6-31 所示交叉面进行拆分,单击图 6-30 中 8 处的【面拆分】按钮,弹出如图 6-32 所示的【拆分面】对话框。在【类型】下拉列表框中主要有"曲线/边"、"平面/面"、"交点"和"等斜度"四种拆分面的方式,如图 6-33 所示,对需要拆分的面的形状分析可知,采用"曲线/边"进行面拆分。

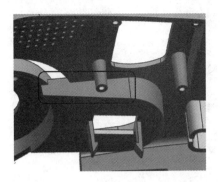

图 6 - 31 需进行拆分的平面

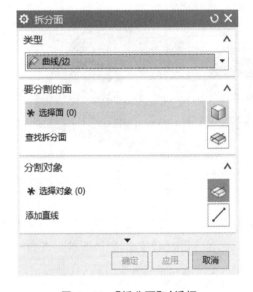

图 6 - 32 【拆分面】对话框

图 6 - 33 拆分类型

在图 6 - 33 中单击【分割对象】选项组中的【选择对象】,在图 6 - 34 中选择需要拆分的面;在图 6 - 33 中单击【添加直线】图标✐,添加的直线如图 6 - 35 所示,单击【确定】按钮完成平面的拆分,如图 6 - 36 所示。

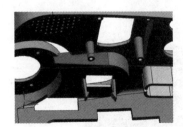

图 6 - 34 选择分割对象

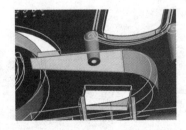

图 6 - 35 绘制拆分面直线

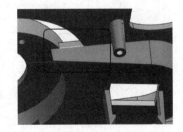

图 6 - 36 完成平面的拆分

单击【检查区域】对话框中的【区域】标签,单击图 6 - 37 中 9 处的【设置区域颜色】图标🖉,制件模型会将型腔区域、型芯区域和未定义区域以对应的颜色显示出来,如图 6 - 38 所示。

图 6 - 37 中的 10 处为【未定义区域】选项组,显示共有"16"处,其中"交叉竖直面"有"1"处、"未知的面"有"15"处,需要把这 16 处未定义区域全部进行"型腔区域"或"型芯区域"定义,选中"交叉竖直面",这些面将以红色显示出来,如图 6 - 39 所示。

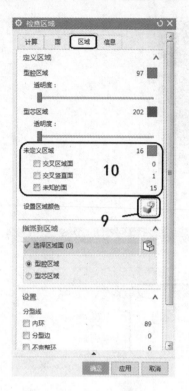

图 6-37 【区域】选项卡面颜色设置　　　　图 6-38 模型显示区域颜色

通过分析,该交叉竖直面应为型腔区域,因此单击"型腔区域"单选按钮,单击【选择区域面】图标，再单击选择制件中如图 6-39 所圈的区域面,单击【应用】按钮,则该面被定义为"型腔区域",如图 6-40 所示;同理,定义其他 15 个"未知的面",定义区域完成后如图 6-41 所示。

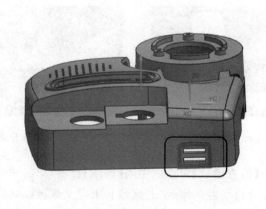

图 6-39 模型显示区域颜色(交叉竖直面)

视频演示

图6-40　将交叉竖直面
定义为型腔区域

图6-41　完成制件所有面定义区域的设置

（2）曲面补片

单击【注塑模向导】模式下【分型刀具】功能区中的【曲面补片】工具按钮◈，弹出如图6-42所示的【边补片】对话框，在【环选择】选项组的【类型】下拉列表框中主要有"面"、"体"和"遍历"三种定义边环的方式，如图6-42中1处所示，各选项的含义是：

- "面"：主要通过单击孔所在的面来获得孔边环；
- "体"：主要通过拾取特征体来获得孔边环；
- "遍历"：通过与遍历环的配合操作完成环的定义，实际就是遍历环操作，其【段】控制按钮的含义如图6-42中2处所示。

通过面、体方式获得的孔边环将在【环列表】区域中显示，可通过选择【列表】中的环（一个或多个，同时也可以对【列表】中的环进行删除）一一生成补片。

图6-42　【边补片】对话框

本项目需要补孔的位置较多,因此可先将【环选择】中的【类型】选择为"体",单击选择制件模型,如图 6-43 所示,单击【确定】按钮完成【边补片】,如图 6-44 所示。由于边补片属于自动补片,因此对于一些复杂的孔往往无法补片或补片效果不好,如图 6-45 所示有三处孔的结构需要进行手工补片。

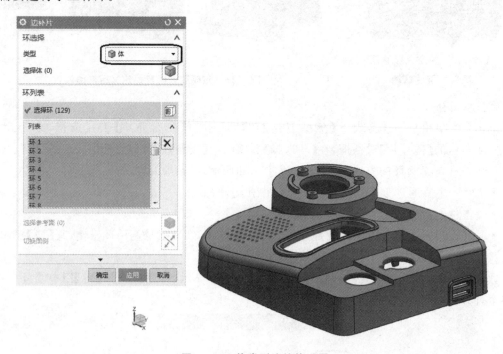

图 6-43　体类型边补片设置

图 6-44　完成体的边补片操作

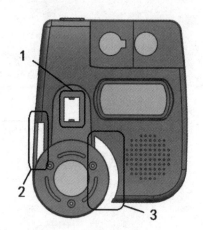

图 6-45　需要手工补片的孔结构

如图 6-45 所示 1 处的孔结构为插穿孔结构,可以采用修剪区域补片操作。

修剪区域补片主要包括创建方块、方块结构成型和修剪区域补片三个步骤:

① 创建方块。

单击【注塑模向导】模式下【注塑模工具】功能区中的【包容体】工具按钮，弹出【包容体】对话框,如图 6-46 所示。依次按照图 6-46 中 1 处选择【类型】为"块",2 处【选择对象】为孔的 4 个侧面,3 处输入【偏置】为 0 mm,单击【确定】按钮创建补孔块,如图 6-47 所示。

图 6-46　补孔包容块设置

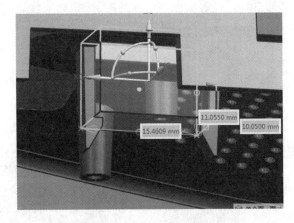

图 6-47　创建补孔的包容块

② 方块结构成型。

选择【主页】→【替换面】命令 ，弹出【替换面】对话框，如图 6-48 所示，【原始面】选择方块体的一个侧面，【替换面】选择与块体侧面相对应的制件表面，如图 6-49 所示，单击【应用】按钮。同理，应用【替换面】命令把其余三个侧面与制件孔表面进行替换，高度方向的距离可高出制件，如图 6-50 所示，完成方块结构成型。

图 6-48　【替换面】对话框

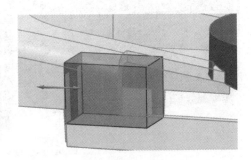

图 6-49　原始面与替换面的选择

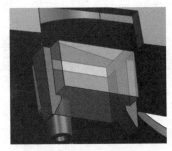
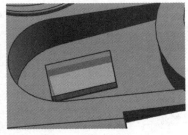

图 6-50　方块体结构成型

③ 修剪区域补片。

单击【注塑模工具】功能区中的【修剪区域补片】工具按钮 ⬡,弹出【修剪区域补片】对话框,在图 6-51 中的 1 处选择创建方块体,2 处选择制件体,3 处选择红色区域片体表面,选中 4 处的"保留"单选按钮,单击【确定】按钮完成修剪区域补片操作,如图 6-52 所示。

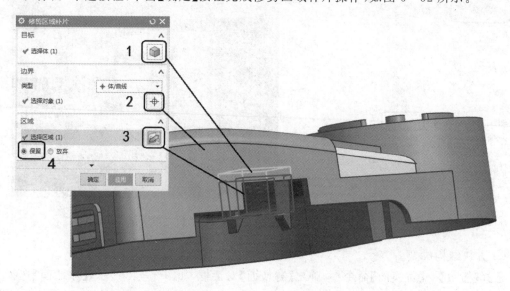

图 6-51 修剪区域补片设置

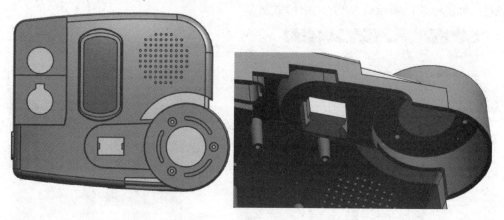

图 6-52 修剪区域补片补孔

如图 6-45 所示 2 和 3 处的孔结构相对复杂,属于复杂曲面补孔,补孔的原理是"复原",即还原孔被切除之前的曲面,这样更有利于模具制造。

以图 6-45 中 3 处的开口孔曲面补孔为例,孔结构如图 6-53 所示。由于该孔不在一个平面内,因此需要分三段进行补孔,每段采取绘制线段的方式,通过线段来建立曲面,曲面补孔的操作步骤如下:

① 建立直线段。

选择【曲线】→【直线】命令 ⟋,选择开口孔的两个端点分别为起始点和终止点,单击【应用】按钮完成直线的创建,如图 6-54 所示。

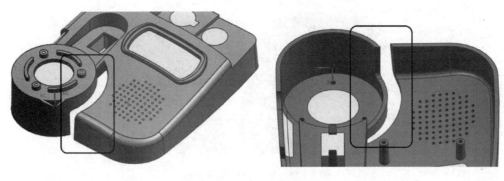

图 6 - 53　开口孔形状结构

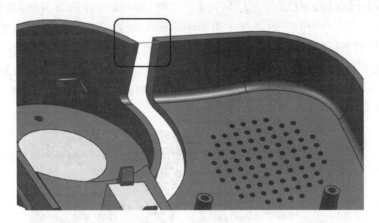

图 6 - 54　开口孔直线连接

② 建立桥接曲线。

选择【曲线】→【桥接曲线】命令 ，弹出【桥接曲线】对话框，如图 6 - 55 所示，选择需要桥接曲线的一个端点为【起始对象】，另一个端点为【终止对象】，【形状控制】选项组中的"相切幅值"均为"1.0"，单击【应用】按钮完成桥接曲线的创建。同理，完成另一条桥接曲线的创建，如图 6 - 56 所示。

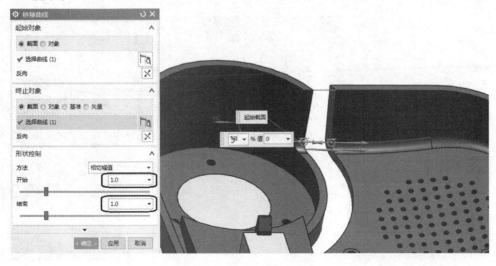

图 6 - 55　连接桥接曲线

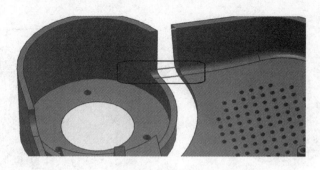

图 6-56　连接两条桥接曲线

③ 曲面的创建。

选择【主页】→【曲面】→【通过曲线网格】命令，弹出【通过曲线网格】对话框，将【主曲线】选择为如图 6-57 所示的 1 和 2 处两条创建的桥接曲线，将【交叉曲线】选择为如图 6-57 所示的 3 和 4 处两条制件孔边缘曲线，【连续性】按照如图 6-58 所示 5 处的参数进行设置，选择【第一交叉线串】的相切面为如图 6-57 所示的 6 处，选择【最后交叉线串】的相切面为如图 6-57 所示的 7 处，单击【应用】按钮生成网格曲面，如图 6-58 所示。同理，完成开口孔的曲面补片，如图 6-59 所示。

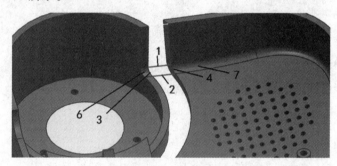

图 6-57　通过曲线网格创建曲面

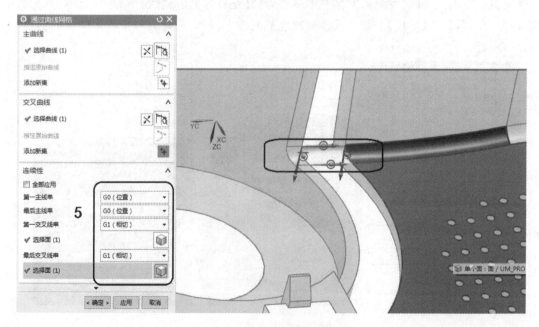

图 6-58　完成网格曲面的创建

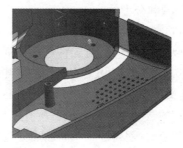

图 6 - 59　完成开口孔的曲面补片

④ 曲面缝合。

选择【菜单】→【插入】→【组合】→【缝合】命令📖,对手工创建的曲面进行缝合,弹出曲面【缝合】对话框,选择 1 处绿色曲面为【目标】片体和 2 处红色曲面为【工具】片体,单击【应用】按钮,如图 6 - 60 所示。同理,完成另外补孔曲面的缝合。

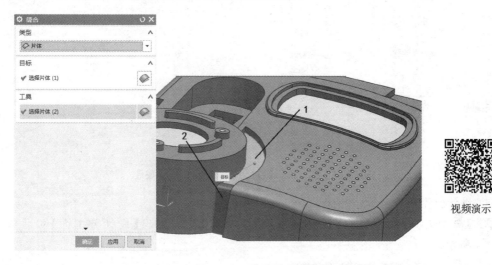

视频演示

图 6 - 60　曲面缝合设置

⑤ 将"手工补片"指定为分型面的曲面操作——【编辑分型面和曲面补片】。

单击【注塑模向导】模式下【分型刀具】功能区的【编辑分型面和曲面补片】工具按钮🔲,弹出【编辑分型面和曲面补片】对话框,单击选择两个补孔曲面,如图 6 - 61 所示,单击【确定】按钮完成全部编辑曲面补片的设置,如图 6 - 62 所示。

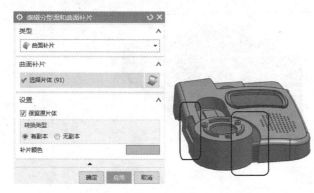

图 6 - 62　完成手工补孔的
曲面编辑补片

图 6 - 61　【编辑分型面和曲面补片】对话框设置

（3）抽取区域和分型线

抽取区域和分型线用来提取型腔和型芯区域的面，也可以自动提取分型线。提取的面在分型时与主分型面共同作用，对工件进行分割，产生型腔和型芯。

单击【分型刀具】功能区中【定义区域】工具按钮 ，弹出【定义区域】对话框，如图 6-63 所示，图中 1 处"未定义的面"的数量为"0"，"型腔区域"数与"型芯区域"数之和为"116"+"199"="315"，"所有面"的数量为"315"，说明所有区域面已全部定义为"型腔区域"和"型芯区域"，选中图 6-63 中 2 处的"创建区域"和"创建分型线"，单击【确定】按钮完成提取区域和分型线。

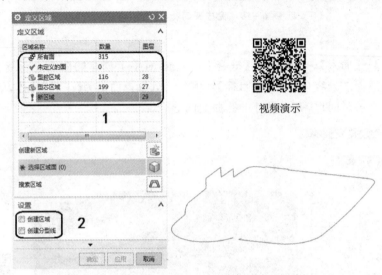

视频演示

图 6-63 【定义区域】对话框设置和抽取分型线

（4）设计分型面

单击【分型刀具】功能区中【设计分型面】工具按钮 ，弹出【设计分型面】对话框，如图 6-64 所示。

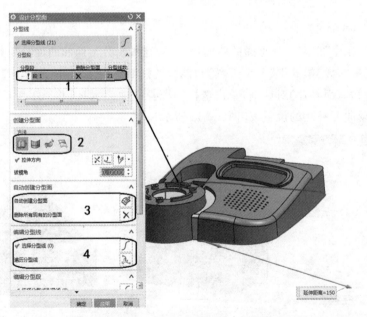

图 6-64 【设计分型面】对话框设置

【设计分型面】对话框中主要包含以下内容：

①【分型线】。系统自动将在"抽取区域和分型线"步骤中产生的分型线列于图 6 - 64 中的 1 处，单击选取【段 1】，对话框中自动更新如图 6 - 64 中 2 处所示的【创建分型面】的方法，此时用默认的"拉伸"方法生成分型面。

②【创建分型面】。系统根据分型线的形状自动提供若干创建分型面的方法，主要有"拉伸""扫掠""有界平面""条带曲面""修剪和延伸""扩大的曲面"等方法，如图 6 - 64 中 2 处所示。

为了便于观察分型线的结构形状，利用【分型导航器】窗口中的设置把实体和曲面补片片体隐藏，如图 6 - 65 所示，该分型线有缺口，需要使用【直线】命令 ✎ 进行连接使其封闭，如图 6 - 66 所示。

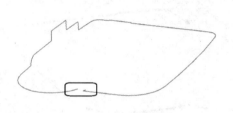
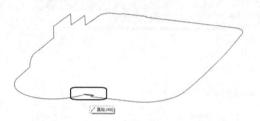

图 6 - 65　显示分型线形状　　　　　　　图 6 - 66　用直线连接分型线缺口

③【自动创建分型面】。如图 6 - 64 中 3 处所示，主要包含【自动创建分型面】和【删除所有现有的分型面】两个选项：

- 【自动创建分型面】：在不选取【分型线】选项组中的某个分段的情况下，单击【自动创建分型面】图标 ▧，系统将自动创建分型面。如果分型线相对简单，则使用此操作项会比较快捷。
- 【删除所有现有的分型面】：如果需要全部重新做分型面，则单击此选项的图标将删除所有分型面。

④【编辑分型线】。如图 6 - 64 中 4 处所示，主要包含【选择分型线】和【遍历分型线】两个选项：

- 【选择分型线】：单击【选择分型线】图标，系统将显示所有分型线，单击选择缺口处的直线段，单击【应用】按钮完成所有分型线的定义，如图 6 - 67 所示。选择分型线也可通过遍历分型线的方式选取。
- 【遍历分型线】：单击【遍历分型线】图标，弹出【遍历分型线】对话框，如图 6 - 68 所示，重新选取分型线，并定义新的分型线段，这些分型线段将在【分型段】列表中显示。

⑤【编辑分型段】。如图 6 - 69 中 5 处所示，主要包含【选择分型或引导线】、【选择过渡曲线】和【编辑引导线】三个选项：

- 【选择分型或引导线】：此选项的主要功能是将复杂的分型线进行分段，并给各分段定义引导线（关键是引导线的引导方向）。
- 【选择过渡曲线】：此选项主要应用于空间分型线（空间分型线指分型线不在同一平面上，而是高度不同的曲线环的过渡段）圆角或拐角处对分型过渡的部分进行定义。
- 【编辑引导线】：主要用于编辑分型线段引导线的方向及长度。

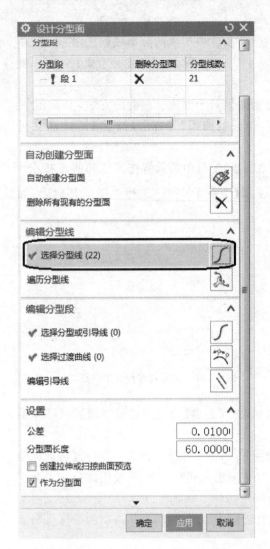

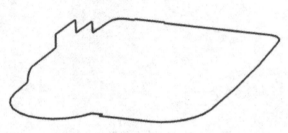

图 6-67 选择分型线

单击【选择过渡曲线】图标，单击选择图 6-69
中 6 处所指的圆弧线段，单击【应用】按钮完成过渡曲
线的定义。系统自动把分型线分为 4 段，第 1 段采用
"有界平面"的方法完成分型面的创建，如图 6-70 所
示，单击【应用】按钮；系统自动跳转到第 2 段分型面的
创建，此段采用"拉伸"的方法，如图 6-71 所示，第 1 段
和第 2 段分型面会依据过渡面的形状自动生成；系统
自动跳转到第 3 段分型面的创建，此段采用"有界平
面"的方法，如图 6-72 所示，第 2 段和第 3 段分型面会
依据过渡面的形状自动生成；系统自动跳转到第 4 段
分型面的创建，此段采用"有界平面"的方法，如

图 6-68 【遍历分型线】对话框

图 6-73 所示，第 3 段和第 4 段分型面会依据过渡面的形状自动生成，单击【确定】按钮完成分
型面的创建，如图 6-74 所示。

图 6-69　选择过渡曲线

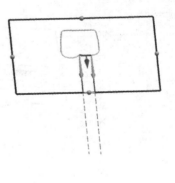

图 6-70　第 1 段分型面设计方法

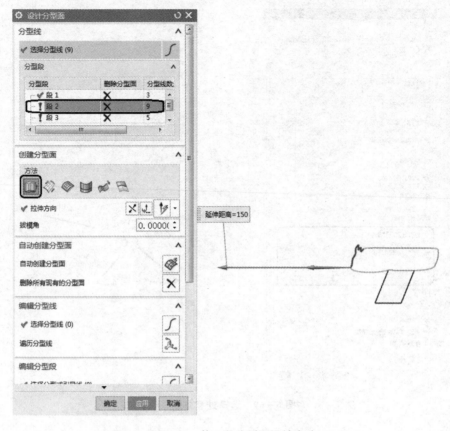

图 6-71　第 2 段分型面设计方法

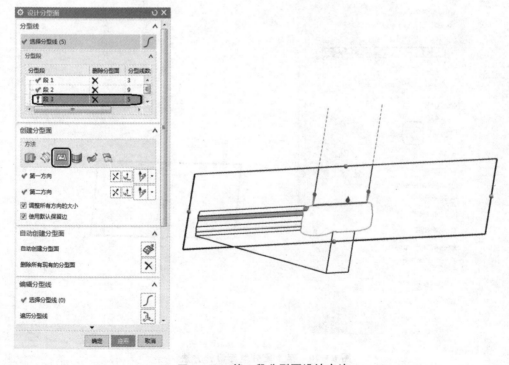

图 6-72　第 3 段分型面设计方法

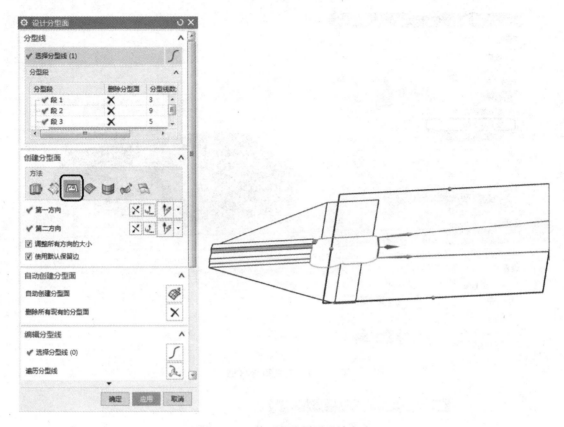

图 6-73　第 4 段分型面设计方法

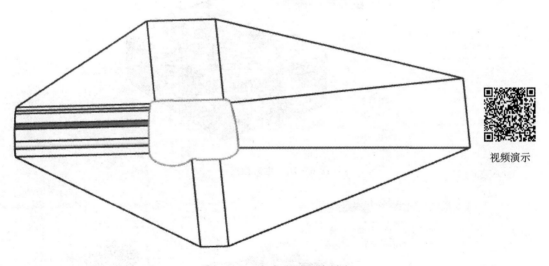

视频演示

图 6-74　完成分型面的创建

（5）定义型腔和型芯

单击【分型刀具】功能区中【定义型腔和型芯】工具按钮，弹出【定义型腔和型芯】对话框，如图 6-75 所示，在图中单击"型腔区域"，单击【应用】按钮，系统自动生成型腔，并弹出【查看分型结果】对话框，如图 6-76 所示，如果确认产生的是型腔侧，则单击【确定】按钮，反之，则单击【法向反向】。

同上操作，单击"型芯区域"，生成型芯，如图 6-77 所示。

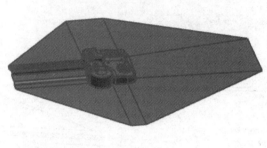

图 6 - 75　定义型腔区域

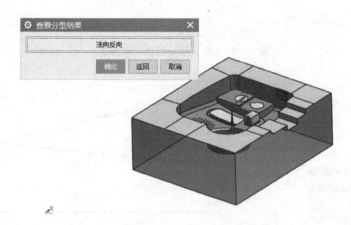

图 6 - 76　生成型腔

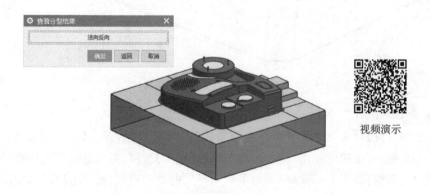

视频演示

图 6 - 77　生成型芯

## 任务三 模具布局设定操作

模具布局操作实际上是为了方便模具一模多腔或多模多腔操作。本任务只讲述一模两腔操作。

**1. 布局设置——矩形平衡布局操作**

如图 6-78 所示,在图中 1 处选择"矩形"的【布局类型】和"平衡"模式;单击图中 2 处工件的边,并指定布局矢量方向为沿着"-YC"方向;在图中 3 处的【平衡布局设置】选项组中输入【型腔数】为 2,【间隙距离】为 0 mm;单击图中 4 处的【开始布局】图标🔲,工件布局结果如图 6-78 右图所示。

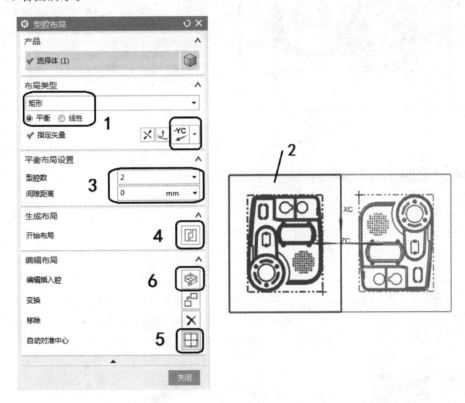

图 6-78 矩形平衡工件布局设置

**2. 模具坐标系对准中心**

如图 6-78 所示,单击图中 5 处【编辑布局】选项组中的【自动对准中心】图标⊞,模具坐标系自动移至两工件 XY 平面的中心位置,如图 6-79 所示。

**3. 插入腔类型设置**

单击图 6-78 中 6 处的【编辑插入腔】图标❖,弹出【插入腔】对话框,如图 6-80 所示,选择【R】值为 10,【type】为 2 型,单击【确定】按钮完成插入腔操作。

**4. 布局编辑——工件布局的【变换】/【移除】操作**

图 6-81 中的 1 处为型腔布局【变换】操作图标,【变换】类型包括"旋转""平移""点到点"三种类型。"变换"的操作过程与【菜单】→【编辑】→【移动对象】命令的操作方式基本相同,本处不再详细叙述。

图 6-81 中的 2 处为型腔布局【移除】工件图标,即将选中的模腔从布局中移除。

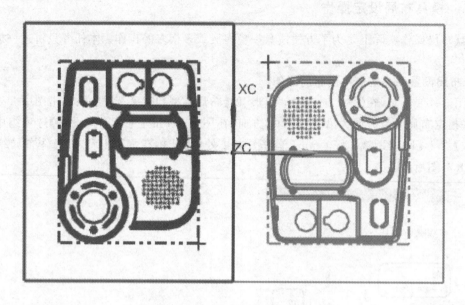

图 6-79 自动对准中心操作

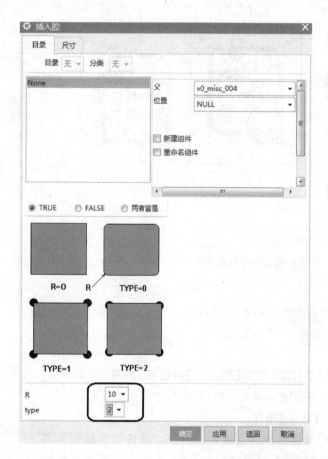

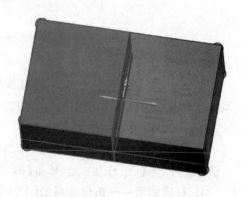

图 6-80 设置编辑插入腔操作

图 6 – 81　变换和移除命令

完成工件一模两腔型腔布局操作后的结果如图 6 – 82 所示。

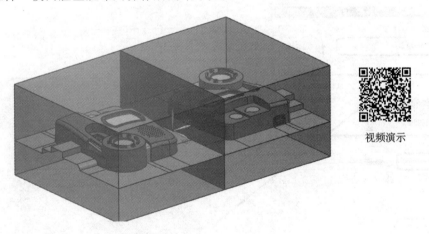

视频演示

图 6 – 82　工件的一模两腔布局

## 任务四　成型零件虎口精定位设计操作

### 1. 型芯侧虎口建模

（1）创建虎口方块体并定位

将型芯 v0_core_005 零件设为显示部件，切换至【注塑模向导】模式。

单击【注塑模工具】功能区中【包容体】工具按钮，弹出如图 6 – 83 所示对话框，在【类型】中按 1 处选择,【方位】按 2 处选择型芯件的一个端点,【尺寸】按 3 处所示进行设置,单击【确定】按钮。

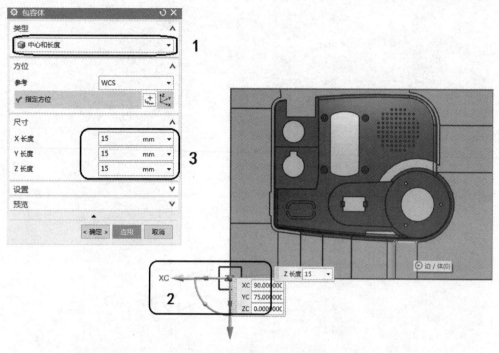

图 6-83   创建虎口方块体

选择【菜单】→【编辑】→【移动对象】命令 🔲,弹出如图 6-84 所示的对话框,按 1 处【选择对象】为方块体,2 处选择【运动】方式为"点到点",【指定出发点】为方块体端点,【指定目标点】为型芯端点,3 处选择【结果】为"移动原先的",4 处选中"关联"选项,单击【确定】按钮。

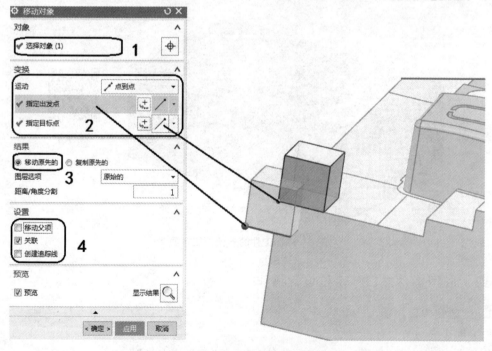

图 6-84   移动方块体对象

同理,按如图 6-85 所示 5 处选择【变换】方式,完成方块体定位后如图 6-86 所示。

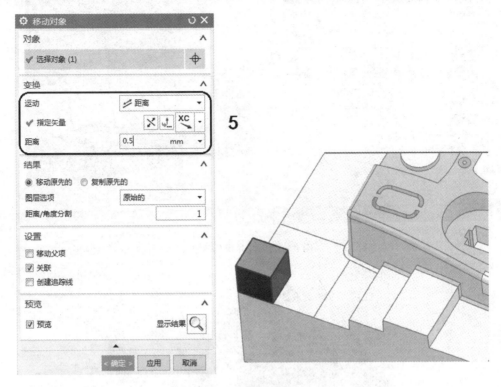

图 6-85　方块体单边缩进设置

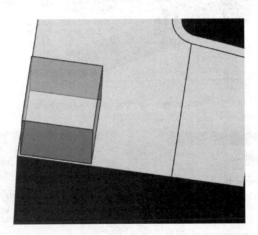

图 6-86　完成方块体的定位

(2) 方块体与型芯合并

选择【主页】→【合并】命令,弹出如图 6-87 所示对话框,分别选择型芯和方块体,单击【确定】按钮完成方块体与型芯组件的合并,如图 6-88 所示。

(3) 对方块体两侧面进行拔模操作

选择【主页】→【拔模】命令,弹出如图 6-89 所示对话框,【类型】选择"面",【脱模方向】选择"ZC"轴,【拔模方法】选择"固定面",即选择型芯分型面为固定面,【要拔模的面】选择两块体侧面,【角度 1】输入 10°,单击【确定】按钮完成面的拔模操作。

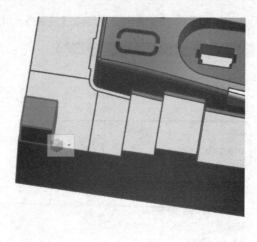

图 6 – 87　合并操作设置

图 6 – 88　合并方块体与型芯组件

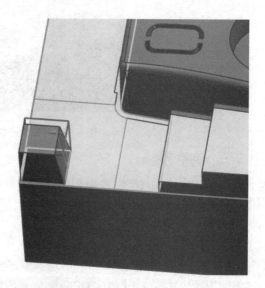

图 6 – 89　面拔模操作设置

（4）对棱边进行倒圆角操作

选择【主页】→【边倒圆】命令，如图 6-90 所示对棱边进行倒圆角操作。

视频演示

**图 6-90　边倒圆操作**

（5）对棱边进行倒斜角操作

选择【主页】→【倒斜角】命令，如图 6-91 所示对 6 条棱进行倒斜角操作。

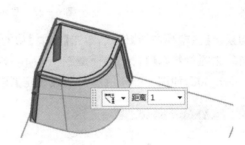

**图 6-91　倒斜角操作**

同理，完成另一侧虎口的创建，如图 6-92 所示。

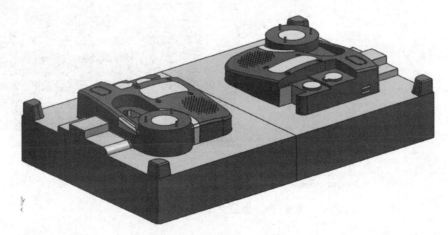

**图 6-92　型芯侧虎口**

**2. 型腔侧虎口建模**

（1）型腔与型芯组件的开腔

在【装配导航器】窗口中双击 v0_top_009，激活模具的整个装配目录，如图 6-93 所示，图中只显示 v0_core_005 和 v0_cavity_001 两个组件。

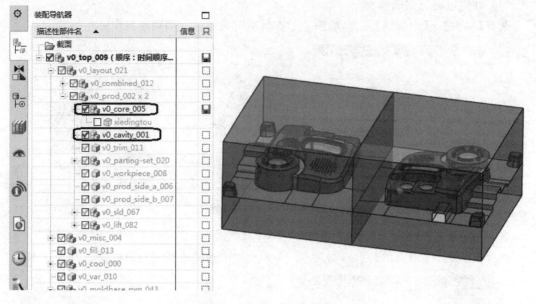

图 6-93　显示型腔和型芯

切换至【注塑模向导】模式,单击【主要】功能区中的【腔】工具按钮,弹出【形腔】对话框,【模式】选择"去除材料",【目标】选择型腔 v0_cavity_001,【工具类型】选择"实体",【工具】选择型芯 v0_core_005,如图 6-94 所示,单击【确定】按钮完成型腔与型芯的开腔操作。

图 6-94　型腔虎口的开腔操作

（2）替换面操作

选择【主页】→【替换面】命令,弹出如图 6-95 所示对话框,按图中选项完成设置。

（3）删除面操作

选择【主页】→【删除面】命令,删除开腔后形成的多余表面,如图 6-96 所示。

（4）偏置区域操作

选择【主页】→【偏置区域】命令,设置型腔虎口底面向下偏置 1 mm,如图 6-97 所示。

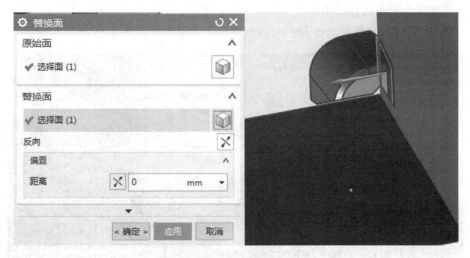

图 6 - 95 替换面操作设置

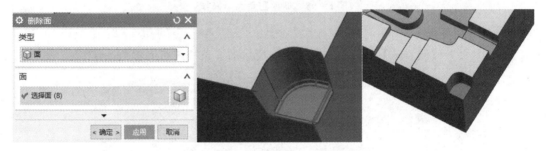

图 6 - 96 删除多余表面

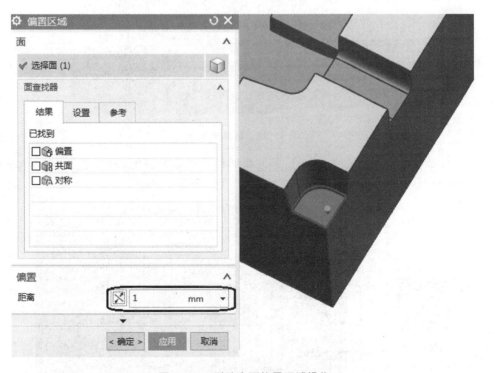

图 6 - 97 型腔底面偏置区域操作

（5）调整圆角大小操作

选择【主页】→【调整圆角大小】命令，调整如图 6-98 所示圆角大小为 7.5 mm。

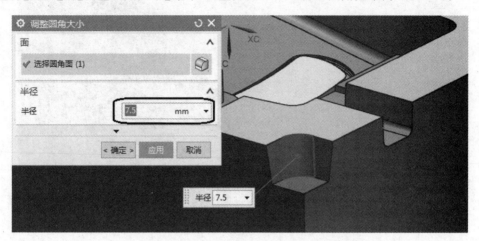

图 6-98　调整圆角大小操作

（6）倒斜角操作

选择【主页】→【倒斜角】命令，对如图 6-99 所示的 5 条棱进行倒斜角操作。

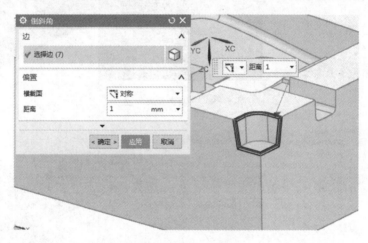

图 6-99　倒斜角操作

返回 v0_cavity_001 的父项 v0_top_009，激活模具的整个装配目录，型芯 v0_core_005 和型腔 v0_cavity_001 两个组件的虎口配合如图 6-100 所示。

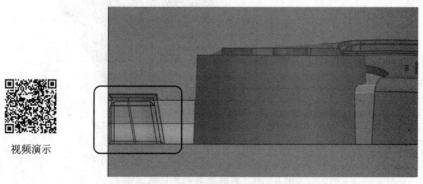

视频演示

图 6-100　型腔和型芯虎口配合图

## 任务五　注塑模向导的装配结构组成认识操作

注塑模向导创建的文件是一个装配文件,这个自动产生的装配结构是克隆了一个隐藏在Moldwizard 内部的种子装配,该种子装配是用 UG 的高级装配和 WAVE 链接器所提供的部件间参数关联的功能而建立的,专门用于对复杂模具的装配进行管理。

如图 6-101 所示完成型芯、型腔的定义后,单击图 6-101 中 1 处【装配导航器】工具按钮,使其显示装配目录树,此时会看到图中 2 处呈现的目录为 v0_parting_022,右击 v0_parting_022弹出如图 6-102 所示快捷菜单,选择【在窗口中打开父项】→【v0_top_009】命令,【装配导航器】窗口中呈现模具设计装配目录树,如图 6-103 所示。单击目录中的【+】号,可以展开整个装配目录树,如图 6-104 所示。

在图 6-104 中,v0_parting_022 为亮色显示,其他都为暗色显示,表示 v0_parting_022 为激活的工作状态,其他零部件为非工作状态。双击目录中的 v0_top_009,可将 v0_top_009 下的所有零部件激活为工作状态,如图 6-105 所示。

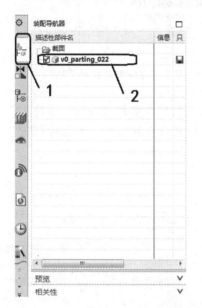
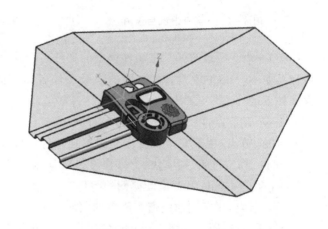

**图 6-101　显示 v0_parting_022 部件**

**图 6-102　快捷菜单**

**图 6-103　装配目录树**

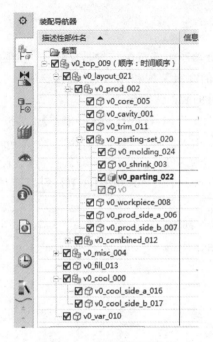

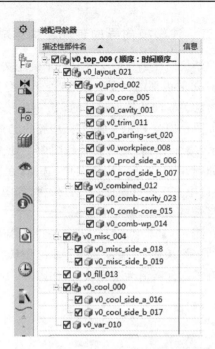

图 6-104　展开装配目录树　　　　图 6-105　双击父项激活其全部子项

如图 6-105 所示，"v0_"是制件模型的文件名。其余特定文件的命名形式为"v0_部件/节点名称"，如 v0_top_009 是整个装配的顶级文件名称，包含了模具所有的文件。各部件/节点的含义如下：

- Layout 节点：用于排列 prod 节点的位置。
- Misc 节点：用于安排没有定义到单独部件的标准件。Misc 节点下的组件为模架上的组件，如定位圈、锁模块、支撑柱等。Misc 节点主要分为两部分：side_a 对应模具定模侧的组件，side_b 对应动模侧的组件。
- Fill 节点：用于创建浇道和浇口的实体。
- Cool 节点：用于创建冷却水道的实体。Cool 节点主要分为两部分：side_a 对应模具定模侧的组件，side_b 对应动模侧的组件。
- Prod 节点：将单独的特定部件文件集合成一个装配的子组件。特定部件文件包括收缩件(shrink)、型腔、型芯及顶针节点。Prod 节点主要分为两部分：side_a 对应模具定模侧的组件，side_b 对应动模侧的组件。
- Molding 部件：包含一个产品模型的几何链接复制件。模具特征中的拔模斜度和分割面等都会添加到该组件中，以使产品模型具有成形性。
- Shrink 部件：包含一个产品模型的几何链接复制件。通过比例功能给链接体加入一个收缩系数。
- Parting 部件：包含一个收缩体的几何链接复制件，以及一个用于创建型腔、型芯块的工件，分型面将在该部件中生成。
- Cavity 部件：型腔体，是收缩部件几何链接的一部分。
- Core 部件：型芯体，是收缩部件几何链接的一部分。
- Trim 部件：Trim 部件包含采用模具修剪功能得到的几何体，主要用于裁剪电极、镶块和滑块面等。

- Var 部件:包含模架和标准件中用到的表达式。

## 任务六　添加模架操作

### 1. 模架库简介

在注塑模向导中,主要包含了 HASCO、DEM、LKM、FUTABA 等模架目录库。模具设计者应先掌握制件最大的投影面积,以及工件、型腔和型芯的长、宽、高等信息,确定模架的长宽、A/B 板的厚度以及方铁的高度和厚度等参数,然后到目录库中选择相应的模架并适当修改相应参数,最后加载即可。

单击【注塑模向导】模式下【主要】功能区中的【模架库】工具按钮▦,装配导航器窗口处更新显示为如图 6 - 106 所示的内容,并弹出如图 6 - 107 所示的【模架库】对话框。在导航窗口中包含模架的文件夹视图(模架目录)、成员视图(模架类型)、部件和设置等项目。

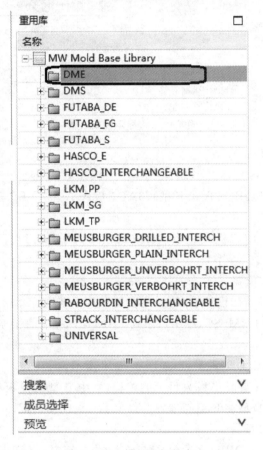

**图 6 - 106　模架库相关内容**

（1）模架目录

模架目录如图 6 - 106 所示,包括 DEM、DMS、FUTABA、HASCO、LKM 等模架系列。单击模架系列【DME】后,在【成员选择】中会显示此模架系列中包含的模架类型有"2A/2B/3A/3B"等,单击【2A】系列后弹出该类模架的【信息】窗口(模架示意图),如图 6 - 107 所示。【信息】窗口中不仅包含模架结构示意图,而且在下方还有【布局大小】的内容,为型腔/型芯镶件的尺寸信息。

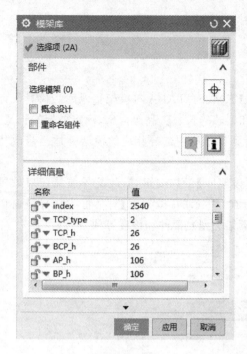
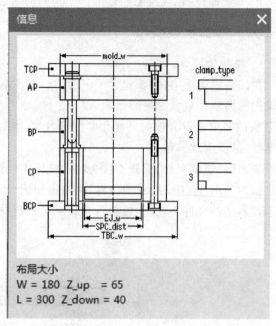

图 6 - 107    显示模架信息

（2）模架类型的含义

模架类型的含义包括：

- 2A(二板式 A 型)、2B(二板式 B 型)、3A(三板式 A 型)、3B(三板式 B 型)、3C(三板式 C 型)、3D(三板式 D 型)；

- A(二板式 A 型)、B(二板式 B 型)、AX(三板式 AX 型)、T(三板式 T 型)、X5(三板式 X5 型)、X6(三板式 X6 型)。

（3）龙记公司的标准模架

由于国内应用龙记公司的模架较多，因此这里对其标准进行介绍。龙记公司的标准模架主要有 3 种：大水口系统 LKM_SG，细水口系列 LKM_PP，简化型细水口系列 LKM_TP。

1）大水口系统

标准模架共有 A、B、C、D 四种类型，如图 6 - 108 所示。

A、B、C、D 四种类型主要是模板数目上的差异，其中 B 型的模板最齐全。A 型在 B 型的基础上减少了一块推板，D 型在 B 型的基础上减少了一块动模垫板，C 型在 B 型的基础上减少了一块推板和一块动模垫板。

图 6 - 108 左上角的 GTYPE 表示导柱的安装方式，其中 GTYPE＝0 表示导柱安装部分位于 B 板上(动模板侧)，GTYPE＝1 表示导柱安装部分位于 A 板上(定模板侧)。

2）细水口系列

细水口系列标准模架主要有 DA、EA、DB、EB、DC、EC、DD、ED 八个类型。它与大水口系统标准模架的不同之处在于细水口系列的模架多了一块水口板。

3）简化型细水口系列

简化型细水口系列标准模架的主要内容与细水口系列标准模架一样，其区别是简化型细水口系列标准模架在 A、B 板间只有一组导柱和导套来导向，而在细水口系列标准模架中，A、B 板之间有两组导柱和导套来导向。

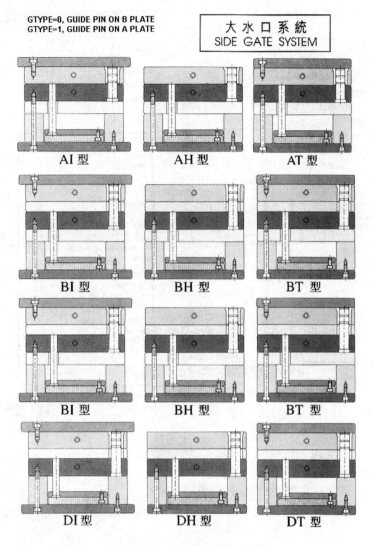

图 6 - 108 大水口系统标准模架

**2. 模架管理实例**

单击【注塑模向导】模式下【主要】功能区中的【模架库】工具按钮 ，弹出【模架库】对话框，如图 6 - 109 所示，依次选择 1 处的龙记大水口标准模架"LKM_SG"和 2 处的"C"，3 处显示出模架大小的具体参数，其主要参数含义为：

- index：模架尺寸大小；
- EG_Guide：推板是否有导向机构；
- AP_h：A 板的高度；
- BP_h：B 板的高度；
- es_n：推板固定板单边螺钉数量；
- Mold_type：模架的类型；
- GTYPE：导柱的安装位置；
- shorten ej：推板与推板固定板长度方向的缩减量；
- shift_ej_screw：推板与推板固定板之间固定螺钉的 $Y$ 向距离缩减量；
- fix_open：定模避空距离；

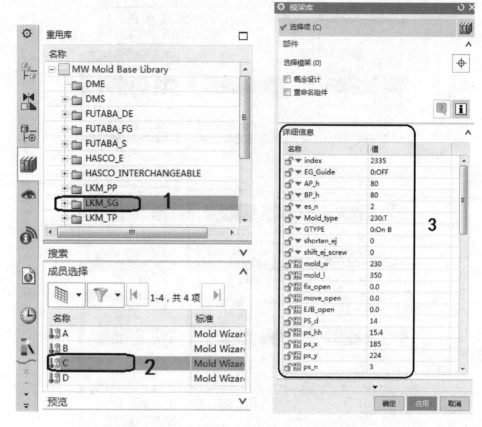

图 6 - 109　模架的选择

- move_open:动模避空距离;
- EJB_open:推板固定板避空距离(垃圾钉高度)。

综合图 6 - 110 中模仁的布局大小信息设置模架参数,如图 6 - 111 所示,单击【确定】按钮生成模架。

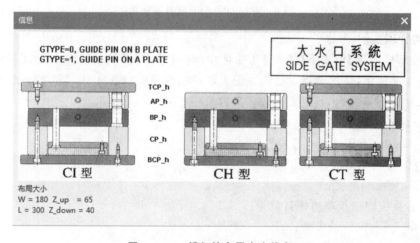

图 6 - 110　模仁的布局大小信息

如图 6 - 112 所示,模架大小符合设计要求,且无干涉现象,分别生成模具动模侧和定模侧,如图 6 - 113(a)、(b)所示。

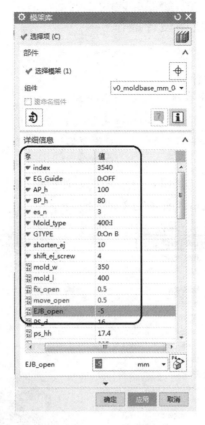

图 6-111 模架参数设置

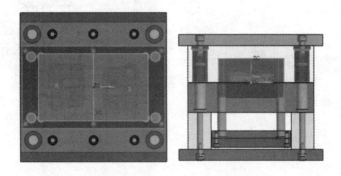

图 6-112 创建模架结构

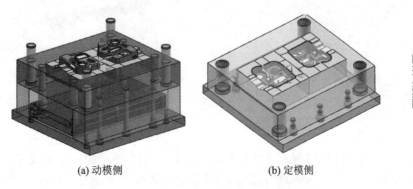

(a) 动模侧

(b) 定模侧

视频演示

图 6-113 动模侧和定模侧模具

### 任务七  模具侧抽和斜顶机构设计操作

**1. 侧抽机构设计**

（1）侧抽芯滑块头镶件设计

1）侧抽芯滑块头镶件块体创建

在【装配导航器】中选择型腔"v0_cavity_001"组件，如图 6-114 中 1 处所示，右击显示组件快捷菜单，选择 2 处【在窗口中打开】命令，在新窗口中独立打开型腔 v0_cavity_001 组件，如图 6-115 所示。

选择【主页】→【拉伸】命令，选择图 6-116 中的拉伸面，分别前后拉伸所选图线至图 6-117 中所示位置，单击【确定】按钮完成拉伸体定义。

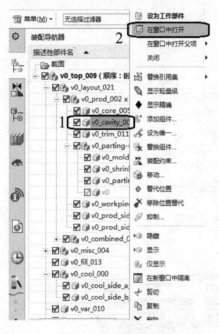

图 6-114　组件在窗口中打开操作

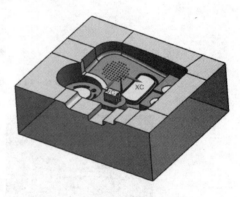

图 6-115　型腔在窗口中独立打开

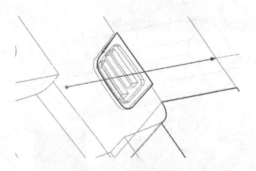

图 6-116　拉伸面的选择

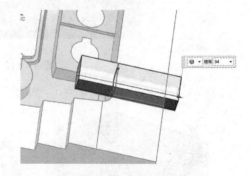

图 6-117　创建拉伸体

2）侧抽芯滑块头镶件块体布尔运算

选择【主页】→【合并】→【相交】命令，【目标】选择如图 6-117 所示的拉伸体，【工具】选择型腔 v0_cavity_001，如图 6-118 所示，单击【确定】按钮创建侧抽芯滑块头，如图 6-119 所示。

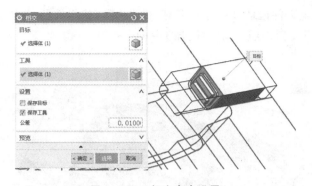

图 6-118 相交命令设置

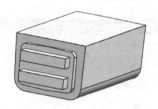

图 6-119 创建侧抽芯滑块头

3）侧抽芯滑块头镶件腔体切割

切换至【注塑模向导】模式，单击【主要】功能区中的【腔】工具按钮，【目标】选择型腔 v0_cavity_001 组件，【工具类型】选择"实体"，【工具】选择如图 6-119 所示的侧抽芯滑块头，如图 6-120 所示，单击【确定】按钮完成侧抽镶件与型芯的腔体切割操作，如图 6-121 所示。

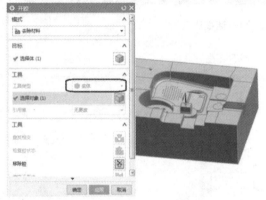

图 6-120 开腔操作设置

视频演示

图 6-121 创建侧抽芯滑块头

4）创建侧抽芯滑块头镶件组件

选择【装配】→【新建】组件命令 ，弹出【新组件文件】对话框，按图 6-122 进行设置，【名

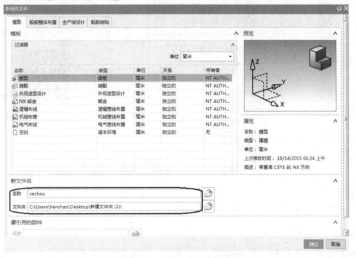

图 6-122 新组件文件设置

称】输入"cechou",【文件夹】为模具装配文件地址,单击【确定】按钮弹出【新建组件】对话框,按图 6-123 设置各个选项,单击【确定】按钮,在【装配导航器】中 v0_cavity_001 的下级出现"cechou",如图 6-124 所示。

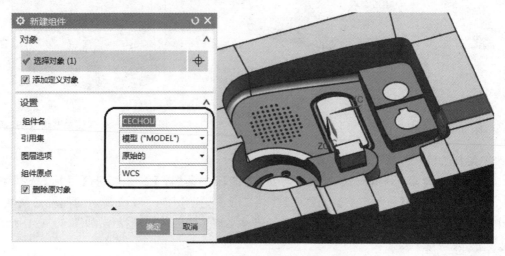

图 6-123 【新建组件】对话框设置

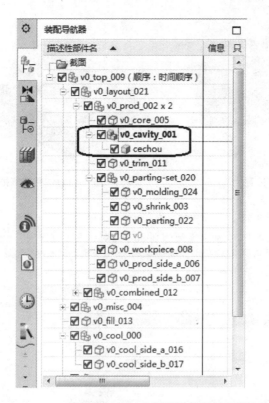

视频演示

图 6-124 在型腔组件内创建滑块头

(2)调取侧抽机构标准件

如图 6-125 所示,在【装配导航器】中设置独立显示 v0_cavity_001 和 cechou。

1)测量侧抽芯滑块头的尺寸

切换至【分析】模式,应用【测量距离】命令测量侧抽芯滑块头的尺寸长度为 15.6747 mm,高为 11.0460 mm,如图 6-126 所示。

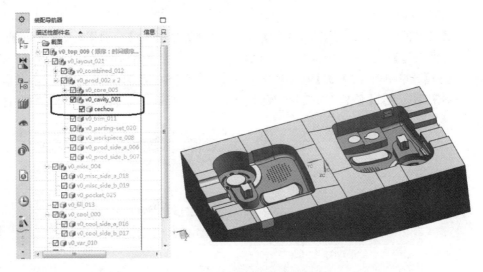

图 6 - 125　独立显示型腔和滑块头

图 6 - 126　测量滑块头尺寸

2）选用侧抽机构

切换至【注塑模向导】模式,单击【主要】功能区中的【滑块和浮升销库】工具按钮🔧,弹出【滑块和浮升销设计】对话框,如图 6 - 127 所示,1 处文件夹导航窗口的【名称】项选择"Slide",2 处【成员选择】区域中对象【名称】项选择"Single Cam-pin Slide"(单斜导柱侧抽),3 处【部件】项选择"添加实例",4 处【位置】项选择"WCS_XY"方式,5 处显示侧抽机构各参数的【详细信息】。

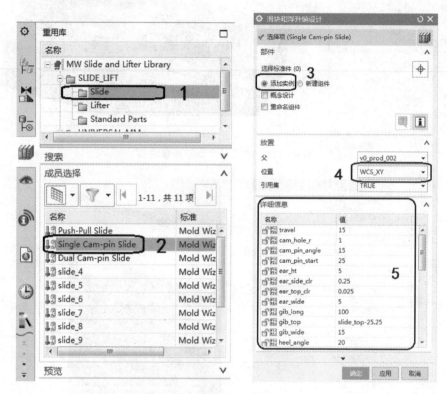

图 6 - 127  选调单斜导柱侧抽机构

3）侧抽机构定位

独立显示侧抽芯滑块头,如图 6 - 128 所示,选择【菜单】→【格式】→【WCS】→【动态】命令,确定动态坐标系位置,如图 6 - 129 所示。

图 6 - 128  独立显示滑块头

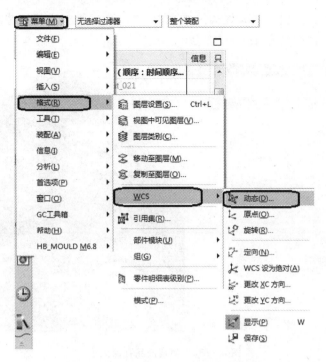

图 6 - 129　选择确定动态坐标系的命令

选取滑块头底边中点为动态坐标系放置点,并调整 Y 轴方向,使－Y 轴方向为侧抽芯方向,如图 6 - 130 所示。

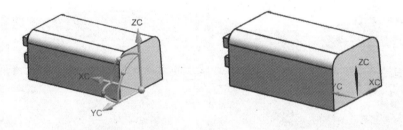

图 6 - 130　设置侧抽芯原点坐标位置及方向

4)设置斜导柱侧抽机构参数

通过对照如图 6 - 131 所示的侧抽机构信息图,能够更好地理解图 6 - 127 中 5 处所示【详细信息】中各参数的含义,有部分参数需要测量后填写,如:

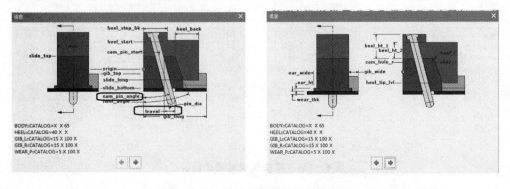

图 6 - 131　单斜导柱侧抽机构信息图

- travel：侧抽机构的水平移动距离。如图 6-132 所示，测量水平抽芯距为 3.0162 mm＋（3～5）mm，因此设置"travel"值为 8 mm。

**图 6-132　测量产品孔深大小**

- cam_pin_angle：斜导柱的角度。如图 6-133 所示，首先测量产品的高度约为 27.135 mm，然后计算模具的开模高度 $H$ 为 27.135 mm＋（5～10）mm，故设置 $H=35$ mm。因为 atan(8/35)=12.875°，所以将"cam_pin_angle"设置为 13°。

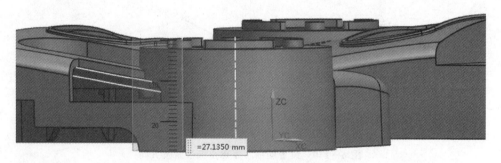

**图 6-133　测量产品高度**

如图 6-134 所示，通过修改侧抽机构的详细信息创建如图 6-135 所示的侧抽机构。

| 详细信息 | | 名称 | 值 | 名称 | 值 |
|---|---|---|---|---|---|
| 名称 | 值 | heel_back | 20 | pin_hd_dia | 15 |
| travel | 8 | heel_ht_1 | 20 | pin_hd_thk | 6 |
| cam_hole_r | 1 | heel_ht_2 | 12 | pin_hd_clr | 0.5 |
| cam_pin_angle | 13 | heel_r | 1 | pin_hole_clr | 1 |
| cam_pin_start | 15 | heel_start | 30 | side_clr | -0.025 |
| ear_ht | 5 | heel_step_bk | 30 | slide_bottom | -15 |
| ear_side_clr | 0.25 | heel_tip_lvl | -3 | slide_long | 65 |
| ear_top_clr | 0.025 | pin_dia | 10 | slide_r | 3 |
| ear_wide | 5 | pin_hd_dia | 15 | slide_top | 20 |
| gib_long | 85 | pin_hd_thk | 6 | wear_thk | 0 |
| gib_top | -0.5 | pin_hd_clr | 0.5 | wide | 30 |

**图 6-134　侧抽机构详细参数设置**

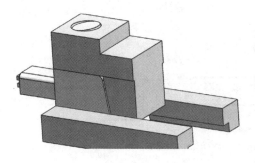

视频演示

**图 6－135　显示侧抽机构的形状和位置**

5）滑块头与滑块体求和

单击【注塑模向导】模式下【主要】功能区中的【腔】工具按钮，弹出【开腔】对话框，如图 6－136 所示，【模式】选择"添加材料"，【目标】选择滑块体组件，【工具类型】选择"实体"，【选择对象】为图 6－135 中的侧抽芯滑块头，单击【确定】按钮完成滑块头与滑块体的求和。

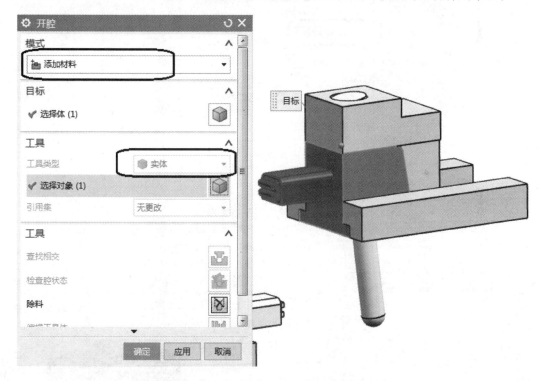

**图 6－136　滑块头添加材料开腔操作**

6）删除原来的滑块头

如图 6－137 所示，在【装配导航器】中找到滑块头名称"cechou"并右击，在快捷菜单中选择【替换引用集】→【Empty】命令，完成删除滑块头"cechou"的操作。

单独显示滑块体组件，如图 6－138 所示，滑块头与滑块主体成为一个组件。

针对斜导柱侧抽机构滑块镶件的连接方式及镶件的机构合理性等内容，在此不再进行分析及修改，最终完成的斜导柱侧抽机构如图 6－139 所示。

**图 6 – 137　删除滑块头组件操作**

**图 6 – 138　显示滑块体结构**

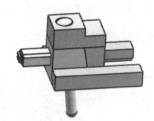

视频演示

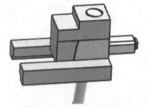

图 6 - 139　最终完成的斜导柱侧抽机构

**2. 斜顶机构设计**

（1）斜顶头镶件设计

1）测量内孔塑件尺寸

选择【分析】→【测量距离】命令 ▦，测量内孔外形尺寸，如图 6 - 140 所示。

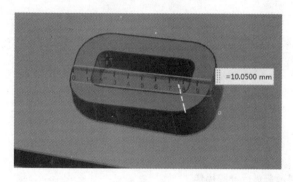

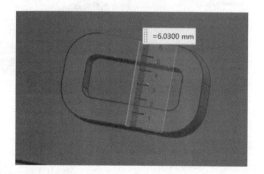

图 6 - 140　测量产品内孔外形尺寸

2）斜顶头镶件块体创建

将型芯 v0_core_005 组件用【在窗口中打开】命令打开，应用【包容体】命令创建方块体，尺寸如图 6 - 141 所示，其他两个方向的尺寸超出型芯件外即可。

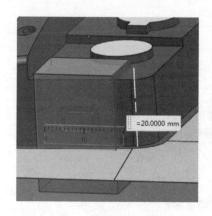

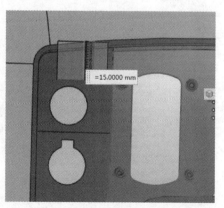

图 6 - 141　创建方块体尺寸大小

应用【相交】命令生成斜顶头,如图 6 - 142 所示。

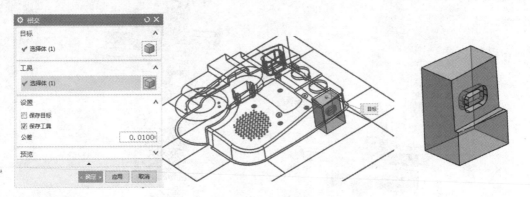

图 6 - 142　应用【相交】命令生成斜顶头

3) 斜顶头镶件腔体切割

应用【腔】命令在型芯组件上切割斜顶头实体,如图 6 - 143 所示。

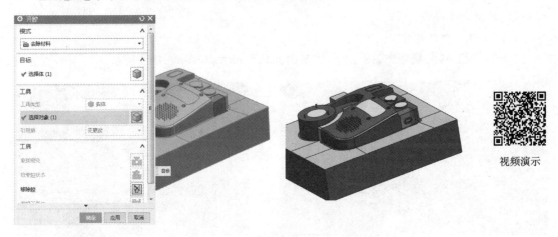

视频演示

图 6 - 143　对斜顶头进行开腔操作

4) 创建斜顶头镶件组件

在型芯 v0_core_005 组件下创建斜顶头组件,【名称】为"xiedingtou",如图 6 - 144 所示。

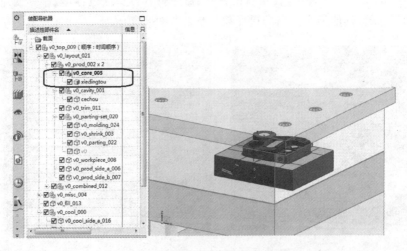

图 6 - 144　在型芯组件下创建斜顶头

（2）选调斜顶机构标准件

激活模具整个部件,除了斜顶头组件外,隐藏其他所有零部件,如图 6 - 145 所示。

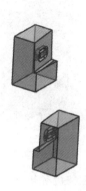

图 6 - 145　独立显示斜顶头组件

1）选用斜顶机构

选择【滑块和浮升销库】工具按钮,弹出【滑块和浮升销设计】对话框,选择如图 6 - 146 所示 1 处的"Lifter",单击 2 处的"Dowel Lifter",如图 6 - 147 所示的对话框更新显示,在【部件】中的 3 处选择"添加实例",在【放置】中的 4 处【位置】项选择"WCS_XY",5 处显示斜顶机构各结构参数的【详细信息】。

图 6 - 146　选调斜顶机构

图 6 - 147　斜顶机构设置

2）斜顶机构定位

选择斜顶头底边中点为动态坐标系的放置原点，调整动态坐标系的坐标轴，使−Y 方向为斜顶内抽芯方向，如图 6-148 所示。

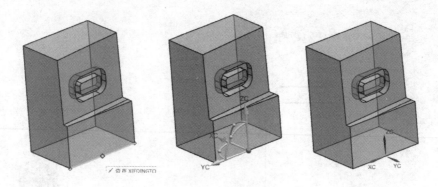

图 6-148 设置动态坐标系原点及方向

3）设置斜顶机构参数

参照如图 6-149 所示的斜顶机构信息图了解各参数的含义，按照图 6-150 设置斜顶机构的【详细信息】，设置完毕后单击【确定】按钮调取斜顶机构，如图 6-151 所示。

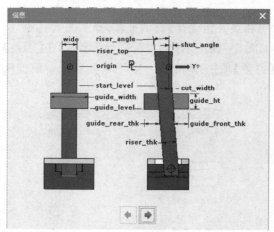

图 6-149 斜顶机构信息图

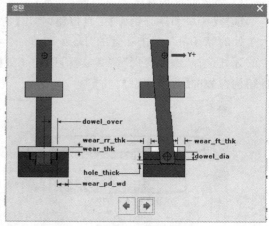

详细信息

| 名称 | 值 |
| --- | --- |
| riser_angle | 6 |
| cut_width | -4 |
| dowel_dia | 2 |
| dowel_over | 2 |
| guide_ft_thk | 10 |
| guide_ht | 0 |
| guide_rr_thk | 10 |
| guide_width | 30 |
| hole_thick | 1 |
| riser_thk | 10 |
| riser_top | 0 |

| 名称 | 值 |
| --- | --- |
| shut_angle | 0 |
| start_level | -2 |
| wear_ft_thk | 5 |
| wear_hole_rad | 1 |
| wear_pad_wide | 10 |
| wear_rr_thk | 10 |
| wear_thk | 2 |
| wide | 20 |
| ej_plt_thk | 10 |

图 6-150 斜顶机构【详细信息】设置

图 6-151 调取斜顶机构主体

4）斜顶头表面的替换

应用【替换面】命令实现斜顶头与斜顶杆表面的替换,如图 6 - 152 所示,单击【确定】按钮完成斜顶头表面的替换,如图 6 - 153 所示。

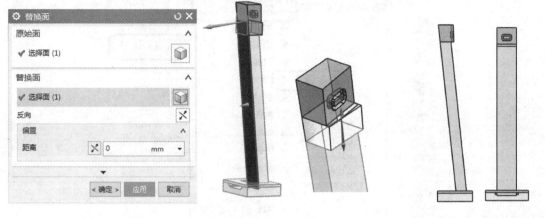

图 6 - 152　替换斜顶头表面　　　　　　　　　图 6 - 153　替换后的斜顶头

5）斜顶头与斜顶杆求和

应用【腔】命令完成斜顶头与斜顶杆的求和操作,如图 6 - 154 所示。

图 6 - 154　斜顶头的开腔操作

6）删除原斜顶头组件

如图 6 - 155 所示,在【装配导航器】中找到斜顶头名称"xiedingtou"并右击,在快捷菜单中选择【替换引用集】→【Empty】命令,完成删除斜顶头"xiedingtou"的操作,创建的斜顶机构如图 6 - 156 所示。

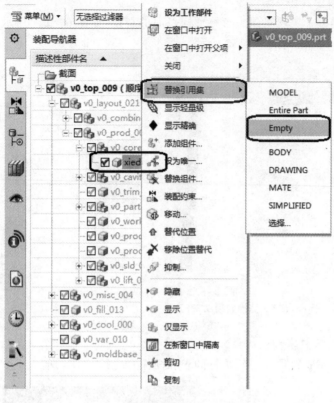

图 6-155 删除斜顶头组件操作

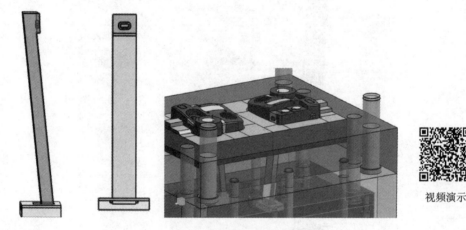

视频演示

图 6-156 创建的斜顶机构

## 任务八 浇注系统设计操作

### 1. 确定主流道

（1）定位圈标准件选用

切换至【注塑模向导】模式，单击【主要】功能区中的【标准件库】工具按钮 ，根据注塑机参数及模具实际情况，按图 6-157 中的 1 处、2 处和 3 处选择并设置定位圈参数，单击【确定】按钮系统自动将定位圈定位至模具定模座板上，如图 6-158 所示。

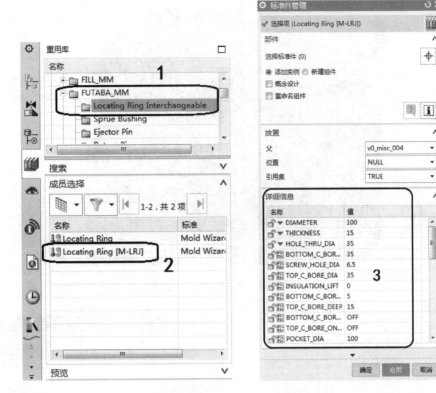

图 6 - 157 定位圈标准件选调

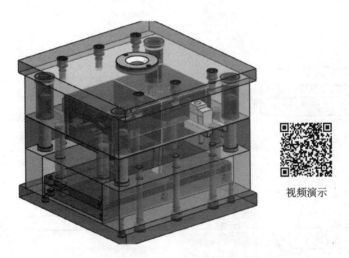

视频演示

图 6 - 158 创建定位圈标准件

（2）主流道浇口套标准件选用

应用【分析】→【测量距离】命令测量模具定模座板上表面（T 板）与分型面的距离（主流道浇口套整体长度），如图 6 - 159 所示。

单击【标准件库】工具按钮🔡，根据注塑机参数及模具的实际情况，按图 6 - 160 中的 1 处、2 处、3 处和 4 处选择主流道衬套类型，并设置尺寸【CATALOG_LENGTH1】为"130.5"，【HEAD_DIA】为"35"，单击【确定】按钮系统自动将主流道衬套定位至模具中，如图 6 - 161 所示。

图 6 - 159    测量定模座板到分型面的距离

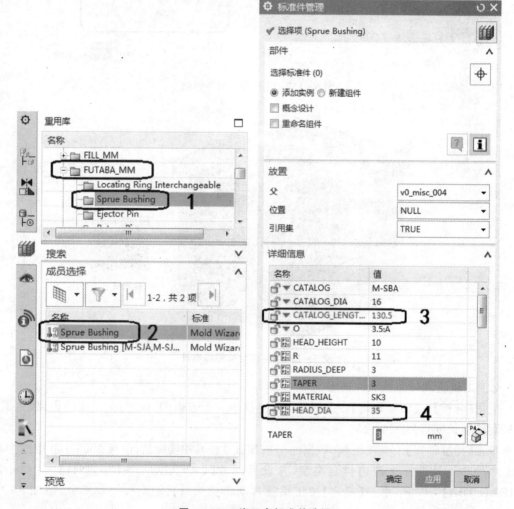

图 6 - 160    浇口套标准件选调

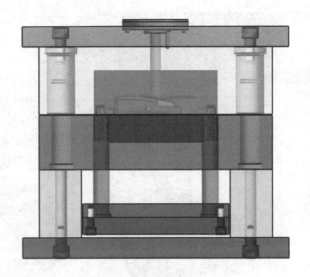

视频演示

图 6 - 161　创建浇口套标准件

## 2. 分流道设计

如图 6 - 162 所示,在【装配导航器】中设置 v0_parting_022、v0_locating_ring_assy 和 v0_sprue_093 独立显示。

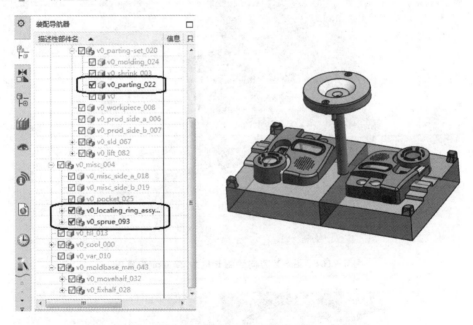

图 6 - 162　独立显示装配组件

（1）绘制分流道直线

选择【曲线】→【直线】命令 ，选择【开始】的【起点选项】为型芯侧边中点,在 $-X$ 轴方向绘制直线长度 12 mm,如图 6 - 163 所示。同理,以 12 mm 直线的终点为绘制长度 22 mm 直线的起点,在 $-Y$ 轴方向绘制直线,如图 6 - 164 所示,完成分流道直线的绘制,如图 6 - 165 所示。

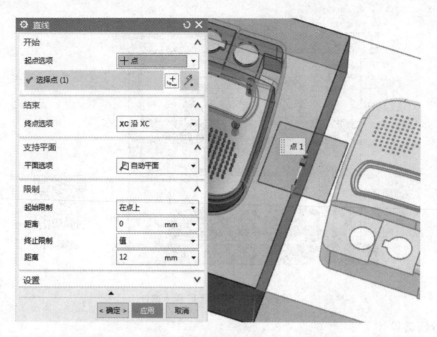

图 6-163　沿一 X 方向绘制长度为 12 mm 的直线

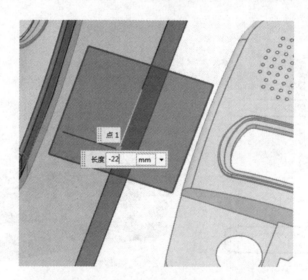

图 6-164　沿一 Y 方向绘制长度为 22 mm 的直线

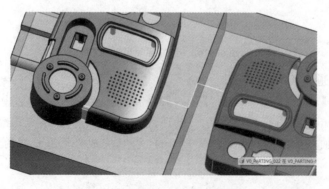

图 6-165　完成绘制分流道直线

（2）创建分流道实体

选择【菜单】→【插入】→【设计特征】→【圆柱】命令，如图 6 - 166 所示，选择长度为 12 mm 的直线，【直径】为 8 mm 的圆柱体，如图 6 - 167 所示。同理，选择长度为 22 mm 的直线，创建【直径】为 6 mm 的圆柱体，如图 6 - 168 所示。

图 6 - 166　选择【圆柱】命令

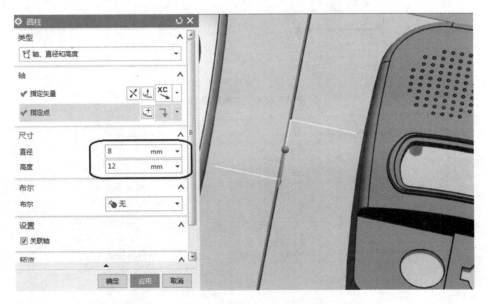

图 6 - 167　创建直径为 8 mm 的圆柱体

（3）边倒圆

应用【边倒圆】命令对两圆柱体进行边倒圆操作，如图 6 - 169 所示。

（4）移动面

应用【移动面】命令把长度为 12 mm 的半球面沿＋X 方向移动 16 mm，如图 6 - 170 所示，完成球面的移动。

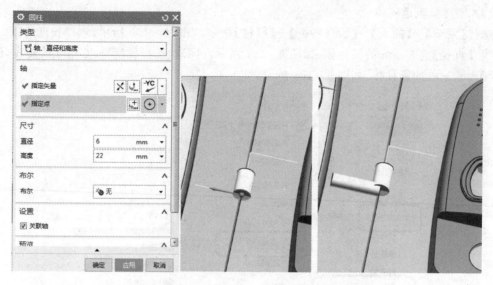

图 6 - 168　创建直径为 6 mm 的圆柱体

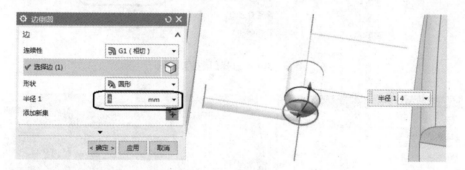

图 6 - 169　边倒圆操作

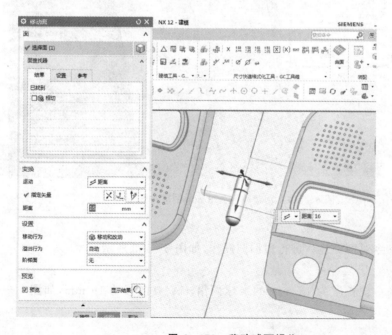

视频演示

图 6 - 170　移动球面操作

**3．搭接侧浇口设计**

单击【包容体】工具按钮，在图 6 - 171 中，【类型】选择"中心和长度"，【指定方位】选择球心，尺寸大小按图所示设置。

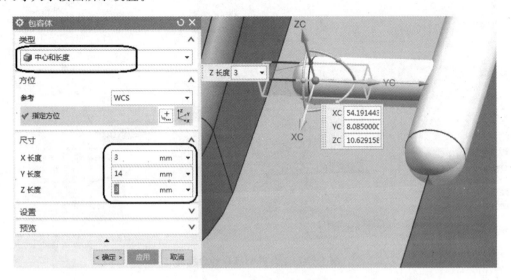

图 6 - 171　创建侧浇口方块体

单击【替换面】工具按钮，使浇口位于型芯侧，创建搭接式侧浇口，如图 6 - 172 所示。

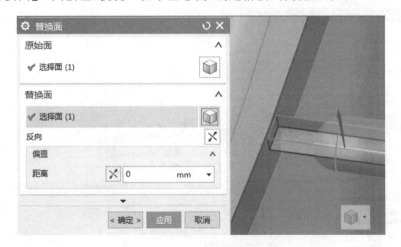

图 6 - 172　替换面操作

完成搭接式侧浇口的创建，如图 6 - 173 所示。

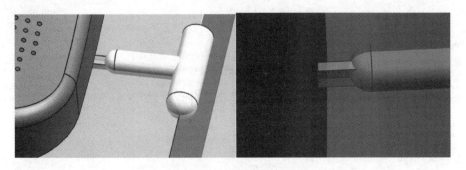

图 6 - 173　创建完成侧浇口

单击【合并】工具按钮,完成分流道和侧浇口求和,如图 6 - 174 所示。

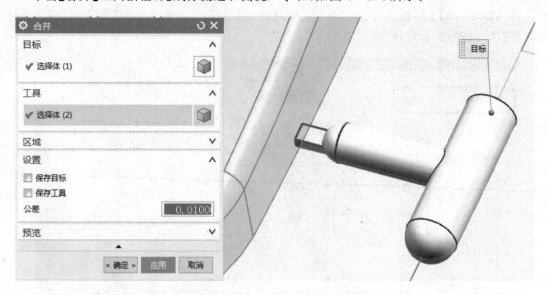

图 6 - 174　合并侧浇口和分流道

选择【菜单】→【编辑】→【移动对象】命令,按图 6 - 175 中的参数复制对称的分流道和侧浇口,单击【确定】按钮完成分流道和侧浇口的复制。

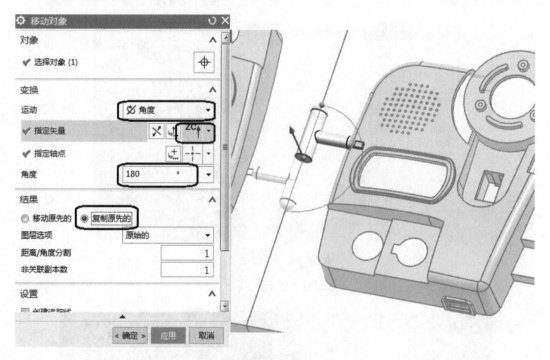

图 6 - 175　复制分流道和侧浇口

单击【合并】工具按钮,将设计的两段浇注系统进行合并,如图 6 - 176 所示。

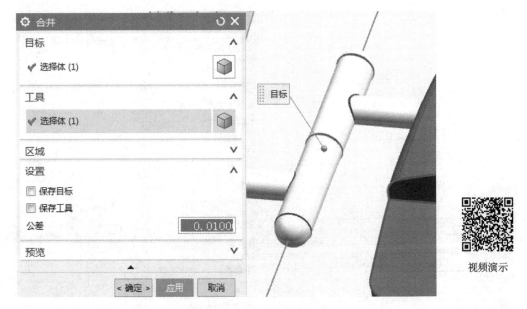

视频演示

**图 6-176　合并两段浇注系统**

### 4. 拉料杆设计

选择【分析】→【测量距离】命令,在图 6-177 中的【类型】下拉列表框中选择"投影距离",测量推杆固定板底面到型芯分型面的距离为 150.5 mm,因此选用拉料杆的长度为 130 mm。

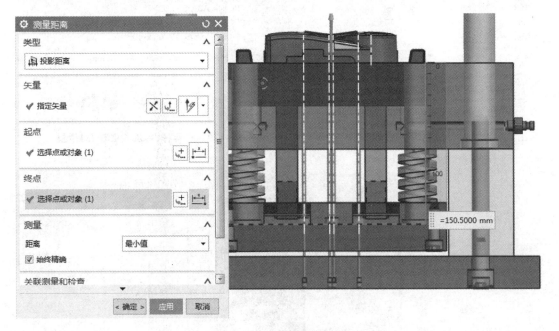

**图 6-177　测量两面间的距离**

单击【标准件库】工具按钮,选择图 6-178 中的"FUTABA_MM",单击 1 处,双击 2 处,弹出如图 6-179 所示的【标准件管理】对话框,更改【CATALOG_DIA】为"10.0",【CATALOG_LENGTH】为"130",单击【确定】按钮弹出【点】位置对话框,选择模具坐标系原点,如图 6-180 所示,单击【确定】按钮创建拉料杆,如图 6-181 所示。

图 6 - 178　在标准件库中选择拉料杆

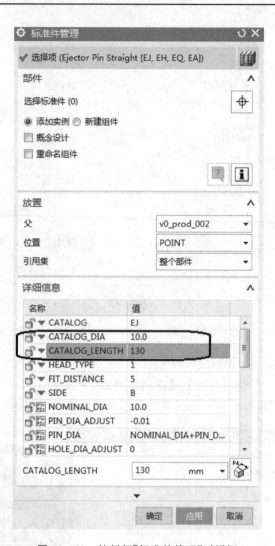

图 6 - 179　拉料杆【标准件管理】对话框

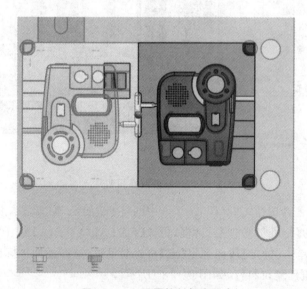

图 6 - 180　设置拉料杆定位点

视频演示

图 6 - 181　创建拉料杆

## 任务九　推出系统设计操作

### 1. 司筒机构设计

如图 6 - 182 所示，在【装配导航器】中设置独立显示 v0_parting_022。制件内侧有 4 个 Boss 柱，为了在开模时能顺利推出制件，需要在 4 个 Boss 柱位置创建司筒机构。

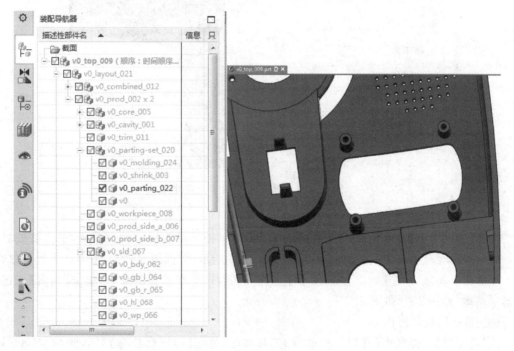

图 6 - 182　独立显示产品

（1）测量孔径大小

选择【分析】→【测量距离】命令，在【类型】下拉列表框中选择"直径"，测量孔内径大小为 2.010 0 mm，外径大小为 4.020 0 mm，如图 6 - 183 所示。

图 6-183　测量内、外孔直径尺寸

（2）调取司筒组件

选择【标准件库】工具按钮，选择如图 6-184 中 1 处所示为标准件库名称，单击 2 处后双击 3 处，弹出司筒【标准件管理】对话框，如图 6-185 所示，根据图 6-183 中测量孔的结果，更改 4 处的部分参数，单击【确定】按钮弹出【点】对话框，选择产品孔的圆心，单击【确定】按钮创建单个司筒，如图 6-186 所示。

（3）顶杆后处理操作

选择【主要】功能区中的【顶杆后处理】工具按钮，弹出【顶杆后处理】对话框，如图 6-187 所示，选取 1 处的 1 根司筒杆和 1 根司筒针；将 2 处的【修边曲面】方式选择为"CORE_TRIM_SHEET"，单击【确定】按钮完成司筒后处理。

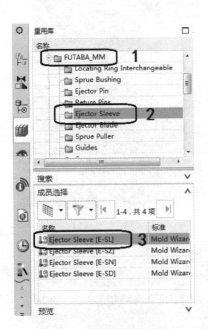

图 6-184　选调司筒标准件

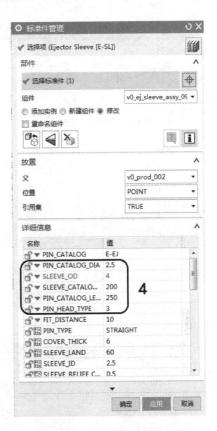

图 6-185　司筒详细参数设置

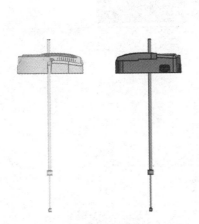

图 6-186　创建司筒

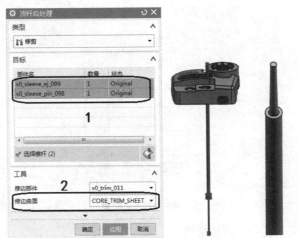

图 6-187　司筒的顶杆后处理设置

视频演示

## 2. 司筒紧定螺钉设计

（1）测量距离

选择【分析】→【测量距离】命令，在【类型】下拉列表框中选择"直径"，如图 6-188 所示，测量司筒针座的直径为 5 mm；同理，在【类型】下拉列表框中选择"距离"，测量司筒针座距离底面的长度为 6 mm。

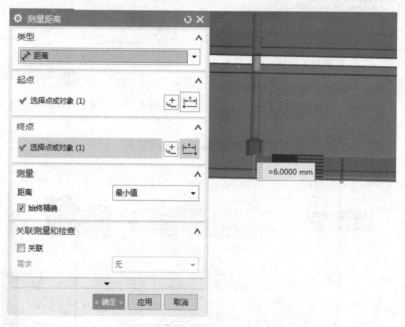

**图 6 - 188　测量司筒针座的直径和距离**

（2）调取紧定螺钉标准件

　　单击【标准件库】工具按钮，选择如图 6 - 189 中 1 处所示为标准件库名称，单击 2 处后双击 3 处，弹出紧定螺钉【标准件管理】对话框，如图 6 - 190 所示，根据图 6 - 188 中的测量结果，更改图 6 - 190 中 4 处的部分参数，选择定模座板底面为放置平面，单击【确定】按钮弹出【标准件位置】对话框，如图 6 - 191 所示，选择司筒针座圆心，单击【确定】按钮完成紧定螺钉的创建，如图 6 - 192 所示。

　　同理，完成另外 3 个紧定螺钉的创建，如图 6 - 193 所示。

图 6-189 选调紧定螺钉标准件

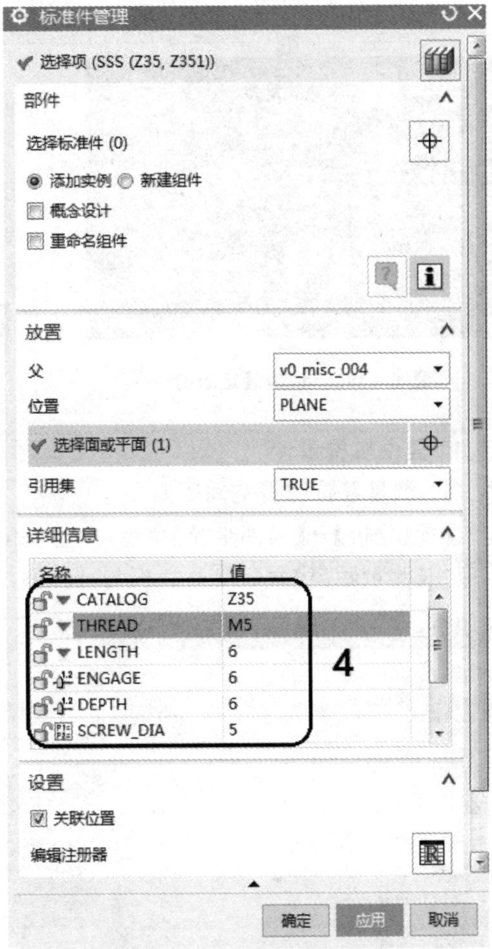

图 6-190 紧定螺钉详细参数设置

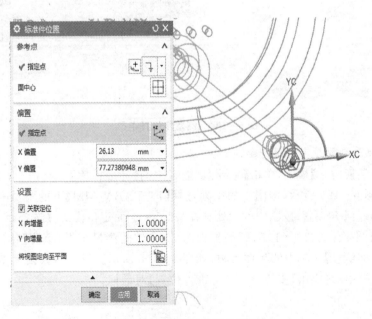

图 6-191 紧定螺钉的定位

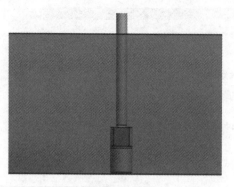

图 6-192　创建紧定螺钉

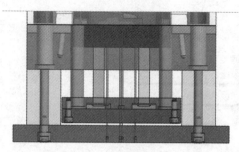

视频演示

图 6-193　创建另外 3 个紧定螺钉

### 3. 复位机构设计

（1）测量复位弹簧空间距离

选择【分析】→【局部半径】命令，测量复位杆的半径尺寸为 12.5 mm，如图 6-194 所示；另外，应用【测量距离】命令测量 B 板与推杆固定板的距离为 50 mm，如图 6-195 所示。

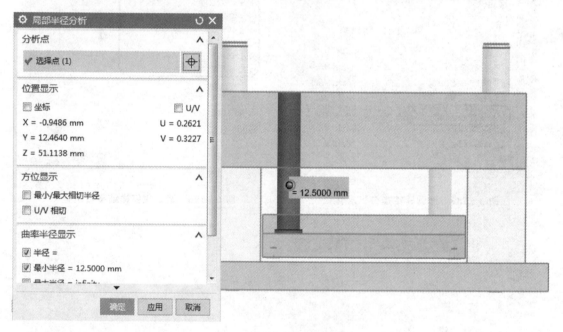

图 6-194　测量复位杆半径

（2）复位弹簧参数及定位操作

切换至【注塑模向导】模式，单击【主要】功能区中的【标准件库】工具按钮，弹出【标准件管理】对话框，如图 6-196 所示，按图中的 1 处选择【FUTABA_MM】下的"Springs"；按图中的 2 处选择"Spring[M-FSB]"；按图中的 3 处选择"PLANE"面定位模式，【选择面或平面】选项选择顶杆固定板上平面，如图 6-197 所示；根据图 6-195 的测量结果，填写【标准件管理】对话框中的弹簧【详细信息】区域中的具体参数，如图 6-198 所示。以上参数设置完毕后，单击【标准件管理】对话框中的【应用】按钮，弹出【标准件位置】对话框。

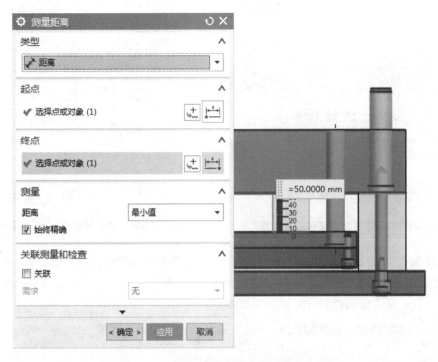

图 6 - 195　测量 B 板与推杆固定板的距离

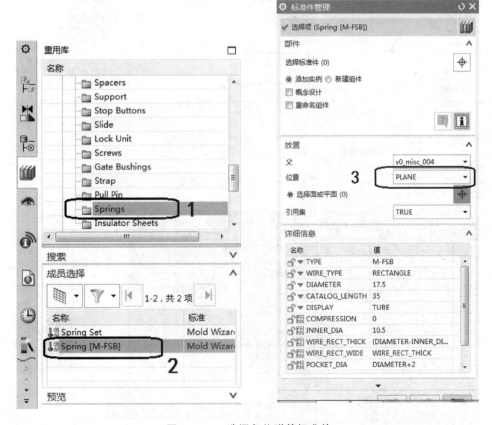

图 6 - 196　选调复位弹簧标准件

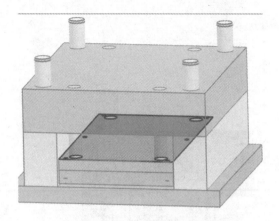

图 6-197　选择复位弹簧放置平面

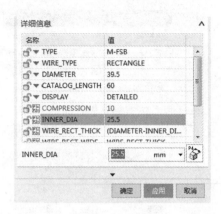

图 6-198　复位弹簧【详细信息】参数更改

在如图 6-199 所示方框处,单击选择复位杆与推杆固定板的孔圆心作为弹簧的定位点,然后单击【标准件位置】对话框中的【应用】按钮,完成一根弹簧的定位。依次重复 3 次,分别对其他 3 根弹簧进行定位操作,如图 6-200 所示。

图 6-199　复位弹簧的定位

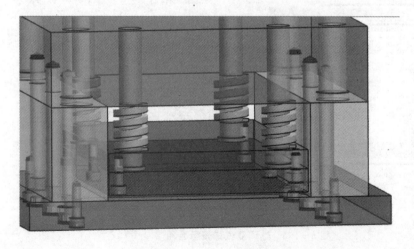

视频演示

图 6-200　另外 3 根复位弹簧的定位

## 任务十　冷却系统设计操作

**1. 动模侧冷却水路设计**

（1）组件显示设置

如图6-201所示，在【装配导航器】中设置只显示 v0_core_005、v0_lift_082、v0_ej_sleeve_assy、B板；同时将 B 板设置为全透明状态。

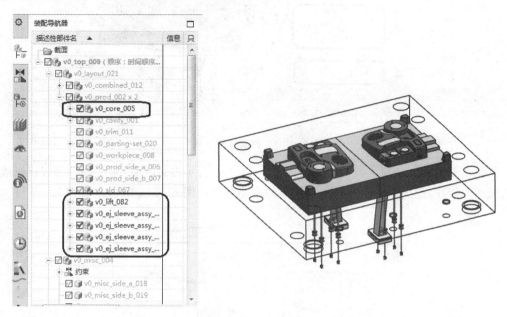

图6-201　独立显示组件

（2）生成型芯 v0_core_005 工件上的水路

1）绘制水路草图

切换至【注塑模向导】模式，单击【冷却工具】功能区中的【水路图样】工具按钮，弹出【通道图样】对话框，如图6-202所示。单击图6-202中1处"绘制截面"图标，弹出【创建草图】对话框，如图6-203所示。

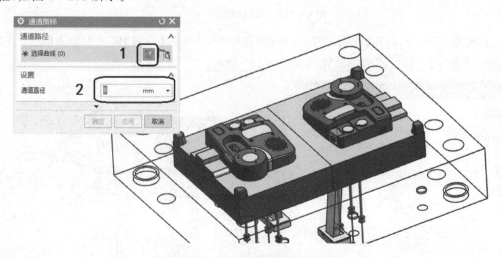

图6-202　【通道图样】对话框设置

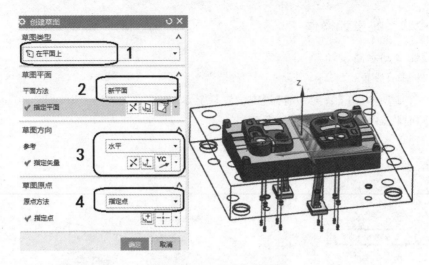

图 6 - 203　创建草图平面

在型芯分型面上绘制草图,按图 6 - 203 中 1～4 处所示进行设置,单击【确定】按钮完成草图基准面的创建,进入草图绘制状态。绘制的水路草图如图 6 - 204 所示。

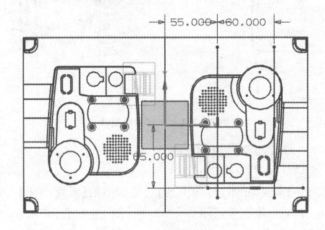

图 6 - 204　绘制的水路草图

选择【完成】命令,返回【通道图样】对话框,在图 6 - 205 的【设置】区域中输入【通道直径】为 8,单击【确定】按钮完成水路设计,如图 6 - 206 所示。

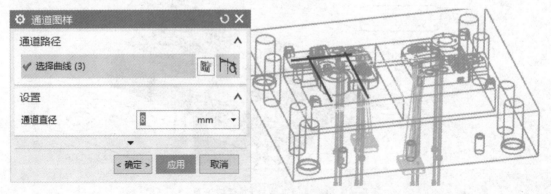

图 6 - 205　设置水路直径

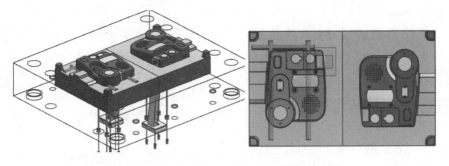

视频演示

图 6-206　生成水路实体

2）延伸水路至实体

a. 延伸水路至实体操作

单击【延伸水路】工具按钮✎，【选择水路】为一条水路，【选择边界实体】为型芯实体，单击【应用】按钮，如图 6-207 所示；同理，延伸各水路至型芯表面，如图 6-208 所示。

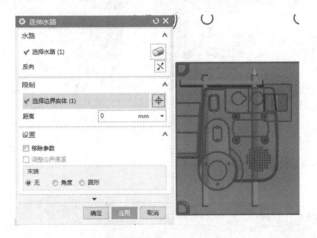
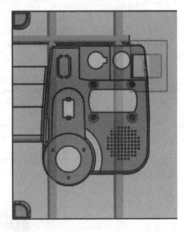

图 6-207　延伸水路至实体表面设置　　　　　　图 6-208　延伸水路至型芯表面

b. 设置延伸水路距离

单击【延伸水路】工具按钮✎，【选择水路】为图 6-209 中的红色水路，输入【距离】为 4 mm，【末端】选中【角度】，单击【确定】按钮完成此条水路的延伸，如图 6-210 所示。

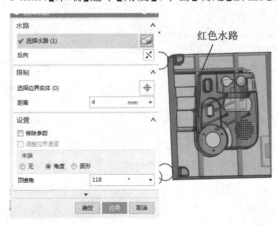

红色水路

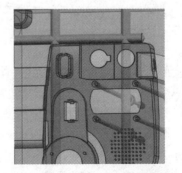

视频演示

图 6-209　设置延伸水路　　　　　　图 6-210　完成延伸水路

3) 调整水路

单击【调整水路】工具按钮⌇,【选择水路】为所有水路,【选择面】为型芯表面,【方向】为
$-Z$ 轴,【距离】设置为 15 mm,如图 6-211 所示,把所创建的水路整体向下平移 15 mm,如
图 6-212 所示。

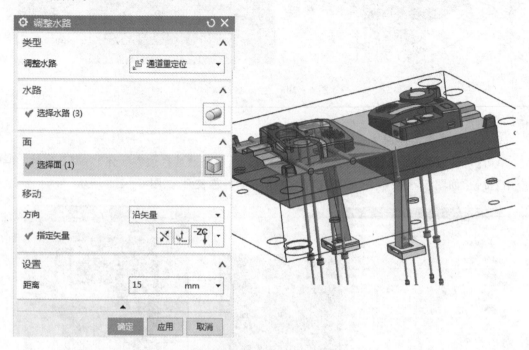

图 6-211　调整水路设置

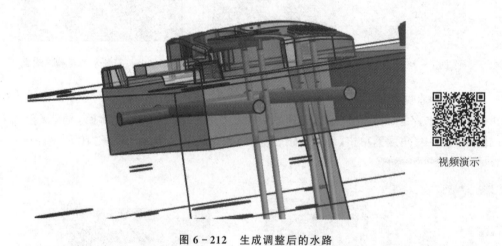

视频演示

图 6-212　生成调整后的水路

(3) 生成跨越 v0_core_005、v0_b_plate_051 两工件上的水道

1) 创建直径水路

单击【直接水路】工具按钮⁀,弹出创建【直接水路】对话框,选中"只移动手柄"复选框,在
$X$ 方向输入距离 20 mm,如图 6-213 所示,单击【应用】按钮。不选"只移动手柄"复选框,单
击动态坐标 $Z$ 轴,输入距离 $-40$ mm,如图 6-214 所示,单击【应用】按钮;同理,单击动态坐标
$X$ 轴,沿 $-X$ 方向输入一定的距离,单击【确定】按钮,如图 6-215 所示。

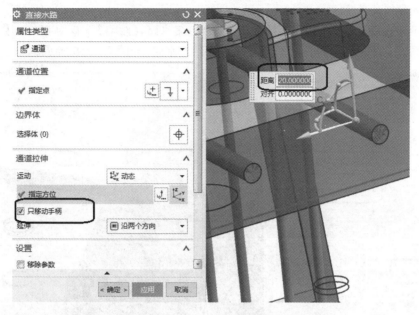

图 6 - 213　只移动手柄操作

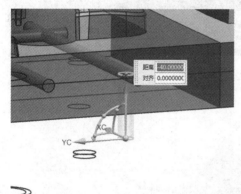

图 6 - 214　创建向下水路

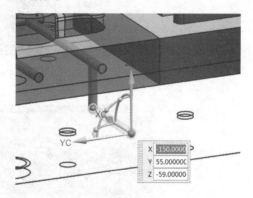

图 6 - 215　创建水平水路

2）替换面

单击【替换面】工具按钮，把水平水路面替换为 v0_b_plate_051 板表面，如图 6 - 216 所示。

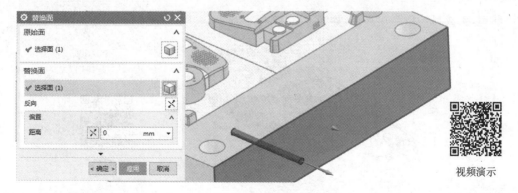

视频演示

图 6 - 216　完成水路表面的替换

3) 延伸两相交水路

单击【延伸水路】工具按钮,【选择水路】为两相交水路,【距离】设置为 8 mm,【末端】选择"角度",如图 6 - 217 所示,单击【确定】按钮生成延伸水路,如图 6 - 218 所示。

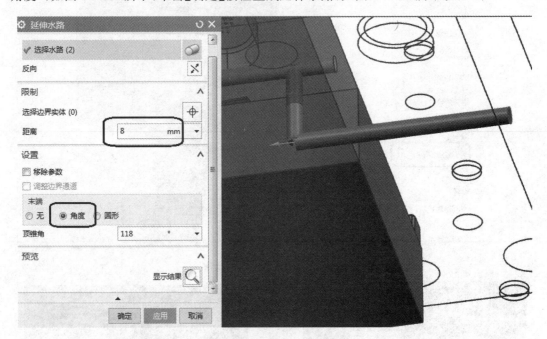

图 6 - 217　设置相交延伸水路

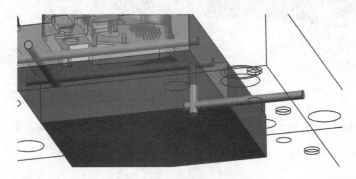

图 6 - 218　生成延伸水路

同理,生成另一条跨越水路,如图 6 - 219 所示。

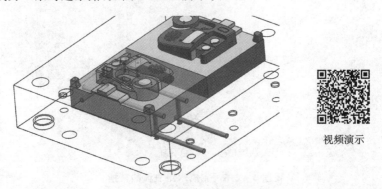

视频演示

图 6 - 219　生成另一条跨越水路

显示动模部分发现,水路管道与动模板连接螺钉发生干涉现象,如图6-220所示,因此需要移动一定的距离,以避免干涉现象发生。

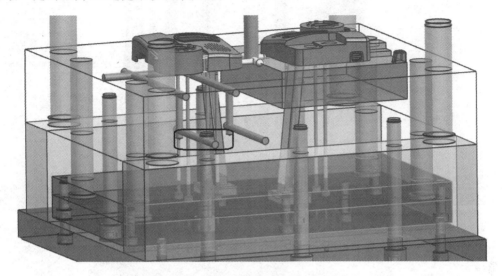

图6-220　水路管道与螺钉发生干涉

选择【菜单】→【编辑】→【移动对象】命令,移动发生干涉的水路,各项设置如图6-221所示,单击【确定】按钮,水路与螺钉不再发生干涉现象,如图6-222所示。

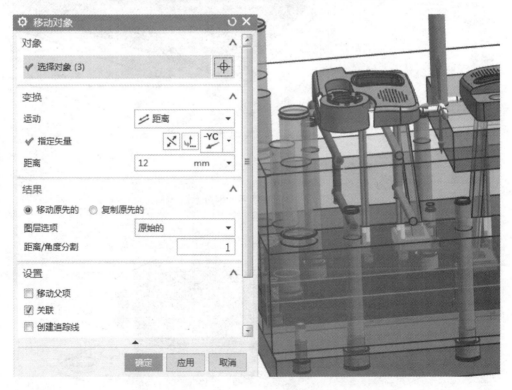

图6-221　移动水路一定距离

再次选择【移动对象】命令,按如图6-223所示设置移动对象,单击【确定】按钮创建生成另一部分型芯的水路,如图6-224所示。

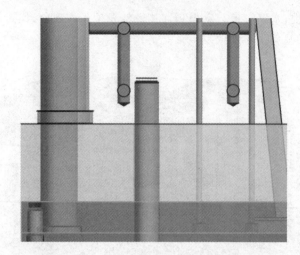

图 6 - 222 避免干涉现象发生

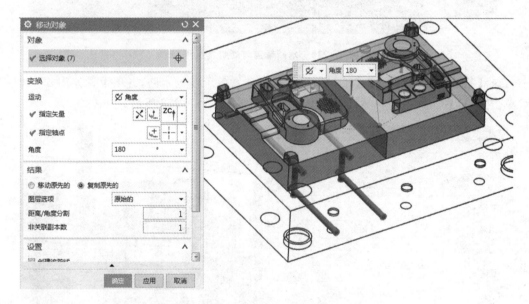

图 6 - 223 移动另一部分水路

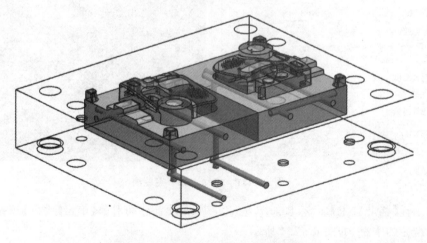

图 6 - 224 复制生成另一部分水路

（4）创建管塞

单击【冷却工具】功能区中的【冷却标准件库】工具按钮  ，【装配导航器】窗口更新为如图 6-225 所示内容，同时弹出【冷却组件设计】对话框，如图 6-226 所示。按图 6-225 选择"COOLING"和"PIPE PLUG"（管塞）。按图 6-226 选择"PLANE"；【详细信息】区域中【SUPPLIER】选择为"DME"，【PIPE_THREAD】选择为"1/8"。单击【应用】按钮，选择堵头放置平面，选择水路管道圆心为放置点，如图 6-227 所示，单击【确定】按钮完成管塞的定位，如图 6-228 所示。重复上述步骤，定位其他 9 个管塞，结果如图 6-229 所示。

图 6-225　选调管塞标准件

图 6-226　管塞各参数设置对话框

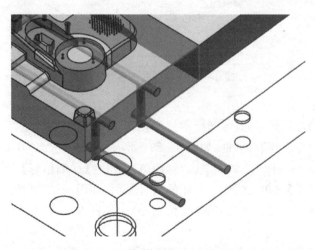

图 6-227　管塞放置面的选择

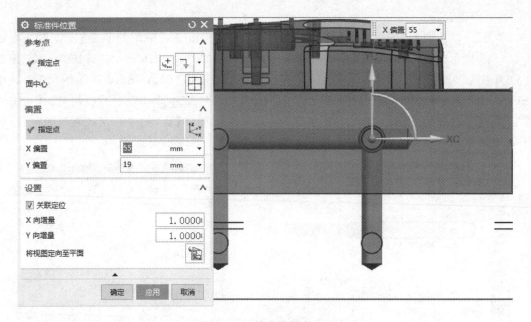

图 6-228 管塞放置点定位

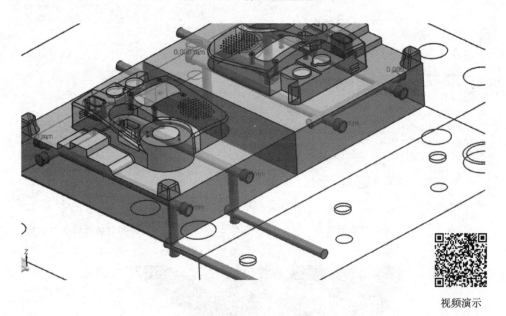

图 6-229 完成其他管塞定位

（5）O 形环定位

单击【冷却工具】功能区中的【冷却标准件库】工具按钮，显示如图 6-230 所示的标准件库，同时弹出【冷却组件设计】对话框，如图 6-231 所示。在图 6-230 中选择"COOLING"，双击"O-RING"（O 形环）；在图 6-231 中选择"PLANE"，在【详细信息】中将【FITTING_DIA】选择为"8"。单击【应用】按钮，选择 O 形环的放置平面，如图 6-232 所示，单击【应用】按钮，系统自动弹出【标准件位置】对话框，选择定位圆心点，如图 6-233 所示，单击【确定】按钮，完成 O 形环的定位。

重复上述步骤，定位其他 3 个 O 形环，结果如图 6-234 所示。

图 6 - 230　选调 O 形环标准件

图 6 - 231　O 形环各参数设置对话框

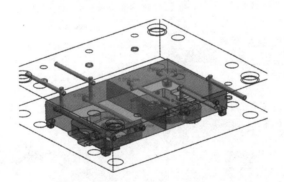

图 6 - 232　选择 O 形环的放置平面

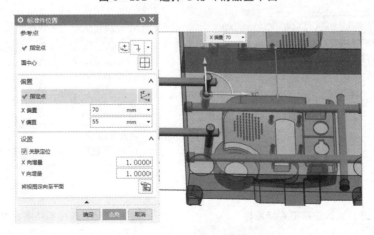

图 6 - 233　定位 O 形环

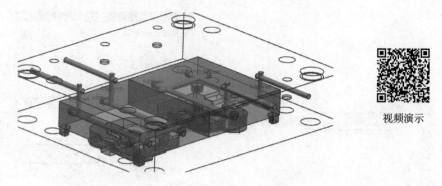

视频演示

图 6-234　完成其他 O 形环的定位

（6）连接插头定位

单击【冷却工具】功能区中的【冷却标准件库】工具按钮🗒，显示如图 6-235 所示的标准件库，同时弹出【冷却组件设计】对话框，如图 6-236 所示。在图 6-235 中选择"COOLING"，双击"CONNECTOR PLUG"（连接插头）；在图 6-236 中选择"PLANE"，选择如图 6-237 所示的 B 板表面，图 6-236 中的其他选项为默认，单击【应用】按钮，弹出【标准件位置】对话框，如图 6-238 所示，选择连接插头的放置点，单击【确定】按钮完成此表面所有连接插头的定位，如图 6-239 所示。

图 6-235　选调连接插头标准件

图 6-236　连接插头各参数设置对话框

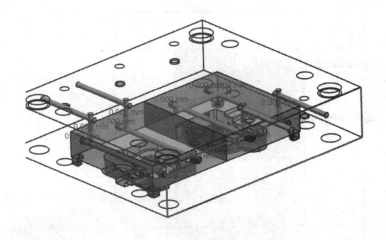

图 6 - 237　选择连接插头放置平面

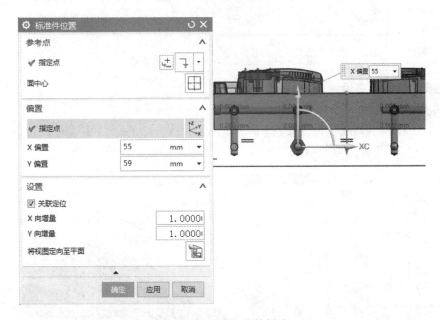

图 6 - 238　定位连接插头

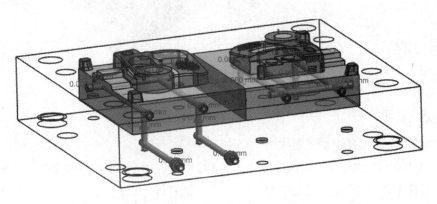

图 6 - 239　单面定位连接插头

重复上述步骤,完成 B 板表面其他连接接头的定位,结果如图 6 - 240 所示。

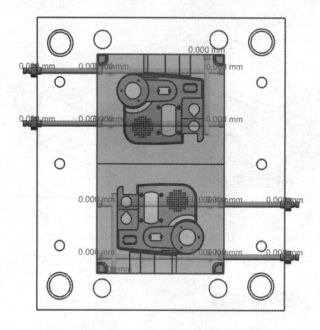

视频演示

图 6 - 240　完成其他连接插头的定位

**2. 定模侧冷却水道设计**

（1）组件显示设置

如图 6 - 241 所示，在【装配导航器】中设置只显示 v0_cavity_001 和 v0_a_plate_030，同时将 v0_a_plate_030 设置为全透明状态。

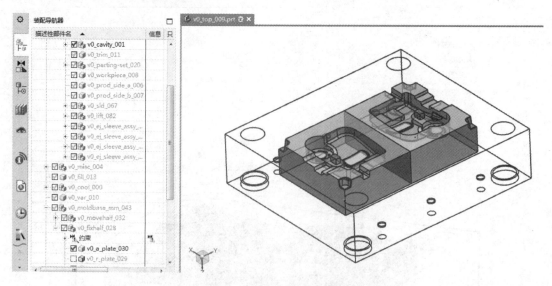

图 6 - 241　组件显示设置

（2）生成 cavity 工件上的水道

切换至【注塑模向导】模式下，单击【冷却工具】功能区中的【水路图样】工具按钮，使用与在 core 工件上创建水路的相同步骤创建草图基准平面，如图 6 - 242 所示，绘制的草图如图 6 - 243 所示，创建的水路如图 6 - 244 所示。

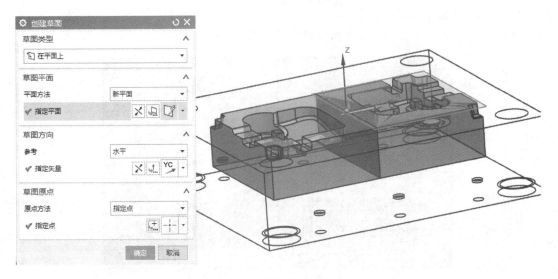

图 6 – 242　创建草图基准平面

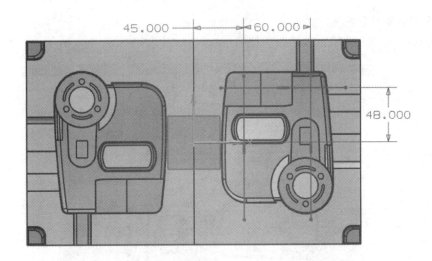

图 6 – 243　绘制水路草图

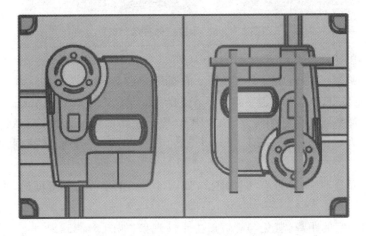

图 6 – 244　生成水路实体

1）水路延伸至实体

操作步骤与在 core 工件上将水路延伸至实体相同,延伸后的结果如图 6 - 245 所示。

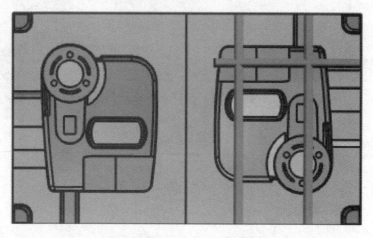

图 6 - 245　水路延伸至型腔表面

2）设置水路延伸距离

与在 core 工件上延伸的水路距离相同,设置后的结果如图 6 - 246 所示。

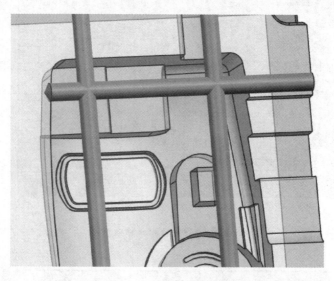

图 6 - 246　水路延伸一定距离

（3）生成跨越 v0_cavity_001 和 v0_a_plate_030 两工件上的水道

应用【投影距离】命令测量如图 6 - 247 所示的型腔表面与内侧腔表面的距离为 29.3208 mm,作为创建水路平面的依据,即水路管道中心平面至型腔表面的距离,可取值 33 mm。

调整水路放置平面的设置如图 6 - 248 所示,完成水路的调整,如图 6 - 249 所示。

其余步骤与在 core 工件上设计跨越水路的过程相同,完成水路的创建,如图 6 - 250 所示。

显示定模侧部分,判断是否有干涉现象,如图 6 - 251 所示。由图可见,水路与螺钉发生干涉。

将水路移动一定的距离,避免与螺钉产生干涉现象,如图 6 - 252 所示。

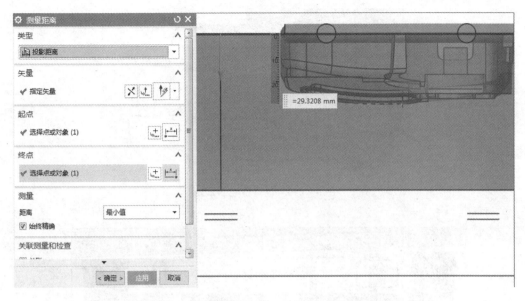

图 6 - 247　测量型腔表面至内侧腔表面的距离

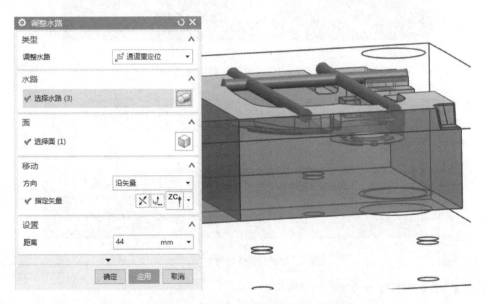

图 6 - 248　调整水路放置平面的设置

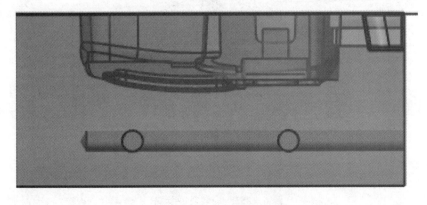

图 6 - 249　完成水路的调整

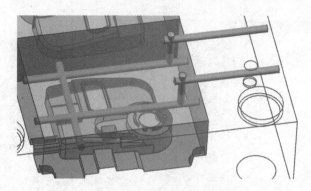

图 6 - 250　创建型腔侧水路

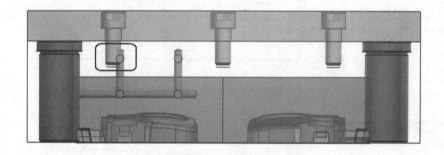

图 6 - 251　水路与螺钉干涉

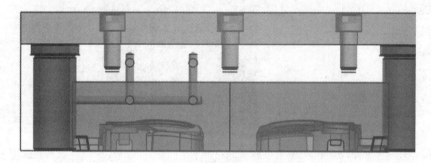

图 6 - 252　水路与螺钉不干涉

旋转复制水路,结果如图 6 - 253 所示。

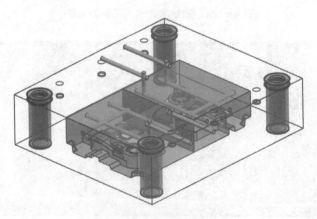

图 6 - 253　旋转复制水路

完成管塞的创建,如图 6-254 所示。

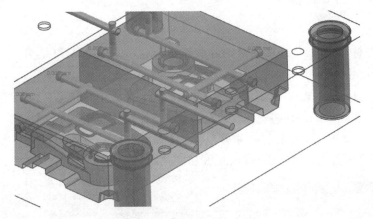

图 6-254　创建水路管塞

完成 O 形环的创建,如图 6-255 所示。

图 6-255　创建水路 O 形环

完成连接插头的创建,如图 6-256 所示。

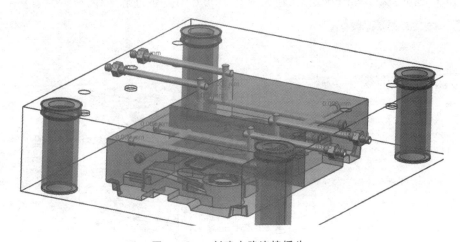

图 6-256　创建水路连接插头

## 任务十一　模具后处理操作

**1. 生成模具腔体**

导入模具的标准件之后,还需要进行开腔操作,以形成模板的最终结构。

(1) 定位圈和浇口套开腔

首先设置视图显示方式为"局部着色",单击【主要】功能区中的【腔】工具按钮 ，弹出【开腔】对话框,如图 6 - 257 所示,【模式】选择"去除材料",【目标】选择定模座板、A 板 v0_a_plate_030 和型腔 v0_cavity_001,【工具类型】采用"组件"方式,【引用集】选择"整个部件",选取定位圈和浇口套,单击【确定】按钮完成对定模座板、A 板和型腔的开腔操作。

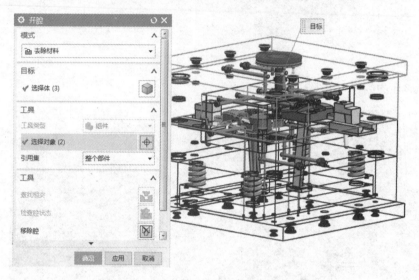

图 6 - 257　定位圈和浇口套的开腔操作

(2) 模仁在 A 板和 B 板上开腔

单击【腔】工具按钮 ，弹出【开腔】对话框,如图 6 - 258 所示,【模式】选择"去除材料",【目标】选择 A 板 v0_a_plate_030 和 B 板 v0_b_plate_051,【工具类型】采用"实体"方式,【选择对象】为 v0_pocket_025,单击【确定】按钮完成对 A 板和 B 板的开腔操作。

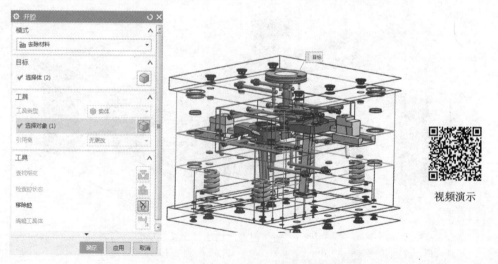

视频演示

图 6 - 258　模仁在 A 板和 B 板上的开腔操作

（3）分流道和浇口开腔

1）型芯侧流道系统开腔

显示型芯 v0_core_005 与分流道和浇口实体，单击【腔】工具按钮 ，如图 6-259 所示，【模式】选择"去除材料"，【目标】选择型芯 v0_core_005，【工具类型】采用"实体"方式，【选择对象】为分流道和浇口实体，单击【确定】按钮完成对分流道和浇口的开腔操作。

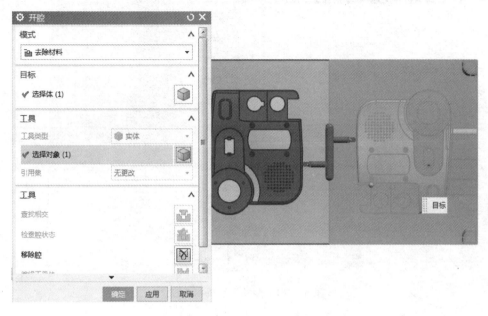

图 6-259 分流道和浇口在型芯侧开腔

2）型腔侧流道系统开腔

显示型腔 v0_cavity_001 与分流道和浇口实体，单击【腔】工具按钮 ，如图 6-260 所示，【模式】选择"去除材料"，【目标】选择型腔 v0_cavity_001，【工具类型】采用"实体"方式，【选择对象】为分流道和浇口实体，单击【确定】按钮完成对分流道和浇口的开腔操作。

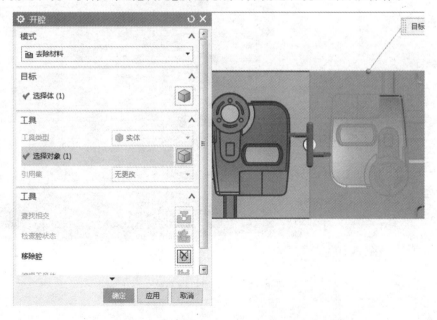

图 6-260 分流道和浇口在型腔侧开腔

（4）侧抽滑块机构开腔

单击【腔】工具按钮，如图 6-261 所示，【模式】选择"去除材料"，【目标】选择 A 板 v0_a_plate_030 和 B 板 v0_b_plate_051，【工具类型】采用"组件"方式，【选择对象】为侧抽滑块机构，【引用集】选择"整个部件"，单击【确定】按钮完成侧抽滑块机构的开腔操作。

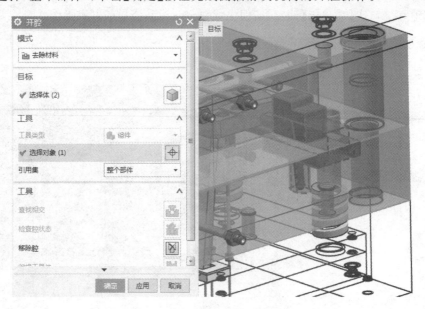

图 6-261　侧抽滑块机构开腔

（5）斜顶机构开腔

单击【腔】工具按钮，如图 6-262 所示，【模式】选择"去除材料"，【目标】选择 B 板 v0_b_plate_051 和推杆固定板 v0_e_plate_038，【工具类型】采用"组件"方式，【选择对象】为斜顶机构，【引用集】选择"整个部件"，单击【确定】按钮完成斜顶机构的开腔操作。

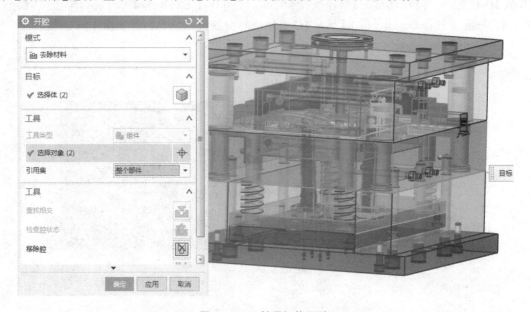

图 6-262　斜顶机构开腔

（6）冷却水路开腔

1）定模部分冷却水路开腔

只显示 A 板 v0_a_plate_030、型腔 v0_cavity_001 和冷却水路，如图 6-263 所示。单击
【腔】工具按钮，弹出【开腔】对话框，如图 6-264 所示，【模式】选择"去除材料"，【目标】选择
型腔 v0_cavity_001 和 A 板 v0_a_plate_030，【工具类型】采用"实体"方式，【选择对象】为
图 6-264 中所有水路，单击【确定】按钮完成 A 板 v0_a_plate_030 和型腔 v0_cavity_001 水路
的开腔操作。

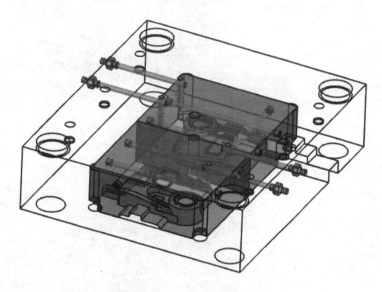

图 6-263 独立显示水路组件

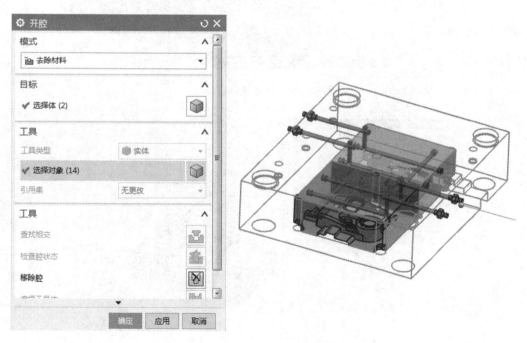

图 6-264 完成对型腔侧水路的开腔操作

同理，其他选项不变，【工具类型】采用"组件"方式，【引用集】选择"整个部件"，分别完成水
路管塞和 O 形环在型腔板以及连接插头在 A 板上的开腔操作，如图 6-265～图 6-267 所示。

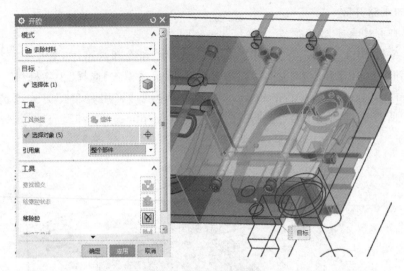

图 6-265　管塞开腔操作

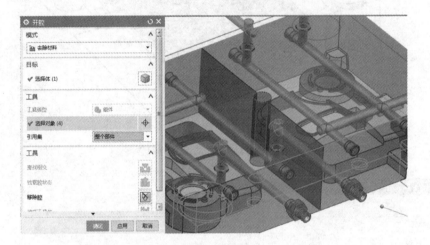

图 6-266　O 形环开腔操作

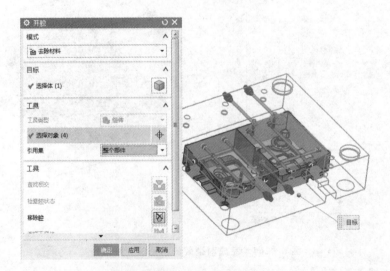

图 6-267　连接插头开腔操作

2）动模部分冷却水路开腔

同理,完成动模部分冷却水路开腔,这里不再一一赘述。

（7）拉料杆和司筒开腔

1）拉料杆开腔

选择【腔】工具按钮 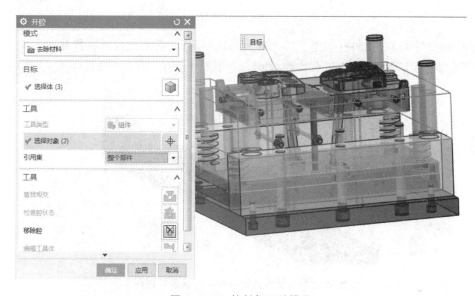,如图 6 - 268 所示,【模式】选择"去除材料",【目标】选择型芯 v0_core_005、B 板 v0_b_plate_051 和推杆固定板 v0_e_plate_038,【工具类型】采用"组件"方式,【选择对象】为拉料杆 v0_ej_pin_130,【引用集】选择"整个部件",单击【确定】按钮完成拉料杆的开腔操作。

图 6 - 268　拉料杆开腔操作

右击型芯 v0_core_005 组件,弹出如图 6 - 269 所示快捷菜单,选择【在窗口中打开】命令,单独显示型芯 v0_core_005,如图 6 - 270 所示。

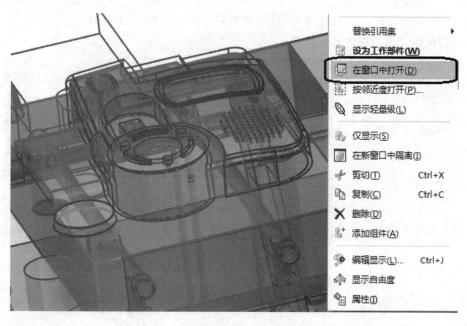

图 6 - 269　在窗口中打开型芯操作

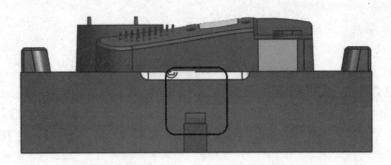

图 6-270 单独打开型芯组件

由图 6-270 可知,拉料杆在型芯内开腔后形成不通孔,需要完成通孔操作。

应用【偏置区域】命令完成通孔操作,如图 6-271 所示。

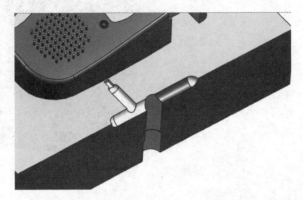

图 6-271 完成拉料杆在型芯的通孔操作

2）司筒开腔

单击【腔】工具按钮 ，如图 6-272 所示,【模式】选择"去除材料",【目标】选择型芯 v0_core_005、B 板 v0_b_plate_051、推杆固定板 v0_e_plate_038 和动模座板 v0_l_plate_033,【工具类型】采用"组件"方式,【选择对象】为司筒组件和紧定螺钉,【引用集】选择"整个部件",单击【确定】按钮完成司筒的开腔操作。

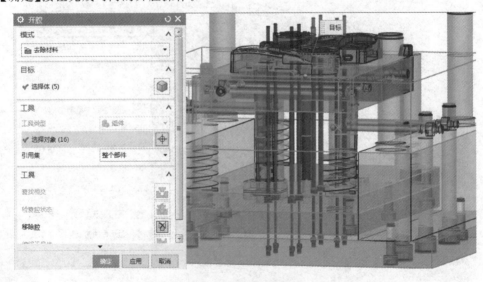

图 6-272 司筒组件开腔操作

### 2．生成模具实体

（1）链接模具装配体

切换至【装配】模式，单击【常规】功能区中的【WAVE 几何链接器】工具按钮，弹出【WAVE 几何链接器】对话框，如图 6 - 273 所示，【类型】选择"体"，选择所有的模具组件，单击【确定】按钮生成实体模型。

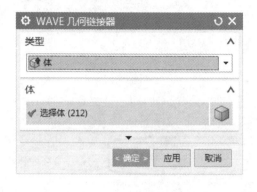
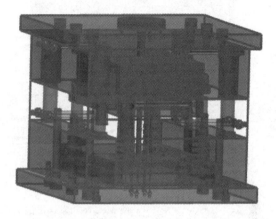

**图 6 - 273　WAVE 几何链接器链接体操作**

（2）导出模具链接实体

选择【文件】→【导出】→【部件】命令，如图 6 - 274 所示，弹出【导出部件】对话框，如图 6 - 275 所示，单击【指定部件】，为导出的文件建立名称和导出位置，如图 6 - 276 所示；单击图 6 - 275 中的【类选择】，弹出如图 6 - 277 所示的对话框，选择全部链接实体，单击【确定】按钮完成模具链接实体的导出。

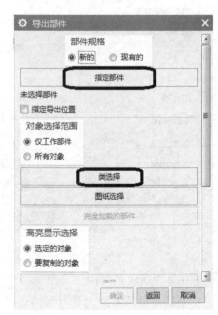

**图 6 - 274　选择导出部件操作**　　　　**图 6 - 275　导出部件操作对话框**

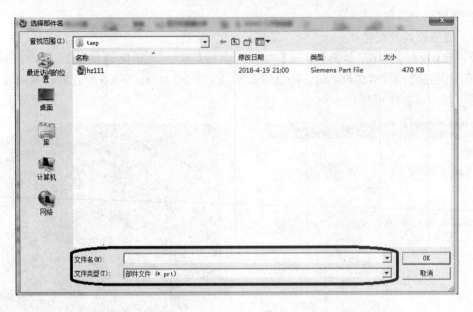

图 6-276　为导出的文件建立名称和导出位置

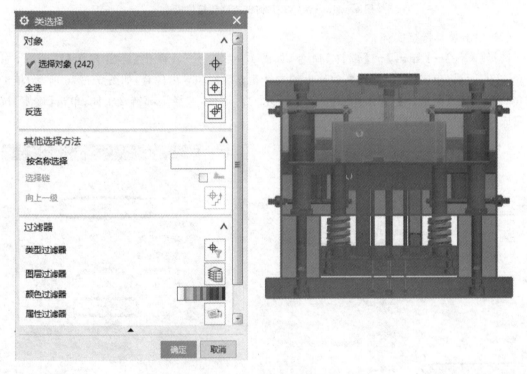

图 6-277　类选择实体操作

（3）整理模具结构

完成一模两腔型腔和型芯的合并操作，如图 6-278（a）、（b）所示。

完成对水路、流道等腔体的删除，最终完成模具设计，如图 6-279 所示。

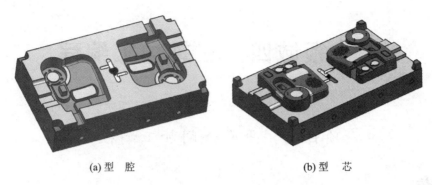

(a) 型　腔　　　　　　　　　　　　　　(b) 型　芯

图 6 - 278　合并型腔和型芯实体

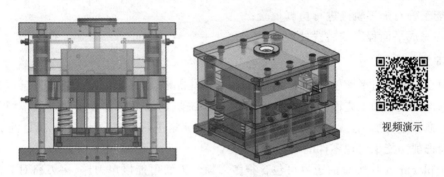

视频演示

图 6 - 279　最终完成模具设计

## 项目综合评价表

电话机壳产品注塑模具设计项目综合评价表

| 评价类别 | 序　号 | 评价内容 | 分　值 | 得　分 |
|---|---|---|---|---|
| 成果评价(50分) | 1 | 产品模具设计是否符合客户要求 | 15 | |
| | 2 | 模具设计过程是否合理 | 15 | |
| | 3 | 模具设计操作命令的使用是否正确 | 5 | |
| | 4 | 是否正确掌握了模具设计的理论知识 | 5 | |
| | 5 | 是否有创新技能操作 | 10 | |
| 自我评价(25分) | 1 | 学习活动的主动性 | 7 | |
| | 2 | 独立解决问题的能力 | 5 | |
| | 3 | 工作方法的正确性 | 5 | |
| | 4 | 团队合作 | 5 | |
| | 5 | 个人在团队中的作用 | 3 | |
| 教师评价(25分) | 1 | 工作态度 | 7 | |
| | 2 | 工作量 | 5 | |
| | 3 | 工作难度 | 3 | |
| | 4 | 工具的使用能力 | 5 | |
| | 5 | 自主学习 | 5 | |
| 项目总成绩(100分) | | | | |

# 工作领域四  三轴加工编程

## 项目七  平面铣削加工编程

### 项目目标

① 能正确使用平面加工的基本加工策略；
② 能正确对加工轨迹进行仿真校验；
③ 能完成平面程序的后置处理。

### 项目简介

本项目主要学习平面铣削加工，主要使用 mill_planar 工序类型加工带竖直壁或与刀轴平行壁的部件。基于加工先面后孔的加工原则，平面铣削是加工的首要步骤，可以对粗基准、精基准等基准面进行加工，或者对平面元素、倾斜平面元素进行加工。因此，本项目的 PL1 主要利用平面铣削功能来实现零件的编程和加工。

mill_planar 工序类型的边界可包含很多刀轨。刀轨可能以单刀路、多刀路对腔的整个内部进行切削。

CAM 软件编程都是在加工工艺基础上进行的，没有工艺的编程是没有意义的。本项目将对平面元素的铣削加工进行讲解，以使学生掌握基本零件的加工工艺和 CAM 加工策略。

### 项目分析

本项目通过典型的平面类零件，学习面铣削加工的加工参数设定和加工方法。其中，主要根据面域的特点来选择不同的加工方法，并设置恰当优化的加工刀具路径，编制合理优化的加工程序，进而加工出合格的零件产品。

### 项目操作

### 任务一  零件模型绘制操作

要绘制的零件如图 7 - 1 所示。

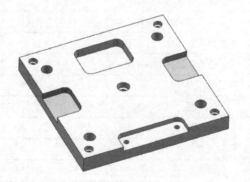

视频演示

图 7 - 1  PL1 零件图

## 任务二　零件分析操作

应用 NX 软件打开名称为 PL1 的零件,通过如图 7-2 所示的分析工具,使用【测量距离】【测量角度】【局部半径】等功能来针对零件的大小、长度、圆角、高度、深度等基础信息进行分析,如图 7-3 所示。通过分析才可以选择适合的刀具大小、刀具圆角、装夹方式和铣削方法等。经过分析,PL1 零件的基本尺寸为 300 mm×300 mm×31.75 mm,最小圆角为 13 mm,最小孔的直径为 9 mm,开放槽深度为 10 mm,封闭槽深度为 18 mm,最小孔为深 31.75 mm 的通孔,如图 7-4 所示。

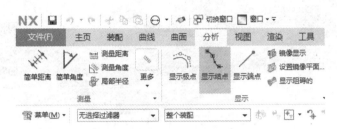

图 7-2　分析工具

图 7-3　测量界面

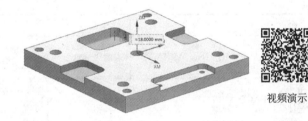

视频演示

图 7-4　测量结果显示界面

## 任务三　平面零件加工工艺分析操作

### 1. 毛坯选择

该零件属于半成品毛坯,只有毛坯上表面有余量,其余量为 3 mm,如图 7-5 所示,依据当前毛坯进行工艺分析。

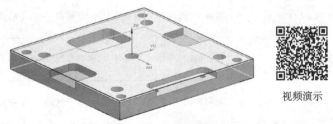

视频演示

图 7-5　毛坯示意图

## 2. 定位夹紧

根据零件的形状,采用虎钳装夹,露出足够的加工高度,同时采用打表的方式找正上表面的平面度,以保证上表面水平。如图 7-6 所示为工件装夹示意图。

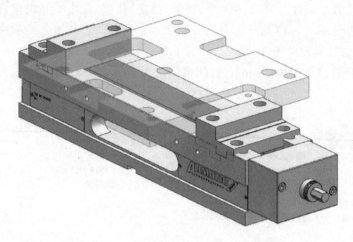

视频演示

图 7-6　工件装夹示意图

## 3. 加工方法与加工顺序

（1）平面加工方法的确定

根据零件图上各加工表面的加工元素,平面铣削加工中主要学习以下几种加工方法,如表 7-1 所列。

表 7-1　加工方法类型列表

| 图标 | 英文名称 | 中文名称 | 说明 |
|---|---|---|---|
|  | FACE_MILLING_AREA | 表面区域铣 | 适用于在实体模型上使用"切削区域""壁几何体"等几何体类型进行半精加工和精加工 |
|  | FACE_MILL | 面铣 | 适用于在实体模型上使用"面边界"等几何体类型进行半精加工和精加工 |
|  | FACE_MILL_MANUAL | 手工面铣 | 适用于在实体模型上使用"切削区域""壁几何体"等几何体类型进行半精加工和精加工,并且可独立指定各个切削区域的切削模式 |
|  | PLANAR_MILL | 平面铣 | 平面加工的基本工序,适用于使用各种切削模式进行平面类工件的粗加工和精加工 |
|  | PLANAR_PROFILE | 平面轮廓铣 | 适用于无须指定毛坯几何体,仅使用"轮廓加工"切削模式精加工侧壁轮廓 |
|  | ROUGH_FOLLOW | 跟随工件粗铣 | 适用于使用"跟随部件"切削模式进行区域的粗加工 |
|  | ROUGH_ZIGZAG | 往复粗铣 | 适用于使用"往复"切削模式进行区域的粗加工 |
|  | ROUGH_ZIG | 单向粗铣 | 适用于使用"单向轮廓"切削模式进行区域的粗加工 |

| 图 标 | 英文名称 | 中文名称 | 说 明 |
|---|---|---|---|
| | CLEANUP_CORNERS | 清根轮廓铣 | 适用于使用"跟随部件"切削模式清除以前操作在拐角留下的残留材料 |
| | FINISH_WALLS | 精铣壁 | 适用于使用"轮廓加工"切削模式精加工侧壁轮廓,默认情况下,自动在底平面留下余量 |
| | FINISH_FLOOR | 精铣底面 | 适用于使用"轮廓加工"切削模式精加工平面,默认情况下,自动在侧壁留下余量 |

（2）加工顺序的确定

遵循"先基准后其他""先面后孔"的原则,首先加工上表面,然后加工开放区域的凹腔,以保证中间的刚性,最后加工封闭凹腔。在加工过程中,应安排校直工序;在半精加工之后,安排去毛刺和中间检验工序;在精加工之后,安排去毛刺、清洗和终检工序。

**4. 刀具选择**

根据模型大小、内圆角大小、凹腔加工深度、现有的刀具条件,推荐选择的刀具类型如表 7 - 2 所列。

表 7 - 2 刀具表

| 产品名称 | | 平面工件 | 零件名 | PL1 | | | | 零件图号 | 1 |
|---|---|---|---|---|---|---|---|---|---|
| 工步号 | 刀具号 | 刀具型号 | 刀柄型号 | 刀 具 | | | | 备 注 | |
| | | | | 直径 $D$/mm | 长度 $H$/mm | 刀尖半径 $R$/mm | 刀尖方位 $T$ | | |
| 1 | T01 | $\phi$60 面铣刀 | BT40 | $\phi$60 | 80 | 0.8 | 0 | | |
| 2 | T02 | $\phi$20 立铣刀 | BT40 | $\phi$10 | 50 | 0.1 | 0 | | |
| 3 | T03 | $\phi$10 立铣刀 | BT40 | $\phi$10 | 50 | 0.1 | 0 | | |
| 编制 | | 审核 | | 批准 | | | 共 页 | | 第 页 |

**5. 切削用量的选择**

切削用量的选择如表 7 - 3 所列。

表 7 - 3 切削用量选择表

| 序 号 | 加工内容 | 刀具号 | 主轴转速/(r·min$^{-1}$) | 进给量/(mm·r$^{-1}$) | 背吃刀量/mm |
|---|---|---|---|---|---|
| 1 | 加工上平面 | T01 | 200 | 60 | 0.5 |
| 2 | 粗加工所有凹腔 | T02 | 1000 | 30 | 0.5 |
| 3 | 精加工所有凹腔 | T03 | 1500 | 300 | 0.5 |

**6. 加工工艺方案**

定位基准有粗基准和精基准之分,通常先确定精基准,然后再确定粗基准。综上所述,该零件工序的安排顺序为:基准加工—主要表面粗加工及一些余量大的表面粗加工—主要表面半精加工和次要表面加工—热处理—主要表面精加工,如表 7 - 4 所列。

表7-4  数控加工工艺卡片(简略卡)

| 机械加工工艺卡片 | | 产品型号 | | 零件图号 | | 共1页 |
|---|---|---|---|---|---|---|
| | | 产品名称 | | 零件名称 | | 第1页 |
| 材　料 | 毛坯种类 | 毛坯外形尺寸 | 毛坯件数 | 加工数量 | | 程序号 |
| 45# | 方料 | | 1 | | | |
| 工序号 | 工序名称 | 工序内容 | | 加工设备 | | |
| 1* | 加工上平面 | 粗铣上平面,预留0.2 mm精加工余量,然后按照上表面尺寸进行精加工,并保证31.75 mm的尺寸公差 | | | | |
| 2* | 粗加工所有凹腔 | 粗加工开放区域凹腔和封闭区域凹腔,采用直径20 mm的刀具进行粗加工 | | XK714 | | |
| 3* | 精加工所有凹腔 | 精加工开放区域凹腔和封闭区域凹腔,采用直径10 mm刀具进行精加工,包括凹腔底面的精加工 | | | | |
| 4 | 去毛刺 | 手工去除棱边的加工毛刺 | | — | | |
| 5 | 中检 | 检测本工序加工后的尺寸精度 | | — | | |
| 6 | 热处理 | 使调质处理达到要求 | | — | | |
| 7 | 校正尺寸 | 检测多项相关尺寸,进行产品的合格性检验 | | — | | |
| 8 | 清洗 | 清洗油渍和冷却液等 | | | | |

注:*为CAM加工自动编程工序内容。

## 任务四　平面零件程序编制准备操作

### 1. 知识点与技能点

平面铣削加工过程的知识点与技能点分解如表7-5所列。

表7-5  平面铣削加工过程的知识点与技能点分解表

| 序　号 | 平面铣削加工方法 | 知识点 | 技能点 |
|---|---|---|---|
| 1 | PL1零件的坐标系设定 | 坐标系的作用;坐标系Z向的具体应用;坐标系的选择原则 | 学会应用NX软件的坐标系创建功能创建坐标系的方式、方法 |
| 2 | PL1零件的毛坯设置 | 毛坯的作用;毛坯设置的方法;毛坯设置对于仿真的作用 | 学会毛坯的设置方法和设置过程 |
| 3 | PL1零件的刀具创建 | 刀具创建的意义;刀具创建的类型;刀具的创建与仿真和刀路的关系 | 学会创建不同类型的刀具;学会使用不同刀具类型进行程序编制 |

| 序　号 | 平面铣削加工方法 | 知识点 | 技能点 |
|---|---|---|---|
| 4 | PL1 零件的工序创建 | 工序的分类和特点主要包含：<br>表面区域铣；<br>面铣削；<br>表面手工铣；<br>平面铣；<br>平面轮廓铣；<br>跟随工件粗铣；<br>往复粗铣；<br>单向粗铣；<br>清根轮廓铣；<br>精铣侧壁；<br>精铣底面 | 学会根据不同元素选择不同的工序子类型；<br>表面区域铣；<br>面铣削；<br>表面手工铣；<br>平面铣；<br>平面轮廓铣；<br>跟随工件粗铣；<br>往复粗铣；<br>单向粗铣；<br>清根轮廓铣；<br>精铣侧壁；<br>精铣底面 |
| 5 | PL1 零件程序的仿真 | 程序仿真的目的和意义 | 学会使用 NX 软件的仿真功能和步骤 |
| 6 | PL1 零件程序的生成 | 后处理的方式、方法 | 学会根据设备生成 G 代码程序 |

**2. 坐标系设定**

编程坐标系就是工件坐标系，在软件编程中设置的坐标系与实际机床上加工工件时通过坐标系找正方法找到的坐标系位置要一一对应，这样才能保证加工的一致性。

双击打开 NX 软件，单击【打开】工具按钮，选择打开命名为"PL1.prt"的数模文件。单击【应用模块】→【加工】工具按钮，如图 7 - 7 所示，弹出如图 7 - 8 所示【加工环境】对话框，按图中所示在【CAM 会话配置】和【要创建的 CAM 设置】列表框中选择指定项，进入加工环境。单击【创建几何体】工具按钮，弹出如图 7 - 9 所示对话框，在【几何体子类型】区域中选择坐标系图标；可以根据需要修改几何体的名称，此处修改为"10 - 1 - 01"。创建的坐标系如图 7 - 10所示。选择圆心为坐标系原点，单击【确定】按钮完成坐标系的创建。

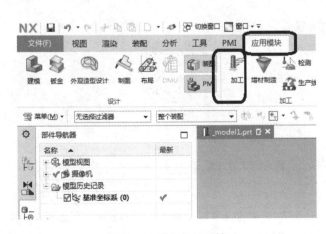

图 7 - 7　进入加工环境

图 7 - 8　加工环境配置

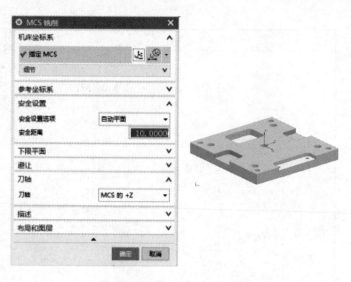

图 7-9　创建几何体(坐标系)　　　　　　　图 7-10　【MCS 创建】对话框

在设置坐标系的过程中,坐标点和方向的确定有很多种方法,以上确定坐标系的方法与在建模过程中创建建模坐标系的方法完全相同。如图 7-11 所示为要创建的坐标系的各种类型,应根据模型的实际情况进行选择,同时考虑工件在机床上找正坐标系时的困难程度,因此在选择编程坐标系的类型时,要尽可能选择便于实际机床找正的坐标系类型,以简化编程和计算过程。在坐标系的设置中,$X$、$Y$、$Z$ 三个轴的正方向要与机床实际夹持的工件方向完全一致,并保证 $Z$ 轴的朝向为刀轴的方向。

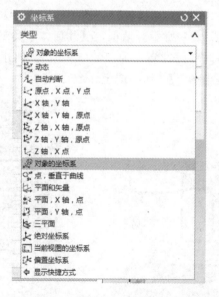

视频演示

图 7-11　坐标系创建的类型

### 3. 毛坯设置

单击【创建几何体】工具按钮,单击【几何体子类型】区域中的"WORKPIECE"图标,名称默认"WORKPIECE_1",如图 7-12 所示,单击【确定】按钮弹出【工件】对话框,单击【指定部件】图标,选择平面零件为部件,单击【指定毛坯】图标,弹出【毛坯几何体】对话框,如图 7-13 所示,选择【类型】为"包容块",【限制】设置 $Z$ 轴正向为 3 mm,单击【确定】按钮完成毛坯的创建。

图 7 - 12 创建几何体(平面零件)

视频演示

图 7 - 13 毛坯几何体(平面零件)

　　创建毛坯的方法很多,如图 7 - 14 所示,应根据实际情况进行选择,后续项目会选择不同的方法创建毛坯。

图 7 - 14 毛坯几何体的创建类型(平面零件)

使用"毛坯几何体"指定的是要从中切削的材料,如锻造或铸造。通过从最高的面向上延伸切削到毛坯几何体的边,可以轻松快速地移除部件几何体特定层上方的材料。

有效几何体的选项有:(首选)片体或实体,小平面体,曲面区域,面,曲线。

在几何体父项中定义"毛坯几何体"时,还可将毛坯指定为:包容快 ,部件的偏置 ,包容圆柱体 ,IPW-过程工件 ,部件凸包 ,部件轮廓 。

软件中使用"毛坯几何体"来定义要移除的材料。刀具可以切透或直接进刀至毛坯几何体,因为它不代表最终部件。

### 4. 刀具创建

刀具的创建需根据工艺分析中所列的刀具表来创建所有的刀具,以便在程序编写时随时调用不同大小的刀具。创建刀具时可以完整地创建刀片、刀杆、夹持器、刀柄、拉钉等所有刀具内容,当然,对于简单刀具或者经验较多的编程者来说,可以进行不完全创建,但是一定要知道刀具的基本参数,因为在实际使用中要用到刀具的基本参数,例如刀具的露出长度、直径、圆角、刃长和齿数。创建的刀具如图 7-15 所示。

使用【创建刀具】对话框是要定义在工序中使用的切削刀具。定义刀具时,可以直接输入刀具参数;也可以从软件提供的库中调用刀具;还可以在工序导航器中复制刀具,并对其参数进行修改后再次新建刀具。

图 7-15 创建的刀具(平面零件)

如果从工序导航器中的某个节点访问【创建刀具】对话框,则新刀具的位置取决于所选定的节点。如果该节点是有效的父级节点,则会在该父级节点下创建刀具;否则,将在默认父级节点下创建刀具。

创建刀具表 7-2 中刀具的方法是:单击【创建刀具】工具按钮,弹出如图 7-16 左图所示【创建刀具】对话框,按图选择【刀具子类型】,修改刀具【名称】为"D60",单击【确定】按钮弹出

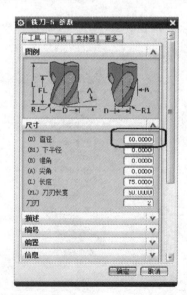

图 7-16 创建面铣刀刀具(平面零件)

如图 7-16 右图所示的刀具参数对话框,在图中修改刀具【直径】为 60 mm,单击【确定】按钮完成面铣刀的创建。采用相同的方法创建直径为 10 mm、8 mm 的立铣刀。单击机床视图图标可以看到所创建的所有刀具,如图 7-17 所示。如果需要输入刀具的其他详细参数,则必须按照刀具手册或刀具说明书正确地输入,否则会影响加工效果。刀柄和夹持器的参数输入界面如图 7-18 所示,只需输入相应参数即可。一般需要输入的刀具参数有:刀具直径、刀具长度、刀刃长度、刀刃齿数、刀具号码、刀具夹持器的直径和长度、刀柄形状的基本参数。输入完成后即可看到界面中的刀具和刀柄形状,如图 7-19 所示。

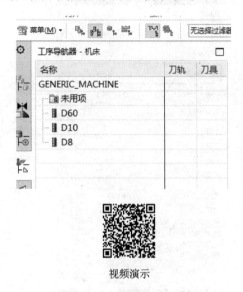

视频演示

图 7-17 机床视图(平面零件)

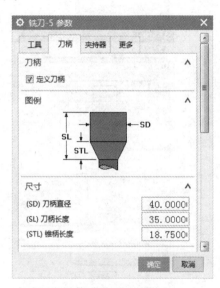

图 7-18 刀柄和夹持器参数输入界面(平面零件)

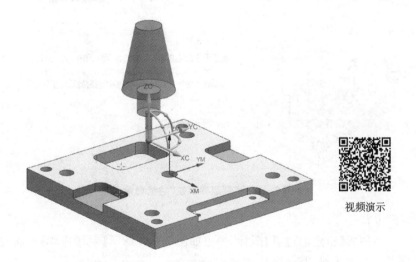

视频演示

图 7-19 刀具示意(平面零件)

## 任务五 平面零件程序编制操作

### 1. 面 铣

在创建面铣工序时,必须选择面、曲线或点来定义垂直于待切削层处刀轴的平面边界。由于面铣是在相对于刀轴的平面层移除材料,因此不平的表面以及垂直于刀轴的面将被忽略。

对于每个指定的要加工的切削区域,最终都将从几何体创建开始,然后在不过切部件的情况下对已标识的区域进行切削。

单击【创建工序】工具按钮,弹出【创建工序】对话框,如图 7－20 所示,选择【工序子类型】中的"面铣"图标,选择【刀具】为 D60,选择【几何体】为"WORKPIECE_1",选择【方法】为"MILL_ROUGH",选择程序【名称】为"FACE_1",单击【确定】按钮弹出【面铣】参数设置对话框,如图 7－21 所示。面铣的功能说明如图 7－22 所示。

图 7－20  创建"面铣"工序

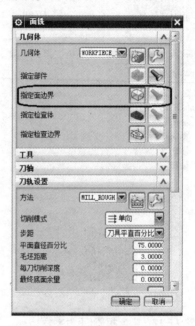

图 7－21  【面铣】对话框

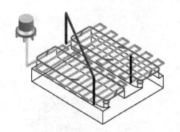

**带边界面铣**

垂直于平面边界定义区域内的固定刀轴进行切削。

选择面、曲线或点来定义与要切削层的刀轴垂直的平面边界。

建议用于线框模型。

图 7－22  "带边界面铣"功能说明

（1）指定面边界

单击图 7－21 中的【指定面边界】图标,弹出如图 7－23 所示【毛坯边界】对话框,选择上表面最外边的四条边为边界线,其余默认。

有以下三种方法可以指定面边界:

第一种——线。在"创建永久边界"时,可利用所创建的"边界"作为修剪边界或其他任意边界。在使用时只许定义修剪其内部或外部。当作为其他边界使用时,仅定义其材料侧即可。

第二种——面。当选择模式为面时,系统将自动采用所选面的边缘线作为边界,因此只需定义其修剪侧或材料侧即可。但要注意:当使用面时并没有定义要投影的选项,因此,若想把采用面模式选择的边界进行投影,只有在选完面之后先单击【确定】按钮退出,然后再编辑把所选择的边界投影到某一平面,同时还要注意忽略孔、岛和倒角的使用(所选择的面可以是其他任意面)。

　　第三种——点。此选择方法只对切削线进行修剪起作用,所以在使用时一定要注意。进刀线和退刀线永远不会超越"部件边界"和"检查边界"。

　　可使用检查边界及指定的部件几何体来定义刀具必须要避免的区域。检查边界的指定方法与边界相同。此项目因为是加工上表面,采用虎钳装夹,所以不需要设置检查边界。

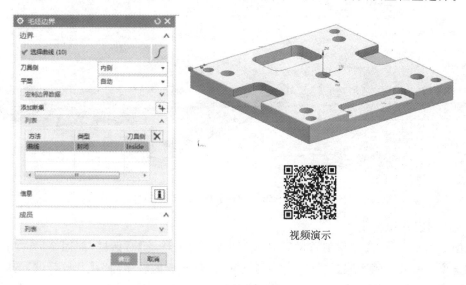

视频演示

图 7 - 23　指定面边界(面铣)

　　(2)刀轨设置

　　按图 7 - 24 中的选项,对图 7 - 21 中的下列刀轨参数进行设置:切削【方法】为"MILL_ROUGH",【切削模式】为"往复",【步距】为"刀具平直百分比",【平面直径百分比】为 50%,【毛坯距离】为 3 mm,【每刀切削深度】为 0.5 mm,【最终底面余量】为 0.2。

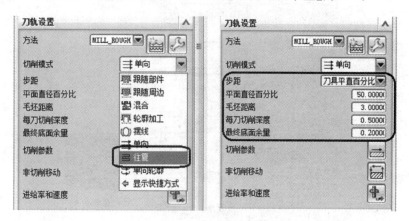

图 7 - 24　刀轨设置(面铣)

　　(3)切削参数

　　在图 7 - 24 中单击【切削参数】图标,弹出【切削参数】对话框,如图 7 - 25 所示。设置【切削方向】为"顺铣",【切削角】为"指定",指定【与 XC 的夹角】为 180°,其余参数保持默认。

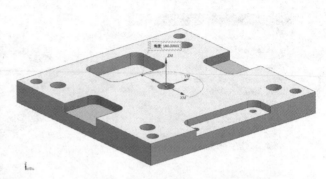

图 7 - 25    切削参数(面铣)

(4) 非切削移动参数

在图 7 - 24 中单击【非切削移动】图标,弹出【非切削移动】对话框,如图 7 - 26 所示。在【进刀】选项卡中,【封闭区域】的【进刀类型】设置为"与开放区域相同",【开放区域】的【进刀类型】设置为"线性",其【长度】为 60 mm;在【退刀】选项卡中,设置【退刀类型】为"抬刀",其余保持默认。单击【确定】按钮完成设置。

视频演示

图 7 - 26    非切削移动参数(面铣)

非切削移动参数用于指定在切削移动之前、之后以及之间对刀具进行移动定位,包括刀具补偿。非切削移动可控制如何将多个刀轨段连接成为在一个操作中相连的完整刀轨。

非切削移动可简单到进行单个进刀和退刀的运动,或复杂到进行一系列定制的进刀、退刀和移刀(离开、进刀、逼近)的运动。设计这些运动的目的是协调刀路之间的多个部件曲面、检查曲面和优化加工路径。【非切削移动】对话框中有 6 个选项卡:进刀、退刀、起点/钻点、转移/快速、避让和更多,下面仅介绍前 5 个。

1)"进刀"选项卡

"进刀"选项卡主要设置加工区域为封闭区域或开放区域时的进刀参数。封闭区域指刀具到达当前切削层(深度加工)之前必须切入部件材料的区域。开放区域指刀具可以凌空进入当前切削层(深度加工)的区域。部分选项含义如下:

① 进刀类型(封闭区域):指定刀具的切入方式。它包括与开放区域相同、螺旋、沿形状斜进刀、插削和无。

ⓐ "与开放区域相同":只设置开放区域的进刀参数,封闭区域的进刀参数与其相同。

ⓑ "螺旋":创建与第一个切削运动相切的、无碰撞的螺旋状进刀移动,包括:

• 直径:螺旋线的默认直径是刀具直径的 90%,允许螺旋线与刀轨有 10% 的重叠。

• 倾斜角度:控制刀具切入材料内的斜度,该角度在与部件表面垂直的平面中进行测量,其值必须大于 0° 且小于 90°。

ⓒ "沿形状斜进刀":创建一个倾斜进刀移动,该进刀会沿第一个切削运动的形状移动,包括:

• 倾斜角度:控制刀具切入材料内的斜度,该角度在与部件表面垂直的平面中进行测量,其值必须大于 0° 且小于 90°。

ⓓ "插削":直接从指定的高度进刀到部件内部,但高度值必须大于要加工的表面所剩余材料的量。

ⓔ "无":不输出任何进刀移动,这可消除在刀轨起点的相应的逼近移动,并消除在刀轨终点的离开移动。

② 进刀类型(开放区域):开放区域的进刀类型有 9 种。其中,"与封闭区域相同"方式使用与"封闭区域"相同的设置。"线性"方式会在与第一个切削运动相同方向的指定距离处创建进刀移动。"线性-相对于切削"方式创建与刀轨相切(如果可行)的线性进刀移动,这与"线性"方式的操作相同,除了旋转角度始终相对于切削方向。"圆弧"方式创建一个与切削移动起点相切(如果可能)的圆弧进刀移动。"点"方式将为线性进刀指定起点。"线性-沿矢量"方式使用矢量构造器定义进刀方向。"角度-角度-平面"方式通过指定旋转角度、倾斜角度和起始平面来定义进刀方向。"矢量平面"方式指定起始平面,使用矢量构造器定义进刀方向。"无"方式不创建进刀移动。

2)"退刀"选项卡

"退刀"选项卡控制退刀的参数设置。其选项设置与"进刀"选项卡中的进刀设置相同,这里不再赘述。

3)"起点/钻点"选项卡

"起点/钻点"选项卡用于设置切削的多个起点和预钻点,这些点在默认情况下是对齐的。"起点/钻点"选项卡各选项的含义如下:

• 重叠距离:指定切削结束点与起点的重合深度。刀轨在切削原始起点的两侧同等地重叠(A 为重叠距离)。

• 有效距离:选择"指定",以输入一个最大值,使程序忽略该距离以外的值;选择"无",程序将使用任何点。

• 预钻点:代表预先钻好的孔,刀具将在没有任何特殊进刀的情况下下降到该孔处,并开始加工。

4）"转移/快速"选项卡

"转移/快速"选项卡的作用是指定如何从一个切削刀路移动到另一个切削刀路。"转移/快速"选项卡各选项的含义如下：

- 安全设置：设置安全平面。其中包含 4 种类型："使用继承的"类型指使用 MCS 中指定的安全平面；"无"类型指不使用安全平面；"自动"类型指将安全距离值添加到消除部件几何体的平面中。"平面"类型指使用平面构造器来为该操作定义安全平面。
- 安全距离：指定刀尖与前一个平面、毛坯平面或最小安全 Z 值平面之间的距离。
- 传递类型（区域之间）：指定要将刀具移动到的位置。传递类型有 5 种："间隙"类型指返回到用"安全距离"选项指定的安全几何体；"前一平面"类型指返回可以安全传递的前一深度加工（切削层）；"直接"类型指在两个位置之间进行直接连接；"最小安全值"类型是在无过切情况下，软件首先自动应用直接运动，如果有过切，则软件自动使用最小的安全值，并使用先前的安全平面；"平面"类型指定切削层中最高的平面。

5）"避让"选项卡

"避让"选项卡用于设置刀具的避让，如出发点、起点、返回点和回零点。"避让"选项卡中有 4 个选项组，各选项组中的选项含义均相同。因此，仅介绍其中一个选项组的选项：

- 点：包括"无"和"指定"选项。"无"选项即不指定出发点；"指定"选项则可通过点构造器或通过选择预定义点来定义出发点。

（5）指定主轴转速

在图 7-24 中单击【进给率和速度】图标，弹出【进给率和速度】对话框，如图 7-27 所示。在【主轴速度】区域中，设置【输出模式】为"RPM"，【主轴速度】为"196"，【方向】为"顺时针"；在

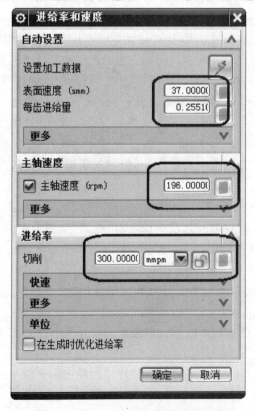

视频演示

图 7-27　进给参数（面铣）

【进给率】区域中,【切削】设为 300 mmpm,展开【更多】,其中的各参数分别设为 1 500、1 000、800、800、1 200、1 300、1 500、1 000、300、300,单位均为 mmpm。其余参数保持默认。单击【确定】按钮完成设置。

【进给率和速度】对话框用于指定主轴速度和进给率。该对话框包括 3 个选项区域:自动设置、主轴速度和进给率。

1) 自动设置

【自动设置】选项区域用来控制表面速度和每齿进给量。各选项的含义如下:

- 设置加工数据:单击【设置加工数据】图标,可从加工数据库中调用与用户所选择的部件材料相匹配的加工数据。
- 从表中重置:在部件材料、刀具材料、切削方法和切削速度参数指定完毕后,单击【从表中重置】图标,就会使用这些推荐的参数从预定义表中抽取适当的【表面速度】和【每齿进给量】值。之后,根据处理器的不同("车""铣"等),这些值将用于计算主轴速度和切削进给率。

2) 主轴速度

主轴速度用来确定刀具转动的速度,单位是转/分钟。在【主轴速度】选项区域中选中"主轴速度"复选框,用户可自行定义主轴转速的参数,包括:

- 输出模式:此选项定义了主轴速度定义的方式,如 rpm 表示每分钟转数,sfm 表示每分钟曲面英尺,smm 表示每分钟曲面米。
- 范围:选中"主轴速度"复选框,激活范围文本框,文本框内允许输入主轴速度的范围,其值通常为数字。

3) 进给率

"进给率"选项区域用于设置切削参数和单位。用户设置了主轴速度后,程序会自动定义一个默认的进给率。各选项的含义如下:

- 快速:只适用于刀轨和 CLSF(刀位置源文件)中的下一个转折点。后续的运动使用上一个指定的进给率。
- 移刀:当"进刀/退刀"选项卡中的"传递类型"选为"前一平面"(而不是"安全平面")时,用于快速水平非切削运动的进给率。
- 单位:允许将所有的切削进给率单位设置为"英寸/分钟"、"英寸/转"或"无"。

(6) 创建刀具轨迹

单击【面铣】对话框(见图 7 - 21)最下方的【生成】图标 ,完成对面铣工序 FACE_1 的刀具轨迹的创建。

如图 7 - 21 所示的【面铣】对话框最下方常用的三个图标按钮的功能如下。

1)【生成】图标

【生成】图标执行刀具轨迹创建的命令。在所有的切削参数设置完成后,单击【生成】图标,程序自动生成刀具轨迹,并显示在模型加工面上。

2)【重播】图标

【重播】图标刷新图形窗口并重新播放刀具轨迹。

3)【确认】图标

正确生成刀具轨迹后,使用【确认】功能可以动画模拟刀具轨迹及加工过程。单击【确认】图标弹出【刀轨可视化】对话框,其中有 2 个选项卡:重播和 3D 动态。

（a）"重播"选项卡

重播刀具路径是沿着刀轨显示刀具的运动过程。在重播时，用户可以完全控制刀具路径的显示，既可查看程序对应的加工位置，也可查看刀位点对应的程序。"重播"选项卡中各选项的含义如下：

- 刀具：指定刀具显示的类型，如线框、点、轴、刀具和装配。"线框"表示用线框来显示刀具，"点"表示用点来显示刀具，"轴"表示用刀具轴来显示刀具，"刀具"表示以实体来显示刀具，"装配"表示以装配形式来显示刀具（包括夹持器，仅当前面设置了夹持器时才有效）。
- 2D除料：选中此复选框，将以二维方式显示材料被移除的过程。此选项主要用于车削操作。
- 运动显示：指定在图形区显示刀具的某部分。在【刀轨】下拉列表框中包含7个选项。"全部"表示显示整个刀具路径；"当前层"表示仅在当前工作层显示刀具路径；"开始运动到当前运动"表示从路径的起始位置运动到当前选择的位置；"下n个运动"表示显示在某个程序节点之前的刀具路径；"＋/－n个运动"表示在某个运动的前、后显示n个单位数的刀路，例如，在"运动数"文本框中输入1，则将在选定程序节点的前、后显示一段运动轨迹；"警告"表示仅显示警告专家点拨的刀具路径；"过切"表示仅显示过切的刀具路径。
- 运动数：在其中输入不超过总程序段的数字。此选项仅当选择了"＋/－n个运动"选项时才有效。
- 在每一层暂停：仅当选择了"当前层"选项时，此选项才被激活。它表示刀具运动将在每一个图层上暂停。
- 检查选项：该选项用来设置过切检查。单击此功能按钮，弹出"过切检查"对话框。

（b）"3D动态"选项卡

3D动态是三维实体以IPW（处理中的文件）的形式来显示刀具切削过程，其模拟过程非常逼真。"3D动态"选项卡中各选项的含义如下：

- IPW分辨率：设置IPW的显示分辨率。在其下拉列表框中有粗糙、中等和精细3种分辨率选项。
- 显示选项：控制IPW的显示状态。单击【显示选项】按钮，弹出【3D动态选项】对话框，通过此对话框可以设置运动数、IPW颜色、动画精度和IPW透明度等。
- IPW：指定是否生成IPW模型。"无"选项表示不生成IPW，"保存"选项将模型保存为IPW，"另存为组件"选项表示将生成IPW后的模型保存为组件。
- "小平面化的实体"选项组：其作用是将模型中的小平面体指定为IPW、过切或过剩。先选择IPW、过切或过剩中的一个类型，再单击【创建】按钮，则在模型中创建该类型的几何体。单击【删除】按钮即可删除所创建的类型，单击【分析】按钮可分析该类型的模型。

（7）生成刀具轨迹仿真

在图7-28中单击【确认】图标，弹出【刀轨可视化】对话框，切换到【3D动态】选项卡，将【动画速度】调整为"10"，单击播放按钮，最终的仿真图如图7-29所示。

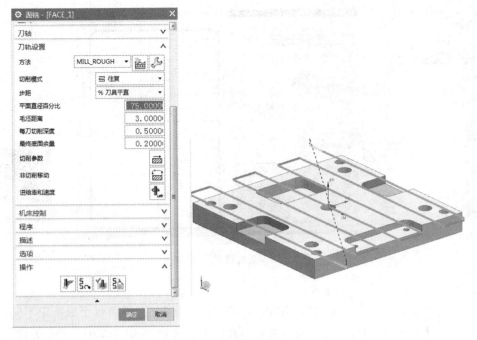

图 7-28　刀具轨迹（面铣）

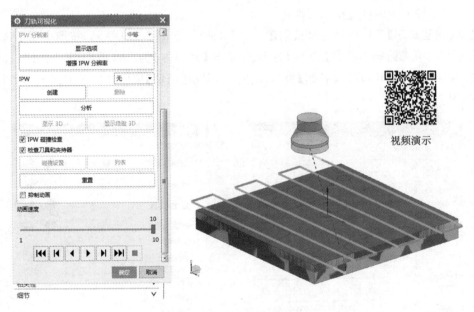

视频演示

图 7-29　仿真效果（面铣）

（8）后处理

后处理时，要选择与机床设备对应的后处理器或通用后处理器。由于机床设备与系统的不同指令有所差别，因此要生成适合自己的 NC 代码，制作自己的后处理器，此处是选择默认后处理器。后处理的操作方法是：如图 7-30 左图所示，右击"FACE_1"弹出快捷菜单，选择【后处理】命令，弹出【后处理】对话框，如图 7-30 中间图形所示，在该对话框中选择"MILL_3_AXIS"和"公制/部件"，并设定输出【文件名】，单击【确定】按钮弹出【信息】窗口，如图 7-30 右图所示。

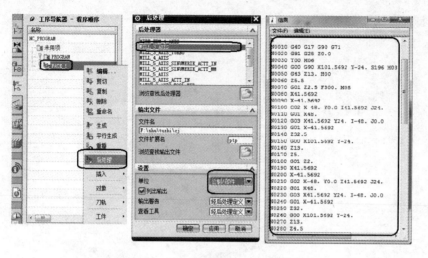

视频演示

图 7-30　后处理过程(面铣)

### 2. 手工面铣

【工序子类型】中的"手工面铣"是用"混合"切削模式定制的,可为每个面指定不同的切削模式。可用的【切削模式】包括允许精确放置刀具的手工选项,类似于车削中的示教模式。

由于手工面铣的参数与面铣中的参数基本相同,故相同的参数这里不再赘述。下面使用手工面铣对工件上表面进行精加工操作。

选择【创建工序】工具按钮,弹出【创建工序】对话框,如图 7-31 所示,按图中所示选择【工序子类型】为"手工面铣",选择【刀具】为 D60,选择【几何体】为"WORKPIECE_1",选择【方法】为"MILL_FINISH",程序【名称】为"FACE_2",单击【确定】按钮弹出手工面铣参数设置对话框,如图 7-32 所示。

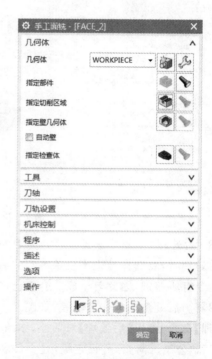

图 7-31　创建"手工面铣"工序　　　　图 7-32　手工面铣参数设置

（1）指定切削区域

本选项仅适用于手工面铣工序。其实"切削区域几何体"是"面几何体"的替代方法，用于定义要切削的面，实际上就是指定部件的待加工区域。若使用"切削区域几何体"，则不能选择"面几何体"或从 MILL_AREA 几何体组继承"面几何体"。出现以下情况时，使用"切削区域几何体"：

- 面几何体（毛坯边界）不足以定义部件体上已加工的面。
- 希望使用"壁几何体"。例如，要加工的面具有需要唯一余量而非部件余量的精加工壁。
- 想要选择多个面。只有垂直于刀轴的平坦面才会被处理。

单击【指定切削区域】图标，弹出【切削区域】对话框，如图 7-33 所示，选择工件的上表面。

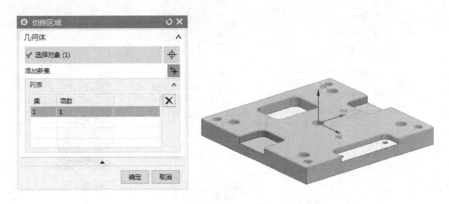

图 7-33　指定切削区域（手工面铣）

（2）指定壁几何体

本选项仅适用于手工面铣工序，选中【自动壁】复选框时不适用。可以指定切削区域周围的壁面。使用"壁余量"和"壁几何体"可以替代与部件体上的加工面相关的壁的全局部件余量。

此处是加工上表面，不存在壁的情况。如果所加工区域存在侧壁，则可以直接选中【自动壁】，软件会自动捕捉与加工区域相关的侧壁。【壁几何体】对话框如图 7-34 所示。

视频演示

图 7-34　【壁几何体】对话框

（3）刀轨设置

因为使用手工面铣是精加工上表面，所以刀轨设置中的参数保持默认，如图 7 - 35 所示，如【切削模式】为"混合"，【每刀切削深度】为 0，【最终底面余量】为 0。

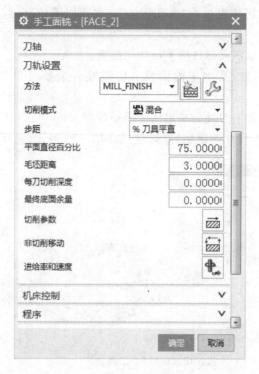

视频演示

图 7 - 35　刀轨设置（手工面铣）

（4）其他参数

其他参数可参照面铣工序选择合适的进出刀和切削进给参数，这里不再赘述。参数设置完成后可以单击【生成】图标，弹出如图 7 - 36 所示的【区域切削模式】对话框，在对话框中可以选择合适的区域切削模式，如在【手动】下拉列表框中选择，如图 7 - 37 所示。此处选择往复切削模式。单击【确定】按钮生成如图 7 - 38 所示的刀具轨迹。

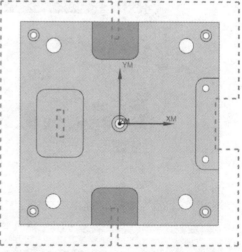

图 7 - 36　区域切削模式选择界面

图 7 - 37　手动模式选择

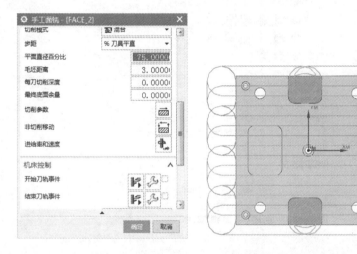

视频演示

图 7 - 38　手工面铣的刀具轨迹

（5）刀具轨迹仿真和生成 G 代码

单击【确认】图标进行刀具轨迹仿真，仿真效果如图 7 - 39 所示，至此完成了 PL1 零件上

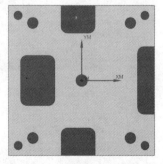

视频演示

图 7 - 39　PL1 零件上表面加工效果图

表面的粗加工和精加工。以上采用不同的平面加工方法,使用同一把刀具对上表面进行了粗加工和精加工。最后可以生成 G 代码,在实际加工时传入机床使用。

**3. 平面铣**

使用"mill_planar"工序【类型】中的"平面铣"【工序子类型】,可以加工带竖直壁或刀轴平行壁的部件,如图 7 - 40 所示。边界可包含很多刀轨。刀轨可能以单刀路、多刀路对腔的整个内部进行切削。毛坯边界定义要移除的材料,部件边界定义成品。底面定义刀轨的最终深度。检查和修剪边界也可用于进一步包含刀轨。可以从"面"、"永久边界"、"曲线"或"点"选择边界,边界与所选定的几何体相关联。在平面铣工序中,可以从面、永久边界、曲线和点创建边界来包含刀轨。使用平面铣工序的各种独特方法来选择切削层。使用腔加工方法或通过沿部件边界创建轮廓切削而将材料作为切削体进行移除。平面铣工序为型腔铣工序生成基于层的 IPW。在图 7 - 40 中选择【刀具】为 D10 的立铣刀,其余参数默认。

**图 7 - 40    创建"平面铣"工序**

(1) 指定部件边界

指定部件边界如同面铣中的指定面边界一样,可以采用如图 7 - 41 所示的方法创建边界。

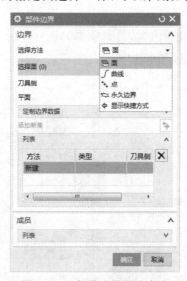

**图 7 - 41    部件边界创建方法**

此处采用"面"来创建如图 7 - 42 所示的两个区域的边界。边界【类型】为"封闭",【刀具侧】为"内侧",【平面】为"自动"。当选择完一个封闭边界之后要单击鼠标中键,以完成部件边界的创建,然后继续创建第二个边界,直至完成。

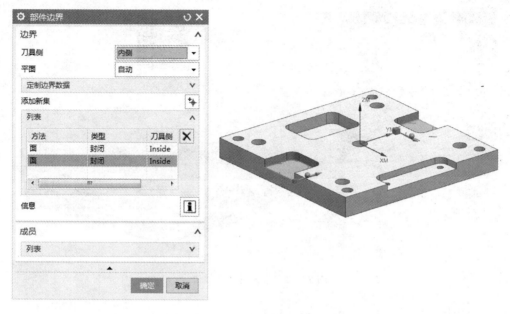

图 7 - 42　两个区域的部件边界

（2）指定底面

在【几何体】选项区域中,【指定毛坯边界】【指定检查边界】【指定修剪边界】的设置参照面铣工序,此处不进行设置。此处只需要【指定底面】,选择某一区域的底面作为加工底面。

**注意:** 在对多个区域进行加工时,底面只能是一个底面,如图 7 - 43 所示。所加工的区域深度必须相同,如果不同,则需要进一步设置,这里不再深入论述。指定底面的方法与建模中创建平面的方法相同。

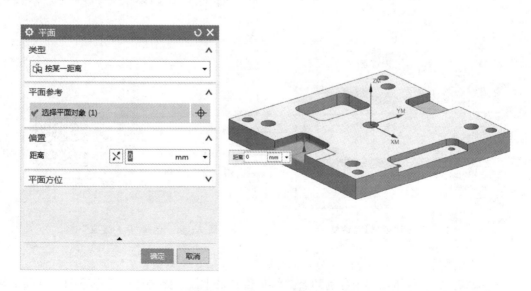

图 7 - 43　指定底面(平面铣)

（3）生成刀具轨迹

此时可以单击【生成】图标,生成刀具轨迹,如图 7-44 所示。为了对刀具路径进行优化,必须对其他参数进行设置。

视频演示

图 7-44　平面铣刀具轨迹

（4）切削层

由于深度的存在,某些时候不能一刀完成对凹腔的加工,所以选择【切削模式】为"跟随周边",【步距】和【平面直径百分比】保持默认不变。单击【切削层】图标,弹出【切削层】对话框,如图 7-45 所示,在对话框中可对切削层进行设置。切削层的设置方法分为 5 种类型,常规使用"用户定义"类型较为便捷。选择"用户定义",弹出如图 7-46 所示对话框,按图中所示设置参数,单击【确定】按钮完成切削层的设置。

视频演示

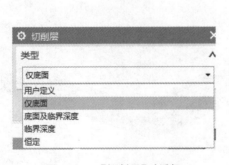

图 7-45　【切削层】对话框　　　　图 7-46　选择"用户定义"

切削层可用的选项取决于对其【类型】的选择,共包括 5 种类型:

① 用户定义:可以指定切削深度的公共增量值和最小值。此选项的适用范围是从顶部切削层到最终底平面之间的距离。如果与最后一个切削层的距离介于【公共】和【最小值】之间,则使用【临界深度】定义切削层;当超过此范围时,则不使用【临界深度】定义切削层,但可以选

中【临界深度顶面切削】复选框,通过清理刀轨来进行加工。

② 仅底面:只在底层创建刀轨。

③ 底面及临界深度:先在底面创建刀轨,然后按照每个临界深度创建清理刀轨。

④ 临界深度:在每个临界深度顶部创建平面切削。在移到下一个更深层之前,刀轨会在每一层完全切断。此选项的适用范围是从顶部切削层到最终底平面之间的距离。

⑤ 恒定:可以指定切削深度的公共增量值。

【切削层】对话框(见图 7-46)中,除了【类型】选项外,还包括以下选项:

① 每刀切削深度:定义顶部切削层与最后一个切削层之间各切削层的切削深度。NX 软件将创建相等的深度,使其尽可能接近指定的【公共】深度,包括:

• 公共:定义每个切削层的最大切削深度。

• 最小值:定义每个切削层的最小许用切削深度。

② 切削层顶部,包括:

• 离顶面的距离:为第一个切削层定义切削深度。此值从毛坯边界平面为测量起点,或者如果未定义毛坯边界,则从最高部件边界平面为测量起点。

③ 上一个切削层,包括:

• 离底面的距离:为最后一个切削层定义切削深度。此值从底平面为测量起点。如果输入的值大于 0.000,则 NX 软件将至少生成两个切削层,一个在底平面以上指定距离处,另一个在底平面上。所输入的【公共】值必须大于零才能生成多个切削层。

④ 刀颈安全距离,包括:

• 增量侧面余量:可以在各切削层附加余量。此选项允许刀刃长度较短的刀具存在安全距离,但不移除边界的所有余量。

⑤ 临界深度,包括:

• 临界深度顶面切削:在处理器无法通过某个切削层进行初始清理的每个临界深度处生成单独的刀轨。

(5)刀轨仿真

设置完切削层参数后,单击【生成】图标,生成如图 7-47 所示的刀具轨迹,单击【确认】图标,可以看到如图 7-48 所示的仿真加工效果。

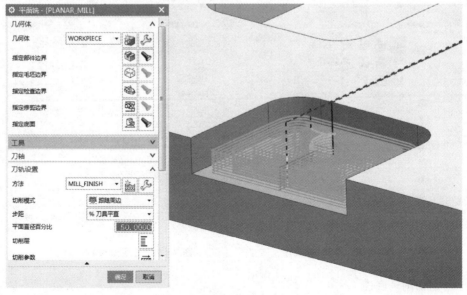

图 7-47 刀具轨迹(平面铣)

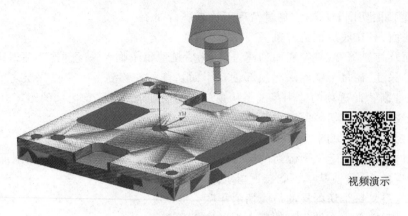

视频演示

图 7-48　加工效果图(平面铣)

### 4. 底壁铣

使用"底壁铣"或"带 IPW 的底壁铣"【工序子类型】可高效加工棱柱部件及类似的特征。按图 7-49 所示选项进行设置,可进入底壁铣加工工序。针对棱柱部件的基本底壁铣削,可使用【底壁铣】加工工序![ ]。在使用 IPW 跟踪未切削材料时,请针对棱柱部件的底壁铣削,使用"带 IPW 的底壁铣"加工工序![ ]。在使用以上工序时,还可以:同时加工底面、壁以及底面和壁的组合;加工壁和不以底面几何体为边界的锥壁;包含切削区域并控制切削区域的形状;控制毛坯,并预览毛坯和切削层。在图 7-49 中选择【刀具】为 D10,选择【几何体】为"WORK-PIECE",单击【确定】按钮弹出【底壁铣】对话框,如图 7-50 所示。

图 7-49　创建"底壁铣"工序

图 7-50　【底壁铣】对话框

(1) 指定切削区底面

切削区底面可以使用边和面两种形式进行选择,如图 7-51 所示以面的形式选择两个切削区域的底面,然后单击【确定】按钮完成选择。

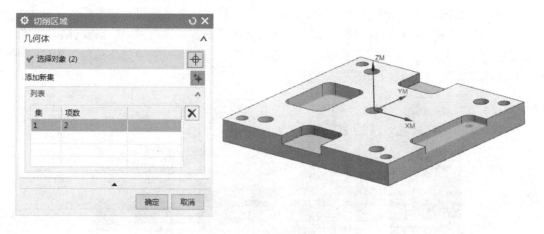

图 7-51　指定切削区底面

（2）指定壁几何体

指定壁几何体可以自行选择每一个底面所连接的侧壁,也可以选择自动壁。选中"自动壁"复选框完成设置,如图 7-52 所示。

（3）刀轨参数

刀轨参数设置如下:【切削区域空间范围】为"底面",【切削模式】为"跟随周边",【步距】为"恒定",【最大距离】为刀具的 50%,【底面毛坯厚度】为 18 mm,【每刀切削深度】为 2 mm,【Z向深度偏置】为 0,如图 7-53 所示。有关参数含义参照面铣工序。

图 7-52　选中"自动壁"复选框

图 7-53　刀轨设置(底壁铣)

空间范围:指刀具被精确定位到底面,与所选底面相邻的底面圆角被视为底面的延续。如图 7-54 所示为底面圆角延续示意图。

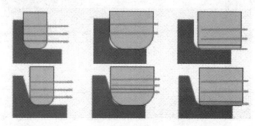

图 7-54　底面圆角延续示意图

如果刀具的拐角半径大于底面的圆角半径,则 NX 软件会将材料留在圆角区域中。

如果刀具的拐角半径小于底面的圆角半径,则 NX 软件会将材料留在壁和圆角区域中。

在空间区域切削范围中选择壁参数时,如果只选择壁或选择底面和壁的组合,则刀具将沿着所有切削层的壁走刀,并将刀具准确定位至每个切削层的壁。如果要创建精加工工序,则壁参数的选择可能是很关键的,如图 7 - 55 所示。

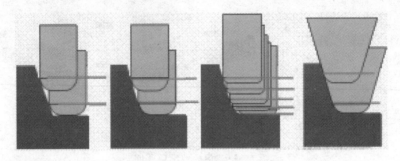

图 7 - 55　壁参数加工示意图

(4) 其他参数

【切削参数】【非切削移动】【进给率和速度】参数的设置使用默认即可。除非有特殊情况需要设置外,一般【切削参数】对于封闭的底面区域,其刀路方向设置为"向外",即刀路"由内向外"进行加工;对于开放区域,则可以"向内",即"由外向内",如图 7 - 56 所示。在开放区域加工时,可以设置加工区域的边界,如图 7 - 57 所示,【将底面延伸至】"部件轮廓",从而使刀路延长了,以便于加工形成优化的加工轨迹。

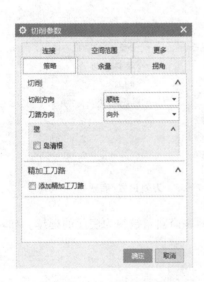

图 7 - 56　刀路方向设置

图 7 - 57　切削区域延伸

(5) 生成刀轨与仿真

设置完参数后,单击【生成】图标,生成如图 7 - 58 所示刀具轨迹,然后进行路径仿真,仿真加工效果如图 7 - 59 所示,完成了内部两个区域的加工,并设置余量 0.2 mm。

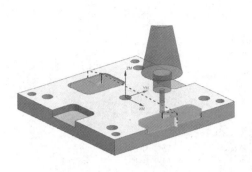

视频演示

图7-58　刀具轨迹(底壁铣)　　　　图7-59　仿真加工效果(底壁铣)

**5. 平面轮廓铣**

使用平面轮廓铣时允许用户自定义铣刀。如图7-60所示,【工序子类型】选择"平面轮廓铣",【刀具】选择D8,仅允许一条刀路。平面轮廓铣根据切削的形状来决定切削区域,每种切削形状代表不同的切削区域。平面轮廓铣工序的切削模式会将腔体和腔体中的所有岛视为单个区域。NX软件将【切削深度】选项的"层优先"和"深度优先"应用于每个切削区域。例如,如果一个腔中有多个岛,而且选择的是"深度"优先,那么NX软件会先切削每个岛的深度,然后继续切削腔中的下一个岛。如果选择是"层优先",那么NX软件会先切削每一层中的所有岛,然后再切削下一层。切削完整个腔体之后,NX软件会继续切削下一区域。

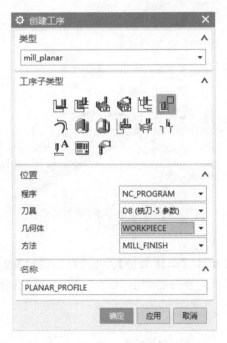

图7-60　创建"平面轮廓铣"工序

(1) 指定部件边界

指定如图7-61所示的面为部件边界,其他参数为默认,指定底面为区域的底面。单击【确定】按钮。

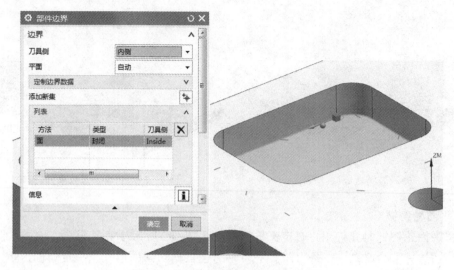

图 7-61 指定部件边界(平面轮廓铣)

（2）指定底平面

指定如图 7-62 所示的底面为底平面,单击【确定】按钮。

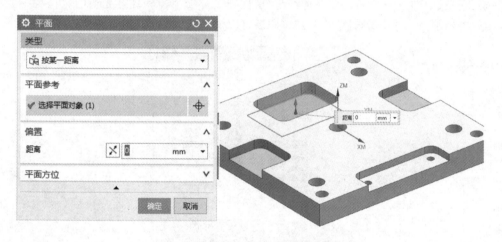

图 7-62 指定底平面(平面轮廓铣)

（3）刀轨设置

如图 7-63 所示设置各参数:【部件余量】为 0;【切削进给】为 250 mmpm;【切削深度】为"恒定",代表只加工一刀,如果需要分层切削,那么【切削深度】需要自定义,如同前面所学的层设置,此处不赘述。

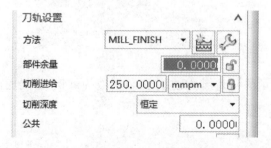

图 7-63 刀轨设置(平面轮廓铣)

（4）生成刀具轨迹

其他参数为默认，单击【生成】图标，生成如图 7 - 64 所示刀具轨迹，从而完成平面轮廓铣加工。

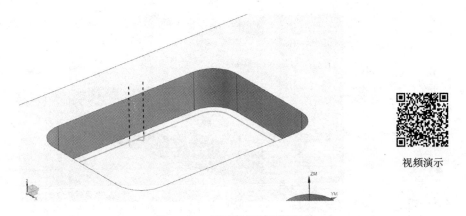

视频演示

**图 7 - 64 平面轮廓铣刀具轨迹**

**6. 精铣壁**

"精铣壁"【工序子类型】的选择如图 7 - 65 所示，同时可对精铣壁工序的参数进行设置。主要设置【切削模式】，其他参数与面铣、平面铣基本相同，此处不再赘述。如图 7 - 66 所示选择部件边界，【边界类型】为"开放"，其他参数默认，指定底面为区域底面。刀轨设置中默认的【切削模式】为"轮廓"，不用修改。

**图 7 - 65 创建"精铣壁"工序**

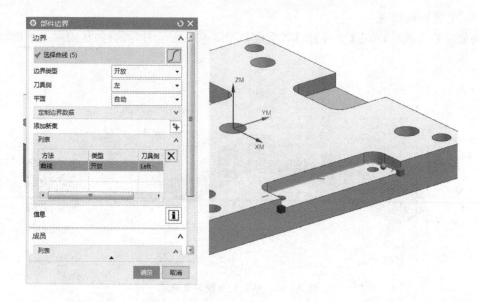

图 7 - 66  指定部件边界(精铣壁)

单击【生成】图标,生成如图 7 - 67 所示的刀具轨迹,从而完成精铣壁的加工。对于其他区域的加工,依次完成程序编制,生成的刀具轨迹如图 7 - 68 所示。

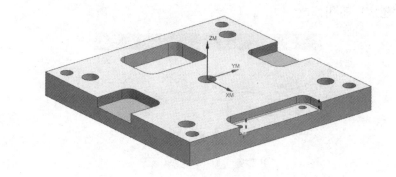

图 7 - 67  刀具轨迹(精铣壁)

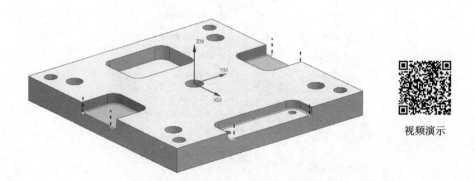

视频演示

图 7 - 68  其他区域的刀具轨迹(精铣壁)

### 7. 精铣底面

精铣底面工序主要是针对区域的底面进行精加工。如图 7 - 69 所示创建"精铣底面"工序,选择如图 7 - 70 所示部件边界并指定底面,其余参数保持默认,单击【生成】图标,生成如图 7 - 71 所示刀具轨迹。

图 7 - 69  创建"精铣底面"工序

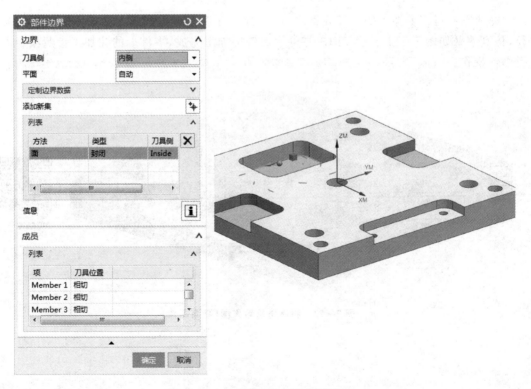

图 7 - 70  指定部件边界(精铣底面)

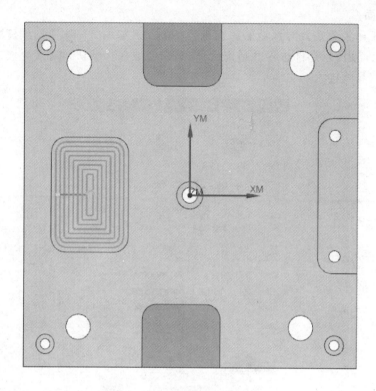

图 7-71   刀具轨迹(精铣底面)

## 任务六   平面零件程序仿真操作

完成本项目需要加工的全部元素之后,进行所有程序的仿真加工。选中所有的刀具路径,仿真效果如图 7-72 所示。PL1 零件平面铣削加工完成,零件上的孔加工参照项目九进行学习操作。

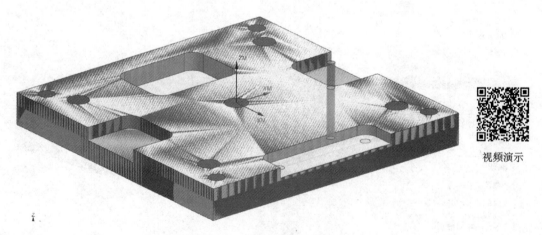

视频演示

图 7-72   程序仿真效果图(平面零件)

## 项目综合评价表

平面铣削加工编程项目综合评价表

| 评价类别 | 序号 | 评价内容 | 分值 | 得分 |
|---|---|---|---|---|
| 成果评价（50分） | 1 | 平面加工刀具的创建 | 15 | |
| | 2 | 平面加工坐标系的创建 | 15 | |
| | 3 | 平面加工基本策略的选择 | 5 | |
| | 4 | 平面加工参数输入正确合理 | 5 | |
| | 5 | 平面加工路径优化合理 | 10 | |
| 自我评价（25分） | 1 | 学习活动的主动性 | 7 | |
| | 2 | 独立解决问题的能力 | 5 | |
| | 3 | 工作方法的正确性 | 5 | |
| | 4 | 团队合作 | 5 | |
| | 5 | 个人在团队中的作用 | 3 | |
| 教师评价（25分） | 1 | 工作态度 | 7 | |
| | 2 | 工作量 | 5 | |
| | 3 | 工作难度 | 3 | |
| | 4 | 工具的使用能力 | 5 | |
| | 5 | 自主学习 | 5 | |
| 项目总成绩（100分） | | | | |

# 项目八  型腔铣削加工编程

## 项目目标

① 能利用 UG NX12.0 软件完成模仁粗加工的加工程序的编制；
② 能利用 UG NX12.0 软件完成模仁陡峭壁加工程序的编制；
③ 能利用 UG NX12.0 软件完成模仁曲面区域加工程序的编制；
④ 能利用 UG NX12.0 软件完成模仁清理根部加工程序的编制。

## 项目简介

本项目主要学习数控铣三轴的轮廓铣削加工，主要使用 mill_contour 工序类型加工带竖直壁和平面并带有 3D 曲面的部件。基于加工工艺原则，要先确认特种加工部分，把特种加工特征先移除或保留不加工，再根据模仁的实际情况确定后续工序；曲面铣削工序一般在平面铣削和孔加工之后进行，然后再进行曲面部分的半精加工和精加工。

mill_contour 工序类型可包含很多刀轨。刀轨可以以粗加工刀路、半精加工刀路对模仁的整个内部进行精加工切削。mill_contour 中的型腔铣的加工特征是：在刀具路径的同一高度上完成一层切削，当遇到曲面时将绕过，再下降一个高度进行下一层的切削。系统按照零件在不同深度的截面形状计算各层的刀具轨迹。mill_contour 中的固定轴曲面轮廓铣的加工特点是：在与刀轴平行的平面内，刀轨随着曲面的变化而变化。mill_contour 中的清根是刀具沿着面与面之间的凹角运动的一种加工类型，清根刀具较小，在精加工之后使用。

**项目分析**

本项目首先了解型腔铣编程的操作步骤,然后通过模型分析了解模仁加工之前的编辑特征,最后通过型腔铣加工程序的编制了解编程工序的安排和数控加工参数的设定。

本项目通过采用型腔铣进行加工程序的编制来了解模仁型腔的加工步骤,以便对模具的加工有一个初步的了解。

为了便于读者清晰地理解型腔铣的操作流程及对应的知识点和技能点,建立了表 8 - 1,更详细的操作过程参见以下任务。

表 8 - 1　型腔零件加工程序的知识点与技能点分解

| 序　号 | 内　容 | 建模流程 | 知识点 | 技能点 |
|---|---|---|---|---|
| 1 | 模型分析 | | 利用分析工具对模仁的内部圆角与岛形状进行分析 | 学会对实体外部性状进行分析;学会对加工工艺进行初步分析 |
| 2 | 零件加工工艺分析 | | 零件的毛坯选择;零件的装夹与定位;加工路线的选择;刀具及切削参数的选择 | 学会对零件毛坯进行选择;能够制定零件的装夹与定位;学会制定加工路线;学会对刀具及切削参数进行选择 |
| 3 | XQ 零件的加工方法创建 | | 加工方法的创建;加工方法的具体应用 | 学会应用 NX 软件的创建功能创建加工方法的方式 |
| 4 | XQ 零件的坐标系和毛坯设置 | | 坐标系和毛坯的作用;坐标系和毛坯设置的方法;坐标系和毛坯的设置对仿真的作用 | 学会坐标系和毛坯的设置方法及设置过程 |
| 5 | XQ 零件的刀具创建 | | 刀具创建的意义;刀具创建的类型;刀具的创建和仿真和刀路的关系 | 学会创建不同类型的刀具;学会使用不同的刀具类型进行程序编制 |

| 序　号 | 内　容 | 建模流程 | 知识点 | 技能点 |
|---|---|---|---|---|
| 6 | XQ零件的<br>工序创建 |  | 工序的分类主要包含：<br>型腔铣；<br>自适应铣削；<br>剩余铣；<br>拐角加工；<br>固定轴轮廓铣；<br>流线铣；<br>单刀路清根；<br>多刀路清根 | 学会根据不同元素选择不同的工序子类型；<br>型腔铣；<br>自适应铣削；<br>剩余铣；<br>拐角加工；<br>固定轴轮廓铣；<br>流线铣；<br>单刀路清根；<br>多刀路清根 |
| 7 | XQ零件<br>程序的仿真 | 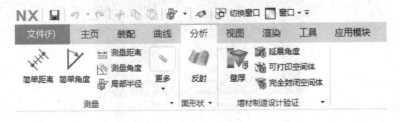 | 程序仿真的目的和意义 | 学会使用NX软件的仿真功能和步骤 |

## 项目操作

### 任务一　零件模型分析操作

要分析的XQ零件如图8-1所示。

图 8－1　XQ 零件图

应用NX软件打开名称为XQ的零件,通过如图8-2所示的分析工具,使用【测量距离】【测量角度】【局部半径】等功能来针对零件的大小、长度、圆角、高度、深度等基础信息进行分析,如图8-3所示。通过分析才可以选择适合的特种加工特征、刀具大小、刀具圆角、装夹方式和铣削方法等。经过分析,XQ零件的基本尺寸为300 mm×180 mm×65 mm;最小圆角为2 mm;最小孔的直径为5.3 mm,深度为2 mm;圆弧槽的深度为2 mm,槽宽为2 mm。

图 8－2　分析工具

图 8-3　测量界面

## 任务二　特种加工分析操作

由于在加工该型腔时,有些部位使用三轴加工是加工不到的,而需要电火花和线切割进行加工。因此根据 XQ 部件的整体结构、加工难度、成本计算、塑件表面质量要求及生产时间等因素,去掉特种加工部分之后形成的模型如图 8-4 所示。

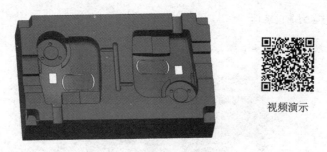

视频演示

图 8-4　补片后的 XQ 模型

## 任务三　型腔铣削零件加工工艺分析操作

### 1. 毛坯选择

该零件属于精毛坯,毛坯表面没有余量,如图 8-5 所示,依据当前毛坯进行工艺分析。

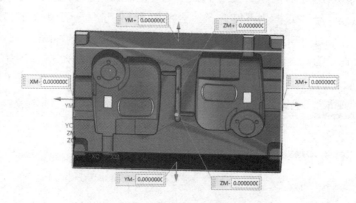

图 8-5　毛坯余量示意图

**2. 定位夹紧**

根据零件的形状,采用虎钳装夹,露出的足够高度为 16～20 mm,以保证加工,同时采用打表的方式找正上表面的平面度在 0.02 mm 以内,以保证上表面水平。如图 8-6 所示为工件装夹示意图。

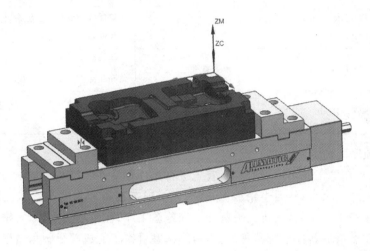

图 8-6 工件装夹示意图

**3. 加工方法与加工顺序**

(1) XQ 零件的加工方法

根据零件图上各加工表面的加工元素,型腔铣削加工中主要学习以下几种加工方法,如表 8-2 所列。

表 8-2 加工方法类型列表

| 图标 | 英文名称 | 中文名称 | 说明 |
|---|---|---|---|
|  | CAVITY_MILL | 型腔铣 | 通过移除垂直于固定刀轴的平面切削层中的材料,对轮廓形状进行粗加工 |
|  | FACE_MILL | 自适应铣削 | 在垂直于固定轴的平面切削层,使用自适应切削模式对一定量的材料进行粗加工,同时保持刀具一致 |
|  | PLUNGE_MILLING | 插铣 | 通过连续插削运动中刀轴的切削来粗加工轮廓形状 |
|  | CORNER_ROUGH | 拐角粗加工 | 通过型腔铣来对之前刀具处理不到的拐角中的遗留材料进行粗加工 |
|  | REST_MILLING | 剩余铣 | 采用型腔铣的方法,通过更换刀具来对剩余的材料进行二次开粗加工 |
|  | FIXED_CONTOUUR | 固定轮廓铣 | 对具有各种驱动方法、空间范围和切削模式的部件或切削区域进行粗加工 |
|  | CONTOUUR_AREA | 区域轮廓铣 | 使用区域铣削驱动方法来加工切削区域中的面 |

| 图 标 | 英文名称 | 中文名称 | 说 明 |
|---|---|---|---|
|  | STREAMLINE | 流线铣 | 使用流曲线和交叉曲线来引导切削模式,并遵照驱动几何体的形状进行加工 |
|  | CONTOUR _ AREA _ NON _STEEP | 非陡峭区域轮廓铣 | 使用区域铣削驱动方法来切削陡峭度大于特定陡峭壁角度的区域 |
|  | FLOWCUT_SINGLE | 单刀路清根 | 使用清根驱动方法及单刀路来精加工或修整拐角和凹部 |
|  | FLOWCUT_MULTIPLE | 多刀路清根 | 使用清根驱动方法及多刀路来精加工或修整拐角和凹部 |

(2)加工顺序的确定

遵循"先粗后精""工序集中"的原则,首先进行镶件预钻孔和型腔粗加工,再二次开粗清理圆角和各元素的中间余量;然后半精加工底壁,为精加工预留均匀的余量;最后进行精加工底壁和清根。在半精加工之后,安排去毛刺和中间检验工序;在精加工之后,安排去毛刺、清洗和终检工序。检验合格后转序进行特种加工,最终由磨具钳工完成部分圆角清根、表面抛光和研磨配合。

**4. 刀具选择**

根据模型大小、内圆角大小和凹腔加工深度,推荐选择的刀具类型如表 8 – 3 所列。

表 8 – 3 刀具表

| 产品名称 | | 平面工件 | 零件名 | XQ | | | | 零件图号 | 1 |
|---|---|---|---|---|---|---|---|---|---|
| 工步号 | 刀具号 | 刀具型号 | 刀柄型号 | 刀 具 | | | | 备 注 | |
| | | | | 直径 $D$/mm | 长度 $H$/mm | 刀尖半径 $R$/mm | 刀尖方位 $T$ | | |
| 1 | T01 | $\phi20$ 立铣刀 | BT40 | $\phi20$ | 40 | 0.8 | 0 | | |
| 2 | T02 | $\phi16$ 立铣刀 | BT40 | $\phi16$ | 40 | 0.8 | 0 | | |
| 3 | T03 | $\phi12$ 立铣刀 | BT40 | $\phi12$ | 30 | 0.5 | 0 | | |
| 4 | T04 | $\phi10$ 立铣刀 | BT40 | $\phi10$ | 30 | 0.2 | 0 | | |
| 5 | T05 | $\phi10$ 球头铣刀 | BT40 | $\phi10$ | 30 | 5.0 | 0 | | |
| 6 | T06 | $\phi8$ 球头铣刀 | BT40 | $\phi8$ | 30 | 4.0 | 0 | | |
| 7 | T07 | $\phi6$ 球头铣刀 | BT40 | $\phi6$ | 30 | 3.0 | 0 | | |
| 8 | T08 | $\phi4$ 球头铣刀 | BT40 | $\phi4$ | 30 | 2.0 | 0 | | |
| 编制 | | 审核 | | 批准 | | | 共 页 | 第 页 | |

**5. 切削用量的选择**

切削用量的选择如表 8 – 4 所列。

表 8-4 切削用量选择表

| 序 号 | 加工内容 | 刀具号 | 主轴转速/<br>$(r \cdot min^{-1})$ | 进给量/<br>$(mm \cdot r^{-1})$ | 背吃刀量/<br>mm |
|---|---|---|---|---|---|
| 1 | 粗加工所有凹腔 | T01 | 2000 | 2600 | 0.3 |
| 2 | 粗加工所有侧壁阴角 | T02 | 2300 | 2500 | 0.3 |
| 3 | 半精加工所有侧壁阴角 | T03 | 2500 | 1000 | 0.5 |
| 4 | 精加工所有侧壁阴角 | T04 | 2500 | 1000 | 0.5 |
| 5 | 半精加工所有底部圆角和曲面 | T05 | 2500 | 1000 | 0.5 |
| 6 | 半精加工部分圆角和精加工曲面 | T06 | 2500 | 1000 | 0.1 |
| 7 | 精加工部分圆角 | T07 | 2500 | 1000 | 0.2 |
| 8 | 精加工所有圆角 | T08 | 2500 | 1000 | 0.1 |

**6. 加工工艺方案**

定位基准应在加工之前做好标记,标记一般在侧面,通常选择左下角的工件上表面为基准,这里应注意模仁是两块需要配合的部件,所以在加工之前要核对好,以保证基准统一,也就是说,如果型腔的基准在左下角,那么型芯的基准就不能在左下角。因为前面已经有六面体的加工工艺了,所以该零件数控铣工序的安排顺序为:主要表面粗加工及一些余量大的表面粗加工—主要表面半精加工和次要表面半精加工—热处理—主要表面精加工,如表 8-5 所列。

表 8-5 数控加工工艺卡片(简略卡)

| 机械加工工艺卡片 | | 产品型号 | | 零件图号 | | 共 1 页 |
|---|---|---|---|---|---|---|
| | | 产品名称 | | 零件名称 | | 第 1 页 |
| 材 料 | 毛坯种类 | 毛坯外形尺寸 | 毛坯件数 | 加工数量 | 程序号 | |
| 45# | 方料 | | 1 | | | |
| 工序号 | 工序名称 | 工序内容 | | | 加工设备 | |
| 1* | 粗加工所有凹腔 | 粗加工开放区域凹腔和封闭区域凹腔,采用直径 20 mm 刀具进行粗加工 | | | | |
| 2* | 二次粗加工所有侧壁阴角 | 二次粗加工所有侧壁阴角,采用直径 16 mm 刀具进行粗加工 | | | | |
| 3* | 半精加工所有侧壁阴角 | 半精加工所有侧壁阴角,采用直径 12 mm 刀具进行半精加工 | | | XK714 | |
| 4* | 精加工所有侧壁阴角 | 精加工所有侧壁阴角,采用直径 10 mm 刀具进行精加工 | | | | |
| 5* | 半精加工所有底部圆角和曲面 | 半精加工底部圆角和曲面,采用直径 10 mm 球头刀具进行半精加工 | | | | |
| 6 | 去毛刺 | 去除加工产生的毛刺,配合面部分保证尖角 | | | — | |
| 7 | 抽检 | 筛查返修模仁及不合格模仁 | | | — | |

| 机械加工工艺卡片 | | 产品型号 | | 零件图号 | | 共 1 页 |
|---|---|---|---|---|---|---|
| | | 产品名称 | | 零件名称 | | 第 1 页 |
| 材　料 | | 毛坯种类 | 毛坯外形尺寸 | 毛坯件数 | 加工数量 | 程序号 |
| 45＃ | | 方料 | | 1 | | |
| 工序号 | 工序名称 | 工序内容 | | | 加工设备 | |
| 8* | 半精加工部分圆角和精加工曲面 | 半精加工部分圆角和精加工曲面,采用直径 8 mm 球头刀具进行半精加工 | | | | |
| 9* | 半精加工部分圆角 | 半精加工部分圆角,采用直径 6 mm 球头刀具进行半精加工 | | | XK714 | |
| 10 | 精加工所有圆角 | 精加工所有圆角,采用直径 4 mm 球头刀具进行精加工 | | | | |
| 11 | 去毛刺 | 去除加工产生的毛刺,配合面部分保证尖角 | | | — | |
| 12 | 终检 | 检验模仁是否符合要求 | | | — | |
| 13 | 模具钳工 | 清理机械加工涉及不到的部位 | | | — | |
| 14 | 安装模仁镶件 | 保证镶件的位置和高度 | | | | |
| 15 | 热处理 | 保证内部晶体结构均匀,处理后变形量在余量范围内 | | | | |
| 16 | 模具钳工 | 抛光模仁表面,使其达到塑件表面要求 | | | — | |
| 17 | 清洗 | 清理模仁表面 | | | — | |

注：* 为 CAM 加工自动编程工序内容。

## 任务四　型腔铣削零件程序编制准备操作

### 1．知识点与技能点

型腔铣削加工过程的知识点与技能点分解如表 8－6 所列。

表 8－6　型腔铣削加工过程的知识点与技能点分解表

| 序　号 | 型腔铣削加工方法 | 知识点 | 技能点 |
|---|---|---|---|
| 1 | XQ 零件的加工方法创建 | 加工方法的创建;加工方法的具体应用 | 学会应用 NX 软件的创建功能创建加工方法的方式 |
| 2 | XQ 零件的坐标系和毛坯设置 | 坐标系和毛坯的作用;坐标系和毛坯设置的方法;坐标系和毛坯的设置对仿真的作用 | 学会坐标系和毛坯的设置方法及设置过程 |
| 3 | XQ 零件的刀具创建 | 刀具创建的意义;刀具创建的类型;刀具的创建与仿真和刀路的关系 | 学会创建不同类型的刀具;学会使用不同刀具类型进行程序编制 |

| 序　号 | 型腔铣削加工方法 | 知识点 | 技能点 |
|---|---|---|---|
| 4 | XQ 零件的工序创建 | 工序的分类主要包含：<br>型腔铣；<br>自适应铣削；<br>剩余铣；<br>拐角加工；<br>固定轴轮廓铣；<br>流线铣；<br>单刀路清根；<br>多刀路清根 | 学会根据不同元素选择不同的工序子类型：<br>型腔铣；<br>自适应铣削；<br>剩余铣；<br>拐角加工；<br>固定轴轮廓铣；<br>流线铣；<br>单刀路清根；<br>多刀路清根 |
| 5 | XQ 零件程序的仿真 | 程序仿真的目的和意义 | 学会使用 NX 软件的仿真功能和步骤 |
| 6 | XQ 零件程序的生成 | 后处理的方式、方法 | 学会根据设备生成 G 代码程序 |

**2. 零件加工方法创建**

零件的加工方法指加工工件的简单工序。在软件编程中设置加工方法，能够简化后期的操作步骤，且能更好地保证部件余量均匀。

双击打开 NX 软件，单击【打开】工具按钮，选择打开命名为"XQ. prt"的数模文件，单击【应用模块】→【加工】工具按钮，如图 8 - 7 所示，弹出如图 8 - 8 所示【加工环境】对话框，按图中所示在【CAM 会话配置】和【要创建的 CAM 组装】列表框中选择指定项，进入加工环境。单击【创建方法】工具按钮，在【创建方法】对话框中选择【类型】，可以根据需要修改方法的【名称】，此时修改为"CU"，如图 8 - 9 所示。弹出的【铣削方法】对话框如图 8 - 10 所示，修改其中的【部件余量】、【公差】、【进给】、【描述】和【颜色】，单击【确定】按钮完成铣削方法的创建。

图 8 - 7　进入加工环境

图 8-8    加工环境配置

图 8-9    创建方法(型腔铣)

图 8-10    【铣削方法】对话框

**3. 坐标系设定**

单击【创建几何体】工具按钮,弹出如图 8-11 所示对话框,在【几何体子类型】区域中选择坐标系图标,可以根据需要修改几何体的名称,此处修改为"XQ-1"。创建的坐标系如图 8-12 所示。选择左下角的上表面为坐标系原点,单击【确定】按钮完成坐标系的创建。

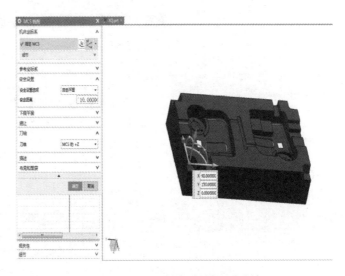

图 8-11　创建几何体(型腔铣)　　　　　图 8-12　MCS 创建对话框(型腔铣)

在设置坐标系的过程中,坐标原点和方向的确定有很多种方法,以上确定坐标系的方法与在建模过程中创建建模坐标系的方法完全相同。如图 8-13 所示为要创建的坐标系的各种类型,应根据模型的实际情况进行选择,同时考虑工件在机床上找正坐标系时的困难程度,因此在选择编程坐标系的类型时,要尽可能选择便于实际机床找正的坐标系类型,以简化编程和计算过程。在坐标系的设置中,$X$、$Y$、$Z$ 三个轴的正方向要与机床实际夹持的工件方向完全一致,并保证 $Z$ 轴的朝向为刀轴的方向。

视频演示

图 8-13　坐标系创建的类型

### 4. 毛坯设置

单击【创建几何体】工具按钮,单击【几何体子类型】区域中的"WORKPIECE"图标,名称默认"WORKPIECE_1",如图 8-14 所示,单击【确定】按钮,弹出【工件】对话框,单击【指定部件】图标,选择型腔零件为部件,单击【指定毛坯】图标,弹出【毛坯几何体】对话框,如图 8-15 所示,选择【类型】为"包容块",【限制】设置 $Z$ 轴正向为 0 mm,单击【确定】按钮完成几何体的创建。

图 8-14　创建几何体(型腔铣)

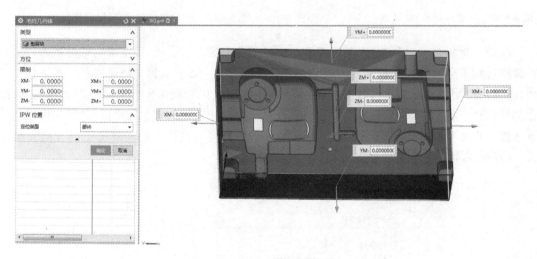

图 8-15　毛坯几何体(型腔铣)

　　创建毛坯的方法很多,如图 8-16 所示,应根据实际情况进行选择,后续项目会选择不同的方法来创建毛坯。

图 8-16　毛坯几何体的创建类型(型腔铣)

使用"毛坯几何体"指定的是要从中切削的材料,如锻造或铸造。通过从最高的面向上延伸切削到毛坯几何体的边,可以轻松快速地移除部件几何体特定层上方的材料。

有效几何体的选项有:(首选)片体或实体,小平面体,曲面区域,面,曲线。

在几何体父项中定义"毛坯几何体"时,还可将毛坯指定为包容快📦,部件的偏置📦,包容圆柱体🗄,IPW-过程工件📦,部件凸包📦,部件轮廓📦。

软件中使用"毛坯几何体"来定义要移除的材料。刀具可以切透或直接进刀至毛坯几何体,因为它不代表最终部件。

**5. 刀具创建**

刀具的创建要根据工艺分析时所列的刀具表对所有刀具进行创建,以便在程序编写时随时调用不同大小的刀具。创建刀具时可以完整地创建刀片、刀杆、夹持器、刀柄、拉钉等所有刀具内容,当然,对于简单刀具或者经验较多的编程者来说,可以进行不完全创建,但是一定要知道刀具的基本参数,因为在实际使用中要用到刀具的基本参数,例如刀具的露出长度、直径、圆角、刃长和齿数。创建的刀具如图8-17所示。

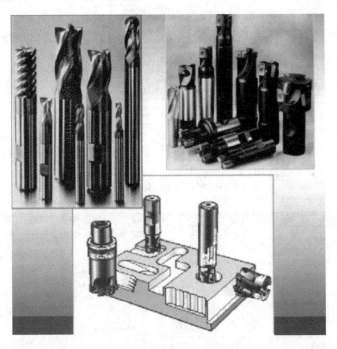

图 8-17 创建的刀具(型腔铣)

使用【创建刀具】对话框是要定义在工序中使用的切削刀具。定义刀具时,可以直接输入刀具参数;也可以从软件提供的库中调用刀具;还可以在工序导航器中复制刀具,并对其参数进行修改后再次新建刀具。

如果从工序导航器中的某个节点访问【创建刀具】对话框,则新刀具的位置取决于所选定的节点。如果该节点是有效的父级节点,则会在该父级节点下创建刀具;否则,将在默认父级节点下创建刀具。

创建刀具表8-3中刀具的方法是:单击【创建刀具】工具按钮,弹出如图8-18左图所示【创建刀具】对话框,修改刀具【名称】为"D20",单击【确定】按钮弹出如图8-18右图所示的刀具参数对话框,在图中修改刀具为【直径】20 mm、【下半径】"0.8"的端铣刀,单击【确定】按钮完成立铣刀的创建。采用同样的方法创建直径为16 mm、12 mm和10 mm的立铣刀。继续【创建刀具】,修改刀具【名称】为"R10",在刀具参数对话框中修改刀具为【直径】10 mm 的球头铣刀,如图 8 - 19 所示。单击机床视图图标,可以看到所创建的所有刀具,如图 8 - 20 所示。如果需要输入刀具的其他详细参数,则必须按照刀具手册或刀具说明书正确地输入,否则会影响加工效果。刀柄和夹持器的参数输入界面如图 8 - 21 所示,只需输入相应参数即可。一般需要输入的刀具参数有:刀具直径,刀具长度,刀刃长度,刀刃齿数,刀具号码,刀具夹持器的直径和长度,刀柄形状的基本参数。输入完成后即可看到界面中的刀具和刀柄形状,如图 8 - 22 所示。

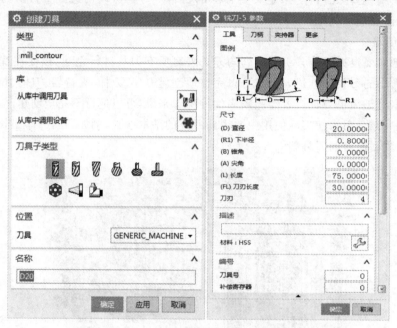

图 8 - 18　创建立铣刀刀具(型腔铣)

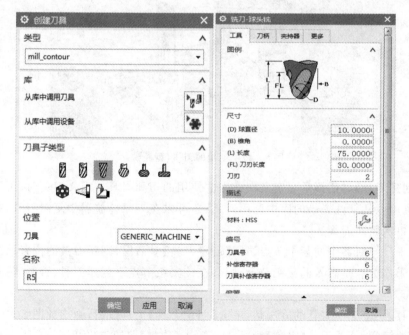

图 8 - 19　创建球头刀刀具(型腔铣)

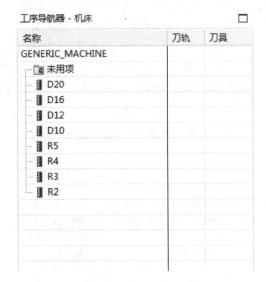

图 8 - 20　机床视图(型腔铣)

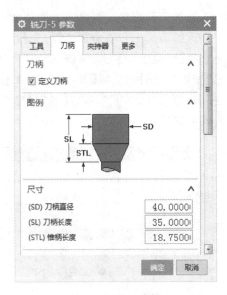

图 8 - 21　刀柄和夹持器参数输入界面(型腔铣)

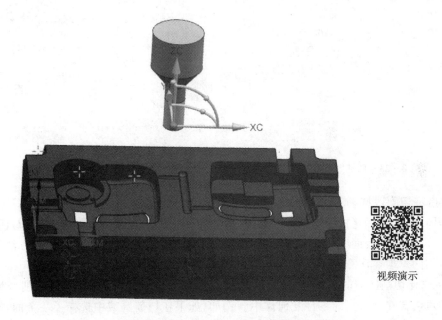

视频演示

图 8 - 22　刀具示意(型腔铣)

## 任务五　型腔铣削零件程序编制操作

### 1. 型腔铣粗加工操作

虽然平面铣与型腔铣有一些相同点,但也有不同点,故它们的用途也有许多不同之处。平面铣用于直壁的,且岛屿的顶面和槽腔的底面为平面的零件的加工;而型腔铣适用于非直壁的,且岛屿的顶面和槽腔的底面为平面或曲面的零件的加工。在很多情形下,特别是粗加工,型腔铣可以替代平面铣。而对于模具的型腔或型芯及其他带有复杂曲面的零件的粗加工,多选择岛屿的顶平面和槽腔的底平面之间作为切削层,在每一个切削层上,根据切削层平面与毛坯和零件几何体的交线来定义切削范围。因此,型腔铣在数控加工应用中最为广泛,可用于大

273

部分的粗加工及直壁或斜度不大的侧壁的精加工;通过限定高度值,只做一层切削,型腔铣可用于平面的精加工和清角加工等。型腔铣加工在数控加工应用中占到一半以上的比例。

选择【创建工序】工具按钮,弹出【创建工序】对话框,如图 8-23 所示,单击【工序子类型】中的"型腔铣"图标,选择【刀具】为 D20,【几何体】为"WORKPIECE_1",输入【方法】为"CU",程序【名称】为"D20CU",单击【确定】按钮弹出【型腔铣】参数设置对话框,如图 8-24 所示,【切削模式】选择"跟随周边"。

图 8-23 创建"型腔铣"工序

图 8-24 【型腔铣】对话框

(1) 指定切削区域

单击图 8-24 中的【指定切削区域】图标,弹出如图 8-25 所示【切削区域】对话框,在该对话框中可以选择"表面区域"、"片体"或"面"来定义切削区域,其选择和编辑的方法与工件几何体基本相同。但要注意以下几点:

① 在选择切削区域时,可不必讲究所选择的各部分区域的排列顺序,但切削区域中的每个成员必须包含在已选择的零件几何体中。例如,如果在切削区域中选择了一个面,则该面应在零件几何体中已被选择,或者是零件实体的一个面。

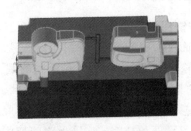

图 8-25 指定切削区域(型腔铣粗加工)

② 若不选择切削区域,则系统把已定义的整个零件几何体(包括刀具不能进行切削的区域)作为切削区域。系统用零件几何体的轮廓表面作为切削区域,实际上是没有指定切削区域。

(2) 刀轨设置

按图 8-26 中的选项,对图 8-24 中的下列刀轨参数进行设置:切削【方法】为"CU",【切削模式】为"跟随周边",【步距】为"%刀具平直",【平面直径百分比】为 50%,【公共每刀切削深度】为"恒定",【最大距离】为 0.3 mm,如图 8-26 所示。

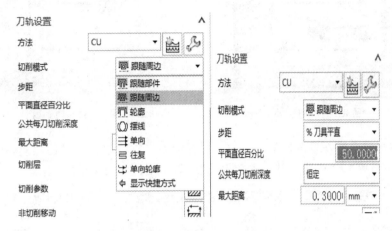

图 8-26　刀轨设置(型腔铣粗加工)

(3) 切削参数

单击图 8-24 中的【切削参数】图标,弹出【切削参数】对话框。在【策略】选项卡中设置【切削方向】为"顺铣"。【切削方向】包括"顺铣"和"逆铣"两个选项。顺铣指刀具旋转时产生的切线方向与工件的进给方向相同,如图 8-27 所示;逆铣指刀具旋转时产生的切线方向与工件的进给方向相反,如图 8-28 所示。设置【切削顺序】为"深度优先"。【切削顺序】包括"层优先"和"深度优先"两个选项。"层优先"指刀具在切削零件时,切削完工件上所有区域同一高度的切削层之后再进入下一层进行切削,如图 8-29 所示。"深度优先"指刀具在切削零件时,将一个切削区域的所有层切削完毕后再进入下一个切削区域进行切削,如图 8-30 所示。

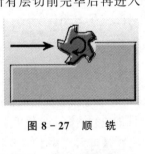

图 8-27　顺　铣

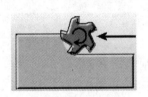

图 8-28　逆　铣

图 8-29　层优先

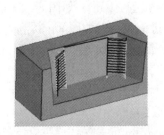

图 8-30　深度优先

设置【刀路方向】为"自动"。【刀路方向】可以"向外",也可以"向内"。向外指刀具从里面下刀,向外面切削,如图 8-31 所示;向内指刀具从外面下刀,往里面切削,如图 8-32 所示;若选择"自动",则软件根据切削区域自动确定"向内"或"向外"。

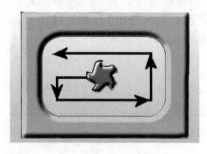

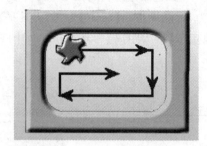

图 8-31　向　外　　　　　　　　　　　图 8-32　向　内

在【余量】选项卡中查看余量值是否与所选择的加工方法中的余量值相同,在【连接】选项卡中设置【区域排序】为"优化",其余参数保持默认,单击【确定】按钮,如图 8-33 所示。

图 8-33　切削参数(型腔铣粗加工)

(4) 非切削移动参数

在图 8-26 中单击【非切削移动】图标,弹出【非切削移动】对话框。在【进刀】选项卡中,【封闭区域】的【进刀类型】设置为"螺旋",【直径】为刀具的 90%,【斜坡角度】为 3°,【高度】为 1 mm,【封闭区域】的其他参数不用更改;设置【开放区域】的【进刀类型】为"线性",【长度】为刀具的 60%,【高度】为 1 mm,如图 8-34 所示。在【退刀】选项卡中,设置【退刀类型】为"抬刀",也可以为"与进刀相同",如图 8-35 所示。其余参数保持默认,单击【确定】按钮完成设置。

在【起点/钻点】选项卡中,设置【重叠距离】为 0.2 mm,其余参数为默认,如图 8-36 所示。在【转移/快速】选项卡中,设置【区域之间】区域中的【转移类型】为"安全距离-最短距离";【区域内】区域中的【转移类型】为"前一平面",【安全距离】为 0.5 mm,如图 8-37 所示。在【光顺】选项卡中,设置【光顺半径】为 1 mm,以防止在加工过程中刀具在拐角处撞刀,如图 8-38 所示。其他参数不变,单击【确定】按钮返回【型腔铣】对话框(见图 8-24)。

图 8-34 进刀参数(型腔铣粗加工)

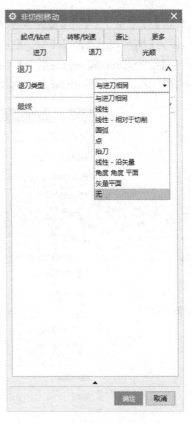

图 8-35 退刀参数(型腔铣粗加工)

图 8-36 起点/钻点参数
(型腔铣粗加工)

图 8-37 转移/快速参数
(型腔铣粗加工)

图 8-38 光顺参数
(型腔铣粗加工)

（5）指定主轴转速

在【型腔铣】对话框中,单击【进给率和速度】图标,弹出【进给率和速度】对话框,在【主轴速度】区域中,设置【输出模式】为"RPM",【主轴速度】为"2000",【方向】为"顺时针";在【进给率】区域中,【切削】设为 2600 mmpm;展开【更多】,设置其中的【进刀】为 1800 mmpm,【第一刀切削】为 1500 mmpm,如图 8-39 所示。其余参数保持默认。单击【确定】按钮完成设置。

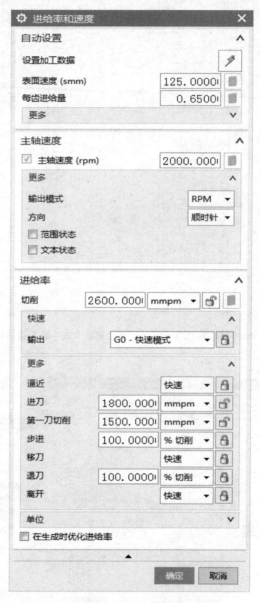

图 8-39　进给率和速度参数(型腔铣粗加工)

（6）创建刀具轨迹

单击【生成】图标 ,完成对型腔铣粗加工工序 D20CU 的刀具轨迹的创建。

（7）生成刀具轨迹仿真

单击【确认】图标 ,弹出【刀轨可视化】对话框,切换到【3D 动态】选项卡,将【动画速度】调整为"2",单击播放按钮 生成刀具轨迹,如图 8-40 所示。最终的仿真图如图 8-41 所示。

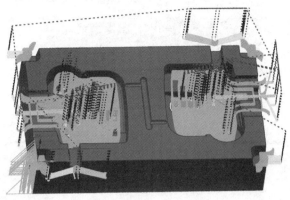

图 8-40 刀具轨迹(型腔铣粗加工)

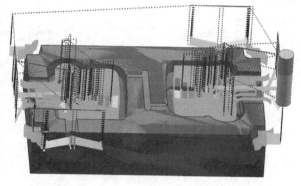

图 8-41 仿真效果(型腔铣粗加工)

（8）后处理

后处理时,要选择与机床设备对应的后处理器或通用后处理器。由于机床设备与系统的不同指令有所差别,因此要生成适合自己的 NC 代码,制作自己的后处理器。此处选择默认后处理器,操作方法是:如图 8-42 左图所示,右击"D20CU"弹出快捷菜单,选择【后处理】命令,弹出【后处理】对话框,如图 8-42 中间图形所示,在该对话框中选择"MILL_3_AXIS"和"公制/部件",并设定输出【文件名】,单击【确定】按钮弹出【信息】窗口,如图 8-42 右图所示。

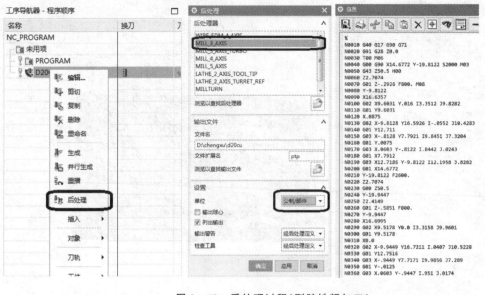

图 8-42　后处理过程(型腔铣粗加工)

### 2. 二次粗加工操作

二次粗加工操作的步骤是:

① 找到左侧【工序导航器】下面的"D20CU"并右击选择"复制",再次右击选择"粘贴",如图 8-43 所示。这样即把上面"D20CU"工序所选配的参数都复制过来,右击"D20CU-COPY"选择"重命名",修改为"D16CU"。

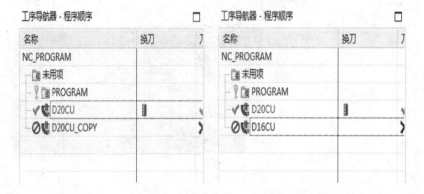

图 8-43　程序复制(二次粗加工)

② 此步只需修改一些参数,方法是:右击"D16CU"并选择【编辑】弹出【型腔铣】对话框,将【工具】区域中的【刀具】修改为"D16"。将【刀轨设置】区域中的【方法】修改为"BJ",如图 8-44 所示。单击【切削参数】图标,弹出【切削参数】对话框,如图 8-45 所示。在【空间范围】选项卡中,将【参考刀具】修改为 D20,单击【确定】按钮返回【型腔铣】对话框。单击【进给率和速度】图标,将弹出的对话框中的参数修改为 D16 的进给参数,如图 8-46 所示,单击【确定】按钮。

③ 单击【生成】图标 ▶,完成对二次粗加工工序 D16CU 的刀具轨迹的创建。

④ 单击【确认】图标 ▲,弹出【刀轨可视化】对话框,切换到【3D 动态】选项卡,将【动画速度】调整为"2",单击播放按钮 ▶ 生成刀具轨迹,如图 8-47 所示。最终的仿真图如图 8-48 所示。

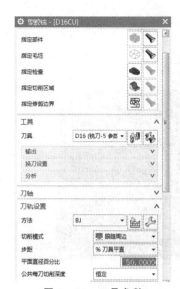

图 8 - 44　工具参数
(二次粗加工)

图 8 - 45　切削参数
(二次粗加工)

图 8 - 46　进给参数
(二次粗加工)

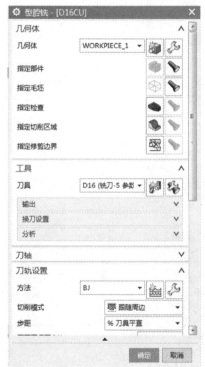

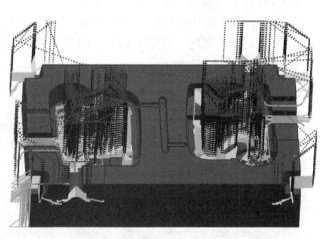

图 8 - 47　刀具轨迹(二次粗加工)

⑤ 在进行后处理时,要选择与机床设备对应的后处理器或通用后处理器,由于机床设备与系统的不同指令有所差别,因此要生成适合自己的 NC 代码,制作自己的后处理器,此处选择默认后处理器。后处理的操作方法是:右击"D16CU"→选择【后处理】命令→选择"MILL_3_AXIS"和"公制/部件"→设定输出【文件名】→单击【确定】按钮。

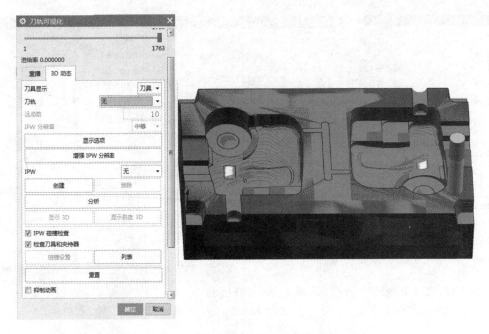

图 8-48  模拟仿真(二次粗加工)

### 3. 侧壁半精加工操作

侧壁半精加工的操作步骤是:

① 找到左侧【工序导航器】下面的"D16CU"并右击选择"复制",再次右击选择"粘贴",如图 8-49 所示。这样即把上面"D16CU"工序所选配的参数都复制过来,右击"D16CU-COPY"选择"重命名",修改为"D12BJ"。

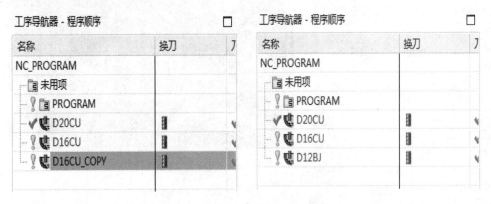

图 8-49  程序复制(侧壁半精加工)

② 此步只需修改一些参数,方法是右击"D12BJ"并选择【编辑】弹出【型腔铣】对话框,将【工具】区域中的【刀具】修改为 D12。将【刀轨设置】中的【方法】修改为"BJ",如图 8-50 所示。单击【切削参数】图标弹出对话框,在【空间范围】选项卡中,将【参考刀具】修改为 D16,单击【确定】按钮,如图 8-51 所示。刀具的【进给率和速度】修改为 D12 的进给参数,如图 8-52 所示,单击【确定】按钮。

③ 单击【生成】图标 ，完成对侧壁半精加工工序 D12BJ 的刀具轨迹的创建。

④ 单击【确认】图标 ，弹出【刀轨可视化】对话框,切换到【3D 动态】选项卡,【动画速度】调整为"2",单击播放按钮 生成刀具轨迹,如图 8-53 所示。最终的仿真图如图 8-54 所示。

图 8-50 工具参数
（侧壁半精加工）

图 8-51 切削参数
（侧壁半精加工）

图 8-52 进给参数
（侧壁半精加工）

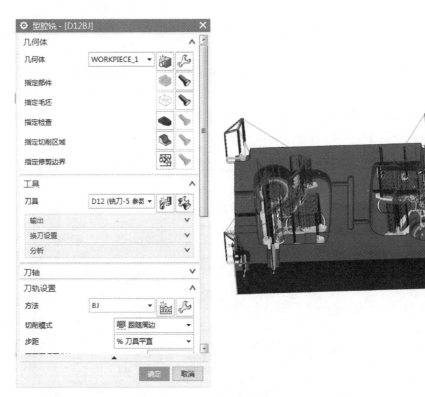

图 8-53 刀具轨迹（侧壁半精加工）

⑤ 在进行后处理时，要选择与机床设备对应的后处理器或通用后处理器，由于机床设备与系统的不同指令有所差别，因此要生成适合自己的 NC 代码，制作自己的后处理器，此处选择默认后处理器。后处理的操作方法是：右击"D12BJ"→选择【后处理】命令→选择"MILL_3_AXIS"和"公制/部件"→设定输出【文件名】→单击【确定】按钮。

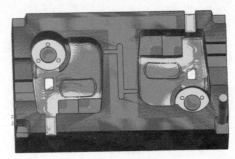

视频演示

图 8-54　模拟仿真(侧壁半精加工)

### 4. 侧壁精加工操作

侧壁精加工需要先进行底面精加工,前面已经对底面精加工做了讲解,在此复习一下底面精加工程序的编制。需要注意的是,在进行底面精加工时,侧壁的余量设置应大于半精加工时为部件留出的余量,这里建议选择 0.5~1 mm,以保证加工时刀具不碰撞侧壁。

选择【创建工序】工具按钮,弹出【创建工序】对话框,如图 8-55 所示,【工序子类型】选择"深度轮廓铣",【刀具】选择 D10,【几何体】选择"WORKPIECE_1",【方法】选择"JJ",程序【名称】为"D10JJ",单击【确定】按钮弹出【深度轮廓铣】参数设置对话框,如图 8-56 所示。

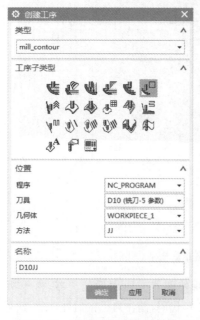

图 8-55　创建工序(侧壁精加工)

图 8-56　【深度轮廓铣】对话框(侧壁精加工)

（1）指定切削区域

单击【指定切削区域】图标，弹出如图 8-57 所示对话框，在该对话框中可以选择"表面区域"、"片体"或"面"来定义切削区域，其选择和编辑的方法与工件几何体基本相同。但要注意以下几点：

① 在选择切削区域时，可不必讲究所选择的各部分区域的排列顺序，但切削区域中的每个成员必须包含在已选择的零件几何体中。例如，如果在切削区域中选择了一个面，则该面应在零件几何体中已被选择，或者是零件实体的一个面。

② 若不选择切削区域，则系统把已定义的整个零件几何体（包括刀具不能进行切削的区域）作为切削区域。系统用零件几何体的轮廓表面作为切削区域，实际上是没有指定切削区域。

 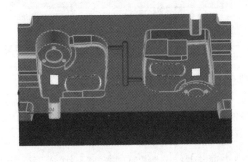

**图 8-57 指定切削区域（侧壁精加工）**

（2）刀轨设置

设置下列刀轨参数：切削【方法】为"JJ"，【陡峭空间范围】为"无"，【公共每刀切削深度】为"恒定"，【最大距离】为 0.2 mm，如图 8-58 所示。

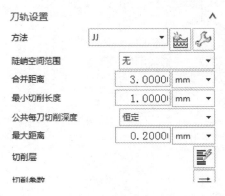

**图 8-58 刀轨设置（侧壁精加工）**

（3）切削参数

设置下列切削参数：在【策略】选项卡中，设置【切削方向】为"顺铣"，【切削顺序】为"深度优先"（"层优先"的加工速度较慢，时间较长；"深度优先"的加工速度较快），选中【在边上延伸】，【距离】为 1 mm；在【余量】选项卡中查看余量值是否与所选择的加工方法中的余量值相同，应为零；在【连接】选项卡中，设置【层到层】为"沿部件斜进刀"，【斜坡角】为 3°，选中【层间切削】，【步距】为"恒定"，【最大距离】为 0.01 mm。其余参数保持默认，如图 8-59 所示，单击【确定】

按钮完成设置。

图 8－59　切削参数(侧壁精加工)

（4）非切削移动参数

在【非切削移动】对话框中设置下列参数：在【进刀】选项卡中，【封闭区域】的【进刀类型】设置为"沿形状斜进刀"，【斜坡角度】为 3°，【高度】为 0.5 mm，【封闭区域】的其他参数不用更改；【开放区域】的【进刀类型】为"圆弧"，【半径】为刀具的 50％，【高度】为 1 mm，如图 8－60 所示。在【退刀】选项卡中，设置【退刀类型】为"抬刀"，也可以为"与进刀相同"，如图 8－61 所示，其余参数保持默认，单击【确定】按钮完成设置。

图 8－60　进刀参数(侧壁精加工)

图 8－61　退刀参数(侧壁精加工)

在【起点/钻点】选项卡中,设置【重叠距离】为 0.2 mm,其余参数为默认,如图 8-62 所示。在【转移/快速】选项卡中,【区域之间】的【转移类型】为"安全距离-最短距离",【区域内】的【转移类型】为"前一平面",【安全距离】为 0.5 mm,如图 8-63 所示。在【光顺】选项卡中,设置【光顺半径】为 0 mm,以便在加工过程中刀具在拐角处留有余量,如图 8-64 所示。其他参数不变,单击【确定】按钮返回【深度轮廓铣】对话框(见图 8-56)。

图 8-62　起点/钻点参数
(侧壁精加工)

图 8-63　转移/快速参数
(侧壁精加工)

图 8-64　光顺参数
(侧壁精加工)

（5）指定主轴转速

在【进给率和速度】对话框中,在【主轴速度】区域中,设置【输出模式】为"RPM",【主轴速度】为"2500",【方向】为"顺时针";在【进给率】区域中,【切削】设为 1000 mmpm,展开【更多】,设置其中的【进刀】为 800 mmpm,【第一刀切削】为 500 mmpm。其余参数保持默认,如图 8-65 所示,单击【确定】按钮完成设置。

（6）创建刀具轨迹

单击【生成】图标，完成对侧壁精加工工序 D10JJ 的刀具轨迹的创建。

（7）生成刀具轨迹仿真

单击【确认】图标，弹出【刀轨可视化】对话框,切换到【3D 动态】选项卡,将【动画速度】调整为"2",单击播放按钮▶生成刀具轨迹,如图 8-66 所示。最终的仿真图如图 8-67 所示。

图 8-65　进给参数(侧壁精加工)

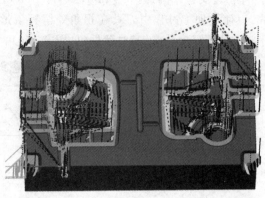

视频演示

图 8-66　刀具轨迹(侧壁精加工)

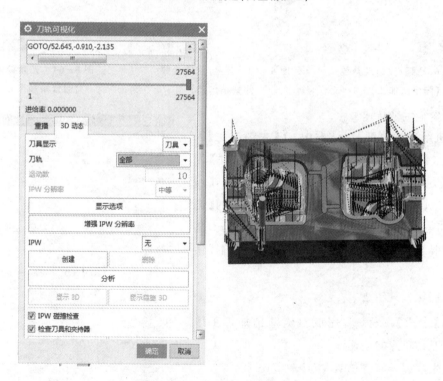

图 8-67　仿真效果(侧壁精加工)

（8）后处理

在进行后处理时,要选择与机床设备对应的后处理器或通用后处理器,由于机床设备与系统的不同指令有所差别,因此要生成适合自己的 NC 代码,操作方法是:右击"D10JJ"→选择【后处理】命令→选择"MILL_3_AXIS"和"公制/部件"→设定输出【文件名】→单击【确定】按钮。

**5. 曲面半精加工操作**

单击【创建工序】工具按钮,弹出【创建工序】对话框,如图 8 - 68 所示,【工序子类型】选择"固定轮廓铣",【刀具】选择 R5,【几何体】选择"WORKPIECE_1",【方法】选择"BJ",程序【名称】为"R5BJ",单击【确定】按钮弹出【固定轮廓铣】参数设置对话框,如图 8 - 69 所示。

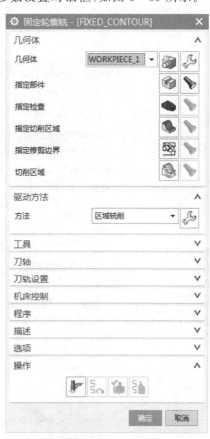

图 8 - 68　创建工序(曲面半精加工)　　　　图 8 - 69　【固定轮廓铣】对话框(曲面半精加工)

（1）指定切削区域

单击【指定切削区域】图标 ,弹出如图 8 - 70 所示对话框,在该对话框中可以选择"表面区域"、"片体"或"面"来定义切削区域,其选择和编辑的方法与工件几何体基本相同。

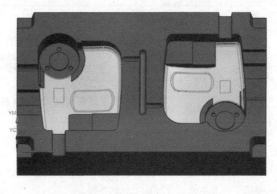

图 8 - 70　指定切削区域(曲面半精加工)

（2）驱动方法设置

在图 8-69 中，将【驱动方法】区域中的【方法】设置为"区域铣削"；在【陡峭空间范围】区域中，设置【方法】为"非陡峭"，【重叠距离】为 0.2 mm；在【驱动设置】区域中，设置【非陡峭切削模式】为"往复"，【切削方向】为"顺铣"，【步距】为"恒定"，【最大距离】为 0.2 mm，【步距已应用】为"在部件上"，【切削角】为"自动"，其余参数保持默认，如图 8-71 所示，单击【确定】按钮完成设置。

**图 8-71 区域铣削驱动方法（曲面半精加工）**

（3）切削参数

设置下列切削参数：在【策略】选项卡中，设置【切削方向】为"顺铣"，【切削角】为"自动"；在【余量】选项卡中，设置【部件余量】为 0.2 mm，【边界余量】为 0.5 mm。其余参数保持默认，如图 8-72 所示，单击【确定】按钮完成设置。

图 8-72　切削参数(曲面半精加工)

(4) 非切削移动参数

在【非切削移动】对话框中设置下列参数:在【进刀】选项卡中,设置【开放区域】的【进刀类型】为"圆弧-平行于刀轴",【半径】为 2 mm,【圆弧角度】为 45°,其他参数不用更改。在【退刀】选项卡中,设置【退刀类型】为"与进刀相同"。在【转移/快速】选项卡中,设置【区域内】区域中的【逼近方法】为"无"。其余参数保持默认,如图 8-73 所示,单击【确定】按钮完成设置。

图 8-73　进刀参数(曲面半精加工)

(5) 指定主轴转速

在【进给率和速度】对话框中,在【主轴速度】区域中,设置【输出模式】为"RPM",【主轴速度】为"2500",【方向】为"顺时针";在【进给率】区域中,设置【切削】为 1 000 mmpm,展开【更多】,设置其中的【进刀】为 800 mmpm,【第一刀切削】为 500 mmpm。其余参数保持默认,如

图 8-74 所示,单击【确定】按钮完成设置。

图 8-74 进给参数(曲面半精加工)

(6)创建刀具轨迹

单击【生成】图标 ,完成对曲面半精加工工序 R5BJ 的刀具轨迹的创建。

(7)生成刀具轨迹仿真

单击【确认】图标 ,弹出【刀轨可视化】对话框,切换到【3D 动态】选项卡,将【动画速度】调整为"2",单击播放按钮 ▶ 生成刀具轨迹,如图 8-75 所示。最终的仿真图如图 8-76 所示。

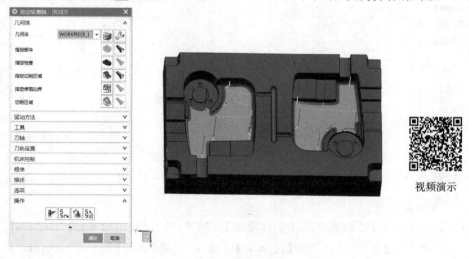

视频演示

图 8-75 刀具轨迹(曲面半精加工)

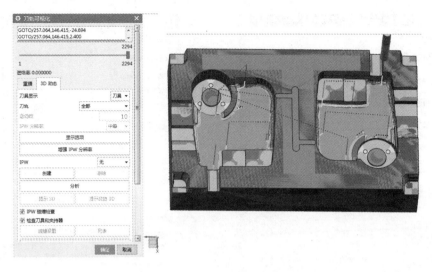

图 8 - 76 仿真效果（曲面半精加工）

（8）后处理

在进行后处理时，要选择与机床设备对应的后处理器或通用后处理器，由于机床设备与系统的不同指令有所差别，因此要生成适合自己的 NC 代码，操作方法是：右击"R10BJ"→选择【后处理】命令→选择"MILL_3_AXIS"和"公制/部件"→设定输出【文件名】→单击【确定】按钮。

**6. 曲面精加工操作**

曲面精加工操作的步骤是：

① 找到左侧【工序导航器】下面的"R5BJ"并右击选择"复制"，再次右击选择"粘贴"，如图 8 - 77 所示。这样即把上面"R5BJ"工序所选配的参数都复制过来，右击"R5BJ-COPY"选择"重命名"，修改为"R3JJ"。

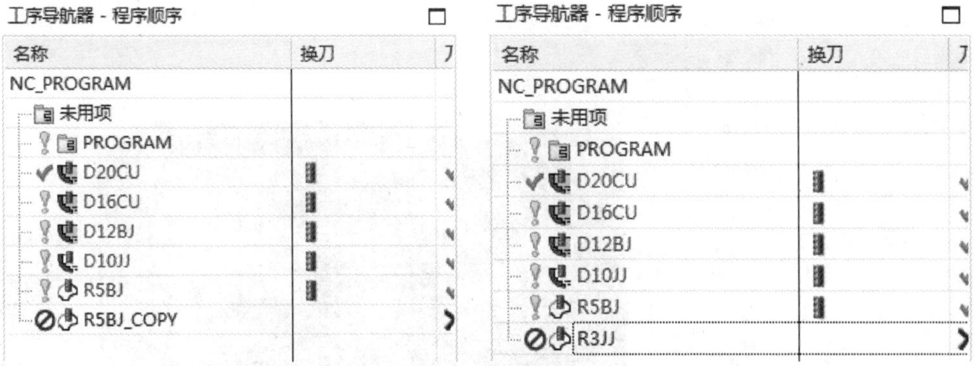

图 8 - 77 程序复制（曲面精加工）

② 此步只需修改一些参数，方法是：右击"R3JJ"选择【编辑】弹出【固定轮廓铣】对话框，将【工具】区域中的【刀具】修改为 R3，将【刀轨设置】中的【方法】修改为"JJ"，如图 8 - 78 所示，单击【确定】按钮。将刀具的【进给率和速度】修改为 R3 的进给参数，如图 8 - 79 所示，单击【确定】按钮完成设置。

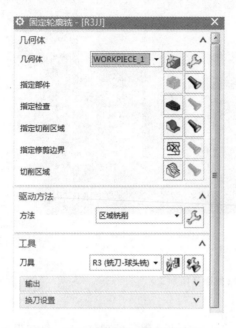

图 8-78　工具参数(曲面精加工)　　　　图 8-79　进给参数(曲面精加工)

③ 单击【生成】图标，完成对曲面精加工工序 R3JJ 的刀具轨迹的创建。

④ 单击【确认】图标，弹出【刀轨可视化】对话框，切换到【3D 动态】选项卡，将【动画速度】调整为"2"，单击播放按钮生成刀具轨迹，如图 8-80 所示。最终的仿真图如图 8-81 所示。

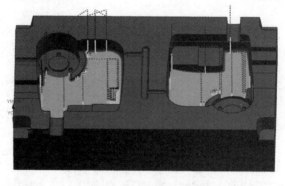

视频演示

图 8-80　刀具轨迹(曲面精加工)

⑤ 后处理的操作方法是：右击"R3JJ"选择【后处理】命令→选择"MILL_3_AXIS"和"公制/部件"→设定输出【文件名】→单击【确定】按钮。

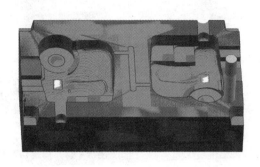

图 8 - 81 模拟仿真(曲面精加工)

**7. 清根操作**

单击【创建工序】工具按钮,弹出【创建工序】对话框,如图 8 - 82 所示,【工序子类型】选择"固定轮廓铣",【刀具】选择 R3,【几何体】选择"WORKPIECE_1",【方法】选择"JJ",程序【名称】为"R3QG",单击【确定】按钮弹出【固定轮廓铣】参数设置对话框,如图 8 - 83 所示。

图 8 - 82 创建工序(清根)

图 8 - 83 【固定轮廓铣】对话框(清根)

(1)指定切削区域

单击【指定切削区域】图标 ,弹出如图 8 - 84 所示对话框,在该对话框中可以选择"表面

区域"、"片体"或"面"来定义切削区域,其选择和编辑的方法与工件几何体基本相同。

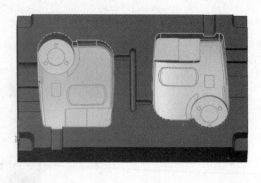

图 8 - 84　指定切削区域(清根)

（2）驱动方法设置

在图 8 - 83 中,将【驱动方法】区域中的【方法】设置为"清根";在【驱动设置】区域中,设置【清根类型】为"参考刀具偏置";在【非陡峭切削】区域中,设置【非陡峭切削模式】为"往复横切",【步距】为 0.1 mm;在【陡峭切削】区域中,设置【陡峭切削模式】为"往复上升横切",【陡峭切削方向】为"高到低",【步距】为 0.1 mm;在【参考刀具】区域中,设置【参考刀具】为 R5,【重叠距离】为 0.2 mm。其余参数保持默认,如图 8 - 85 所示,单击【确定】按钮完成设置。

（3）切削参数

设置下列切削参数:在【策略】选项卡中,选中【在边上延伸】,设置【距离】为 1 mm,其余参数保持默认,如图 8 - 86 所示,单击【确定】按钮完成设置。

图 8 - 85　区域铣削驱动方法(清根)　　　　图 8 - 86　切削参数(清根)

（4）非切削移动参数

设置下列非切削移动参数：在【进刀】选项卡中，设置【进刀类型】为"圆弧-垂直于部件"，【半径】为 2 mm，【圆弧角度】为 90°；其他参数不用更改。在【退刀】选项卡中，设置【退刀类型】为"与进刀相同"。在【转移/快速】选项卡中，设置【区域内】区域中的【逼近方法】为"无"，其余参数保持默认，如图 8-87 所示，单击【确定】按钮完成设置。

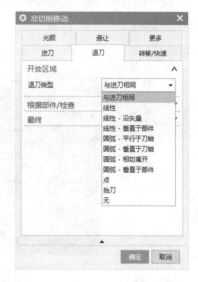

**图 8-87  进刀/退刀参数（清根）**

（5）指定主轴转速

设置下列进给率和速度参数：在【主轴速度】区域中，设置【输出模式】为"RPM"，【主轴速度】为"2500"，【方向】为"顺时针"；在【进给率】区域中，设置【切削】为 1 000 mmpm，展开【更多】，设置其中的【进刀】为 300 mmpm，【第一刀切削】为 300 mmpm。其余参数保持默认，如图 8-88 所示，单击【确定】按钮完成设置。

**图 8-88  进给参数（清根）**

（6）创建刀具轨迹

单击【生成】图标 ，完成清根工序 R3QG 的刀具轨迹的创建。

（7）生成刀具轨迹仿真

单击【确认】图标 ，弹出【刀轨可视化】对话框，切换到【3D 动态】选项卡，将【动画速度】调整为"2"，单击播放按钮 生成刀具轨迹，如图 8 - 89 所示。最终的仿真图如图 8 - 90 所示。

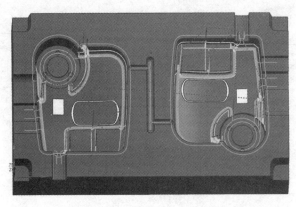

视频演示

图 8 - 89　刀具轨迹（清根）

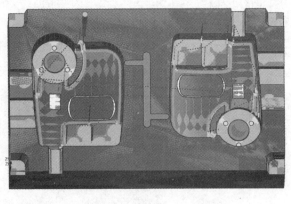

图 8 - 90　仿真效果（清根）

（8）后处理

在进行后处理时，要选择与机床设备对应的后处理器或通用后处理器，由于机床设备与系统的不同指令有所差别，因此要生成适合自己的 NC 代码，操作方法是：右击"R3QG"→选择【后处理】命令→选择"MILL_3_AXIS"和"公制/部件"→设定输出【文件名】→单击【确定】按钮。

**8. 内部圆角清根操作**

内部圆角清根操作的步骤是：

① 找到左侧【工序导航器】下面的"R3QG"并右击选择"复制"，再次右击选择"粘贴"，如图8-91所示。这样即把上面"R3QG"工序所选配的参数都复制过来，右击"R3QG-COPY"选择"重命名"，修改为"R2LD"。

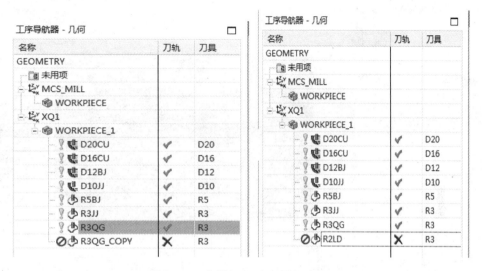

图8-91 复制程序（内部圆角清根）

② 此步只需修改一些参数，方法是：右击"R2LD"选择【编辑】弹出【固定轮廓铣】对话框，将【工具】区域中的【刀具】修改为R2，将【刀轨设置】中的【方法】修改为"JJ"，如图8-92所示，单击【确定】按钮。将刀具的【进给率和速度】修改为R2的进给参数，如图8-93所示，单击【确定】按钮。

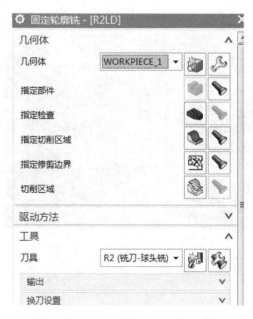

图8-92 工具参数（内部圆角清根）

图8-93 进给参数（内部圆角清根）

③ 单击【生成】图标，完成对内部圆角清根工序R2LD的刀具轨迹的创建。

④ 单击【确认】图标，弹出【刀轨可视化】对话框，切换到【3D 动态】选项卡，将【动画速度】调整为"2"，单击播放按钮生成刀具轨迹，如图 8-94 所示。最终的仿真图如图 8-95 所示。

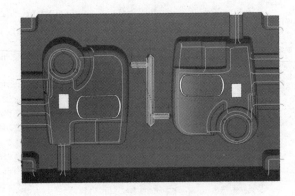

视频演示

**图 8-94 刀具轨迹(内部圆角清根)**

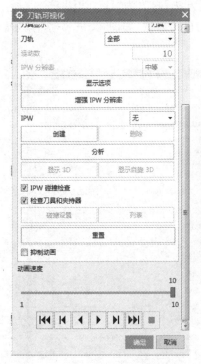

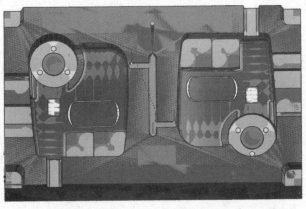

**图 8-95 模拟仿真(内部圆角清根)**

⑤ 后处理的操作方法是:右击"R2LD"选择【后处理】命令→选择"MILL_3_AXIS"和"公制/部件"→设定输出【文件名】→单击【确定】按钮。

## 任务六 型腔铣削零件程序仿真操作

完成本项目需要加工的全部元素后,进行所有程序的仿真加工。选中所有的刀具路径,仿真效果如图8-96所示。零件的XQ型腔铣削加工完成,零件上的孔加工参照项目九进行学习操作。

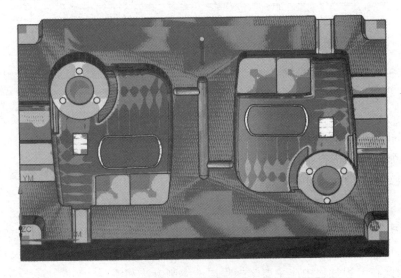

视频演示

**图 8-96 程序仿真效果图(型腔铣零件)**

## 项目综合评价表

型腔铣削加工编程项目综合评价表

| 评价类别 | 序号 | 评价内容 | 分值 | 得分 |
|---|---|---|---|---|
| 成果评价(50分) | 1 | 型腔铣粗加工程序编制 | 15 | |
| | 2 | 型腔铣二次粗加工程序编制 | 15 | |
| | 3 | 型腔铣侧壁精加工程序编制 | 5 | |
| | 4 | 型腔铣曲面精加工程序编制 | 5 | |
| | 5 | 型腔铣清根加工程序编制 | 10 | |
| 自我评价(25分) | 1 | 学习活动的主动性 | 7 | |
| | 2 | 独立解决问题的能力 | 5 | |
| | 3 | 工作方法的正确性 | 5 | |
| | 4 | 团队合作 | 5 | |
| | 5 | 个人在团队中的作用 | 3 | |

续表

| 评价类别 | 序 号 | 评价内容 | 分 值 | 得 分 |
|---|---|---|---|---|
| 教师评价(25分) | 1 | 工作态度 | 7 | |
| | 2 | 工作量 | 5 | |
| | 3 | 工作难度 | 3 | |
| | 4 | 工具的使用能力 | 5 | |
| | 5 | 自主学习 | 5 | |
| 项目总成绩(100分) | | | | |

# 项目九  点位加工

## 项目目标

① 能正确使用孔加工基本加工策略；
② 能正确对孔加工轨迹进行仿真校验；
③ 能完成孔加工程序的后置处理。

## 项目简介

本项目主要学习孔类加工编程。孔是机械类加工的主要内容，一般包含点钻孔、钻孔、浅孔钻、深孔钻、扩孔、镗孔、铰孔、攻丝等主要类型。由于孔的编程与后处理具有自己独特的循环指令和特殊性，因此在编程过程中应主要掌握程序的编制方法和流程。

hole_making 工序子类型是基于特征的孔加工模式，drill 工序子类型主要是基于孔位和矢量方向的孔加工。本项目将针对这两种形式的孔的程序编制进行学习和训练。

## 项目分析

本项目主要通过孔的加工，学习孔加工的方式、方法，针对浅孔、深孔、盲孔、镗孔、铰孔、攻丝进行工艺分析和加工编程。孔的加工一般分为两种方式：drill 方式是基于孔位的加工，hole making 方式是基于特征的孔加工。方式不同，加工的模式和方法也不同。本项目将对孔的加工进行详细介绍。

## 项目操作

### 任务一  零件模型绘制操作

本项目的加工任务如图 9-1 所示。

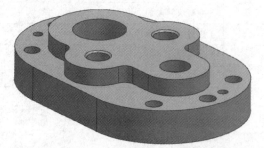

视频演示

**图 9-1  加工任务图**

## 任务二 零件分析操作

孔类的工艺特点是外形简单,但对装配精度、形状精度、位置精度及表面粗糙度的要求都较高,特别对带有公差配合的孔的要求更高,所以加工过程中的刀具和工艺对孔的质量影响很大。如图9-2所示,使用PMI功能标注孔的形状尺寸和深度,分析

图9-2 PMI功能

孔的类型,从而得到选择刀具和编排工艺的依据。如图9-3所示选择标注功能,可以得到如图9-4所示的基本数据结果。当然也可以从图纸来分析,但要确保模型中孔的尺寸与图纸上的一致,并与编程刀具一致。

图9-3 PMI界面

视频演示

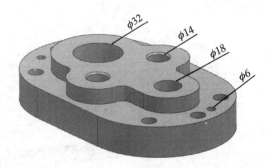

图9-4 模型分析

## 任务三 点位零件加工工艺分析操作

### 1. 加工方法的选择和加工阶段的划分

因为对内孔的表面粗糙度要求较高,且有垂直度要求,所以需要一次装夹完成加工。因此,确定最终的加工方法为粗镗—半精镗—精镗。因为对装配内孔的精度要求较高,所以最终的加工方法为粗镗—精镗。因为对圆柱孔没有位置精度和表面粗糙度的要求,故采用钻孔、铣孔就能达到图纸上的设计要求。

### 2. 毛坯选择

该零件为半成品加工,凸台的形状和平面已经加工成型,如图9-5所示,接下来是对平面上所有孔进行加工。下面按照批量生产的生产纲领确定加工方案。

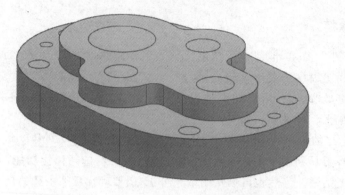

视频演示

图 9-5　毛坯示意图

**3. 定位夹紧**

（1）粗基准的选择

遵照"保证不加工的表面与加工表面互为基准的原则"的粗基准选择原则（即当零件有不加工表面时，应以这些不加工表面作为粗基准；当零件有若干不加工表面时，应以相对精度要求较高的不加工表面作为粗基准），这里先以圆柱孔的上端面为粗基准。

（2）精基准的选择

根据精基准的选择原则，在选择精基准面时，应首先考虑基准重合问题，即在可能的情况下，尽量选择加工表面的设计基准作为定位基准。该零件以加工好的底面作为后续工序（如铣圆柱孔、镗孔等）的精基准。装夹方式如图 9-6 所示，找正上表面为水平，底面悬空，以便于通孔穿过底面。

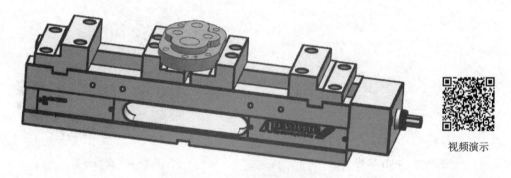

视频演示

图 9-6　工件装夹示意图

**4. 加工顺序与进给路线**

根据零件图上各加工孔的尺寸要求，采用钻→扩→粗铰→精铰的加工顺序；除螺纹外，其他采用粗铣→半精铣的加工顺序；螺纹用机攻实现，在数控设备上完成工序的集中加工。

（1）孔加工面的处理方法

由于该零件的上表面和下表面以及台阶面的粗糙度要求为 $3.2~\mu m$，所以通常采用粗铣—精铣方案。

（2）孔加工方法的选择

该零件孔系的加工方案选择如下：

对于 $6 \times \phi 7$ 普通孔，由于其表面粗糙度为 $3.2~\mu m$，且无尺寸公差要求，所以应采用"钻—铰"方案。

对于 $\phi$12H7 mm 孔，由于其表面粗糙度为 1.6 $\mu$m，故应采用"钻—粗铰—精铰"方案。

对于 $\phi$32H7 mm 孔，由于其表面粗糙度为 1.6 $\mu$m，故应采用"钻—粗镗—半精镗—精镗"方案。

对于 2×$\phi$6H8 孔，由于其表面粗糙度为 1.6 $\mu$m，所以应选择"钻—粗铰—精铰"方案。

对于螺纹孔 2×M16 - H7，根据螺纹孔的加工方法，采用先钻底孔、后攻螺纹的加工方案。

对于 $\phi$18 孔和 6×$\phi$11 孔，由于其表面粗糙度为 12.5 $\mu$m，且对表面粗糙度的要求不高，故应选择"钻孔—锪孔"方案。

**5. 刀具选择**

在 NX 软件中，创建孔的刀具时应特别注意类型，因为不同的刀具所加工的孔的形状不同；同时要与实际的刀具尺寸和角度一致。刀具类型表如表 9 - 1 所列，刀具选择清单如表 9 - 2 所列。

**表 9 - 1　刀具类型**

| 图　标 | 刀具名称 | 说　明 | 图　标 | 刀具名称 | 说　明 |
|---|---|---|---|---|---|
| | SPOTFACING_TOOL | 键槽刀 | | COUNTERBORING_TOOL | 平底锪刀 |
| | SPOTRILLING_TOOL | 中心钻 | | COUNTERSINKING_TOOL | 锥形锪刀 |
| | DRILLING_TOOL | 钻刀 | | TAP | 攻丝锥 |
| | BORING_BAR | 镗刀 | | THEAD_MILL | 螺纹铣刀 |
| | REAMER | 铰刀 | | | |

**表 9 - 2　刀具选择清单**

| 产品名称 | | | 零件名 | | | | 零件图号 | |
|---|---|---|---|---|---|---|---|---|
| | | | | 刀　具 | | | | |
| 工步号 | 刀具号 | 刀具型号 | 刀柄型号 | 直径 $D$ / mm | 长度 $H$ / mm | 刀尖半径 $R$ / mm | 刀尖方位 $T$ | 备　注 |
| 1 | T02 | $\phi$12 立铣刀 | BT40 | $\phi$12 | 50 | 0.1 | 0 | |
| 2 | T03 | $\phi$3 中心钻 | BT40 | $\phi$3 | 10 | 0 | 0 | |
| 3 | T04 | $\phi$27 钻头 | BT40 | $\phi$27 | 50 | 0 | 0 | |
| 4 | T05 | 内孔镗刀 | BT40 | $\phi$16 | 50 | 0.1 | 0 | |
| 5 | T06 | $\phi$11.8 钻头 | BT40 | $\phi$11.8 钻头 | 60 | 0 | 0 | |
| 6 | T07 | $\phi$18×11 锪钻 | BT40 | $\phi$18 | 60 | 0 | 0 | |
| 7 | T08 | $\phi$12 铰刀 | BT40 | $\phi$12 | 100 | 0 | 0 | |
| 8 | T09 | $\phi$14 钻头 | BT40 | $\phi$14 | 100 | 0 | 0 | |

续表 9-2

| 产品名称 | | | | 零件名 | | | | 零件图号 | |
|---|---|---|---|---|---|---|---|---|---|
| | | | | | 刀 具 | | | | |
| 工步号 | 刀具号 | 刀具型号 | 刀柄型号 | 直径 D/ mm | 长度 H/ mm | 刀尖半径 R/ mm | 刀尖方位 T | 备 注 | |
| 9 | T10 | 90°倒角铣刀 | BT40 | φ16 | 60 | 0 | 0 | | |
| 10 | T11 | M16 机用丝锥 | BT40 | φ16 | 60 | 0 | 0 | | |
| 11 | T12 | φ6.8 钻头 | BT40 | φ6.8 | 30 | 0 | 0 | | |
| 12 | T13 | φ11×5.5 锪钻 | BT40 | φ11 | 60 | 0 | 0 | | |
| 13 | T14 | φ7 铰刀 | BT40 | φ7 | 60 | 0 | 0 | | |
| 14 | T15 | φ5.8 钻头 | BT40 | φ5.8 | 60 | 0 | 0 | | |
| 15 | T16 | φ6 铰刀 | BT40 | φ6 | 100 | 0 | 0 | | |
| 编制 | | 审核 | | 批准 | | | 共 页 | 第 页 | |

## 6. 切削用量的选择

加工过程中的切削用量选择如表 9-3 所列。

表 9-3 切削用量选择表

| 序 号 | 加工内容 | 刀具号 | 主轴转速/ (r·min⁻¹) | 进给量/ (mm·r⁻¹) | 背吃刀量/ mm |
|---|---|---|---|---|---|
| 1 | 粗、精铣孔 | T02 | 900 | 40 | 4 |
| 2 | 钻所有定位孔 | T03 | 1100 | 30 | — |
| 3 | 钻 φ32H7 底孔至 φ27 | T04 | 200 | 30 | — |
| 4 | 粗、精镗 φ32H7 底孔至 φ31.6 | T05 | 500 | 80 | — |
| 5 | 钻 φ12H7 底孔至 φ11.8 | T06 | 700 | 70 | — |
| 6 | 锪 φ18 孔 | T07 | 150 | 30 | — |
| 7 | 粗、精铰 φ12 孔 | T08 | 110 | 40 | 0.1 |
| 8 | 钻 2×M16 底孔至 φ14 | T09 | 450 | 60 | — |
| 9 | 对 2×M16 底孔倒角 | T11 | 300 | 40 | — |
| 10 | 攻 2×M16 螺纹孔 | T11 | 110 | 200 | — |
| 11 | 钻 6×φ7 底孔至 φ6.8 | T12 | 700 | 70 | — |
| 12 | 锪 6×φ11 孔 | T13 | 150 | 30 | — |
| 13 | 铰 6×φ7 孔 | T14 | 110 | 25 | 0.1 |
| 14 | 钻 2×φ6H8 底孔至 φ5.8 | T15 | 900 | 80 | — |
| 15 | 铰 2×φ6H8 孔 | T16 | 150 | 30 | 0.1 |

## 7. 加工工艺方案

考虑到该零件图的结构特点,按装夹次数划分工序如表 9-4 所列。

表 9 - 4　数控加工工艺卡片(简略卡)

| 机械加工工艺卡片 | | 产品型号 | | 零件图号 | | 共 1 页 |
|---|---|---|---|---|---|---|
| | | 产品名称 | | 零件名称 | | 第 1 页 |
| 材　料 | 毛坯种类 | 毛坯外形尺寸 | 毛坯件数 | 加工数量 | 程序号 | |
| 45# | 棒料 | | 1 | | | |
| 工序号 | 工序名称 | 工序内容 | | 设备 | | |
| 1 | 一装夹 | 粗铣底面,留余量 0.5 mm;精铣底面至尺寸 | | XH716 | | |
| 2 | 二装夹 | 钻所有定位孔;钻 $\phi$32H7 底孔至 $\phi$27;粗镗、半精镗、精镗 $\phi$32H7 底孔至 $\phi$31.6;钻 $\phi$12H7 底孔至 $\phi$11.8;锪 $\phi$18 孔;粗铰、精铰 $\phi$12 孔;钻 2×M16 底孔至 $\phi$14;对 2×M16 底孔倒角;攻 2×M16 螺纹孔;钻 6×$\phi$7 底孔至 $\phi$6.8;锪、铰 6×$\phi$11 孔 | | XH716 | | |
| 3 | 钳工 | 去毛刺、修边角 | | | | |
| 4 | 质检 | 检验产品、清洗、封装 | | | | |

## 任务四　点位零件程序编制准备操作

### 1. 知识点与技能点

孔加工过程的知识点与技能点分解如表 9 - 5 所列。

表 9 - 5　孔加工过程的知识点与技能点分解表

| 序　号 | 孔加工方法 | 知识点 | 技能点 |
|---|---|---|---|
| 1 | PL1 零件坐标系设定 | 坐标系的作用;<br>坐标系 Z 向的具体应用;<br>坐标系的选择原则 | 学会应用 NX 软件的坐标创建功能创建坐标系的方式、方法 |
| 2 | PL1 零件毛坯设置 | 毛坯的作用;<br>毛坯设置的方法 | 学会毛坯的设置方法和设置过程 |
| 3 | PL1 零件刀具创建 | 刀具创建的意义;<br>刀具创建的类型;<br>刀具的创建与仿真和刀路的关系 | 学会创建不同类型的刀具;<br>学会使用不同刀具类型进行程序编制 |
| 4 | PL1 零件工序创建 | 工序的分类和特点主要包含:<br>钻中心孔;<br>标准钻孔;<br>啄孔;<br>断屑钻;<br>镗钻;<br>铰孔;<br>锪平底孔;<br>锪锥形孔;<br>攻螺纹;<br>螺纹铣 | 学会根据不同元素选择不同的工序子类型;<br>掌握在平面上钻出中心孔的位置;<br>在平面上钻深度较浅的孔;<br>在平面上按啄式循环运动钻深孔;<br>在平面上按断削式循环运动钻深孔;<br>在平面上对存在的底孔进行镗铣;<br>在平面上对存在的底孔进行铰孔;<br>对存在的底孔锪平底埋头孔;<br>在平面上对存在的底孔锪锥形埋头孔;<br>在平面上对存在的底孔攻螺纹;<br>在平面上对存在的底孔铣螺纹 |

| 序　号 | 孔加工方法 | 知识点 | 技能点 |
|---|---|---|---|
| 5 | PL1 零件程序的仿真 | 程序仿真的目的和意义 | 学会使用 NX 软件的仿真功能和步骤 |
| 6 | PL1 零件程序的生成 | 后处理的方式、方法 | 学会根据设备生成 G 代码程序 |

**2. 坐标系设定**

　　双击打开 NX 软件,单击【打开】工具按钮,选择打开命名为"DW1. prt"的数模文件。单击【应用模块】→【加工】工具按钮,如图 9 - 7 所示,弹出如图 9 - 8 所示对话框,按图中所示选择【CAM 会话配置】和【要创建的 CAM 设置】中的选项,进入加工环境。单击【创建几何体】工具按钮,弹出如图 9 - 9 所示对话框,在【几何体子类型】中选择坐标系图标;可以根据需要修改几何体的名称,此处修改为"11 - 1 - 01",创建的坐标系 1 的效果如图 9 - 10 所示,选择圆心为坐标系原点,单击【确定】按钮;用同样的方法创建坐标系"11 - 1 - 02",完成坐标系的创建。

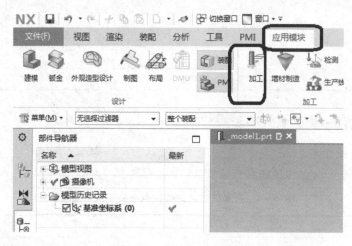

图 9 - 7　进入加工环境

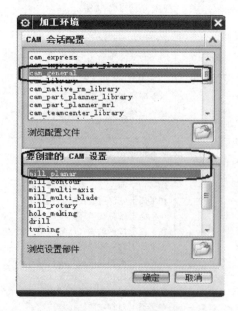

图 9 - 8　加工环境配置

图 9 - 9　【创建几何体】对话框

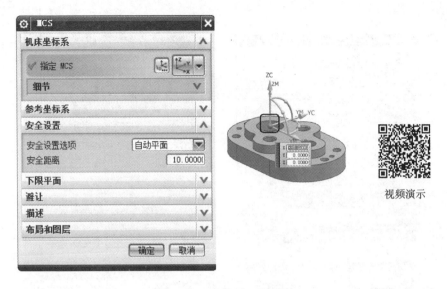

视频演示

图 9 - 10 坐标系 1 的创建

**3. 毛坯设置**

单击【创建几何体】工具按钮,单击【几何体子类型】中的"WORKPIECE"图标,名称默认"WORKPIECE_1",如图 9 - 11 所示,单击【确定】按钮弹出【工件】对话框。单击【指定部件】图标,选择箱体为部件;单击【指定毛坯】图标,弹出【毛坯几何体】对话框,如图 9 - 12 所示,选择【类型】为"包容块",输入毛坯尺寸,单击【确定】按钮完成几何体的创建。

图 9 - 11 创建毛坯几何体

视频演示

图 9 - 12 【毛坯几何体】对话框

**4. 刀具创建**

（1）创建铣刀

单击【创建刀具】工具按钮,弹出如图 9 - 13 左图所示的【创建刀具】对话框,选择图中的【刀具子类型】,修改刀具【名称】为"D125",单击【确定】按钮,弹出如图 9 - 13 右图所示的铣刀参数对话框,在图中修改刀具【直径】为 125 mm,单击【确定】按钮完成面铣刀的创建。用同样

的方法创建直径为 φ12 的立铣刀。

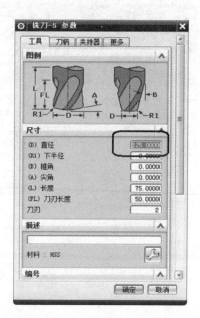

图 9 – 13　铣刀的创建

（2）创建丝锥

单击【创建刀具】工具按钮,弹出如图 9 – 14 左图所示的【创建刀具】对话框,选择图中的【刀具子类型】,修改刀具【名称】为"M16",单击【确定】按钮,弹出如图 9 – 14 右图所示的【螺纹铣刀】刀具参数对话框,在图中修改以下刀具参数:刀具【直径】为 16 mm,【颈部直径】为 10 mm,【长度】为 50 mm,【刀刃长度】为 10 mm,【刀刃】为"4"刃,【螺距】为 1.25 mm,【牙形类型】为"公制",单击【确定】按钮完成丝锥的创建。

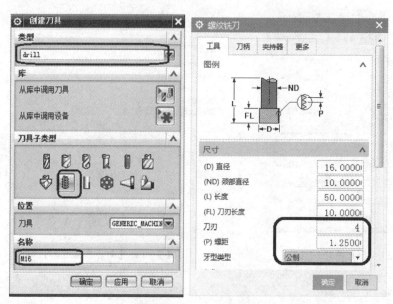

图 9 – 14　丝锥的创建

（3）创建钻头

单击【创建刀具】工具按钮,【刀具子类型】选择中心钻图标,修改刀具【名称】为"D3",单击

【确定】按钮弹出刀具参数对话框,修改刀具【直径】为 3 mm,其他参数保持默认,单击【确定】按钮。完成中心钻的创建,如图 9－15 所示。按照同样的过程创建不同直径的钻头,分别为:$\phi$3 中心钻,$\phi$27 钻头,内孔镗刀,$\phi$11.8 钻头,$\phi$18×11 锪钻,$\phi$12 铰刀,$\phi$14 钻头,90°倒角铣刀,M16 机用丝锥,$\phi$6.8 钻头,$\phi$10×5.5 锪钻,$\phi$7 铰刀,$\phi$5.8 钻头,$\phi$6 铰刀。单击机床视图图标可以看到所创建的所有刀具,如图 9－16 所示。

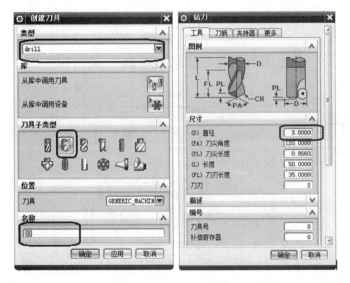

图 9－15　中心钻的创建

图 9－16　创建的钻头

（4）创建倒角刀

单击【创建刀具】工具按钮,【刀具子类型】选择倒角刀图标,修改刀具【名称】为"DJ90",单击【确定】按钮弹出刀具参数对话框,修改刀具【直径】为 6 mm,【倒斜角长度】为 1 mm,【斜角角度】为 45°,其他参数保持默认,单击【确定】按钮完成倒角刀的创建,如图 9－17 所示。

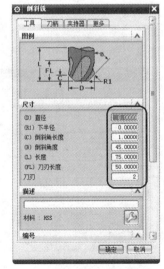

视频演示

图 9－17　倒角刀的创建

311

### 任务五　点位零件程序编制操作

**1. 创建中心孔工序**

选择【创建工序】工具按钮,弹出【创建工序】对话框,如图 9 - 18 所示,选择【类型】为"drill",【工序子类型】为"定心钻",【刀具】为 D3,【几何体】为"WORKPIECE_1",【方法】为"DRILL_METHOD",命名程序【名称】为"SPOT_1",单击【确定】按钮弹出【定心钻】对话框,如图 9 - 19 所示。

图 9 - 18　创建工序(中心孔)

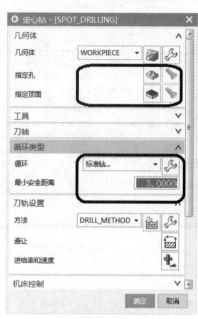

图 9 - 19　【定心钻】对话框(中心孔)

(1) 指定孔

在图 9 - 19 中单击【指定孔】图标,弹出如图 9 - 20 所示对话框,单击【选择】按钮,弹出如图 9 - 21 所示对话框,单击【面上所有孔】按钮,单击【确定】按钮完成孔的选择。

图 9 - 20　指定孔(中心孔)

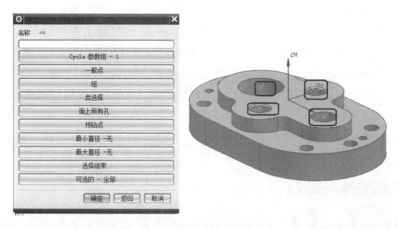

图 9-21　孔位选择(中心孔)

（2）指定顶面

在图 9-19 中单击【指定顶面】图标,选择上表面为孔的顶面,单击【确定】按钮完成对顶面的选择,如图 9-22 所示。

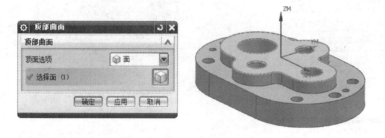

图 9-22　指定顶面(中心孔)

（3）循环类型

如图 9-23 所示,在【孔加工】对话框中,设置【循环类型】区域中的【循环】为"标准钻",单击【编辑参数】图标,弹出【指定参数组】对话框,单击【确定】按钮弹出【Cycle 参数】设置对话框,单击【Depth(Tip)-5.0000】按钮弹出【Cycle 深度】设置对话框,单击【刀尖深度】按钮弹出深度设置对话框,输入深度为 2 mm。连续单击【确定】按钮。其余参数保持默认,完成循环类型的设置。

视频演示

图 9-23　循环类型设置(中心孔)

（4）指定主轴转速

在【孔加工】对话框中单击【进给率和速度】图标，在弹出的对话框中设置【主轴速度】区域中的【输出模式】为"RPM"，【主轴速度】为"900"；设置【进给率】区域中的【切削】为 30 mmpm，展开【更多】，其中的各参数分别设为 1 500、1 100、800、800、1 200、1 300、1 500、1 100、500、500，单位均为 mmpm。其余参数保持默认，如图 9－24 所示，单击【确定】按钮完成设置。

（5）创建刀具轨迹

单击【生成】图标，完成对中心孔工序"SPOT_1"的刀具轨迹的创建。如图 9－25 所示为刀具轨迹效果。

图 9－24　进给率设置（中心孔）

图 9－25　刀具轨迹（中心孔）

（6）创建台阶点孔

重复操作中心孔工序，对台阶面上的孔进行点孔。由于台阶面距离顶面有一段距离，所以重复操作时需要修改【循环类型】区域中的【最小安全距离】为 20 mm，如图 9－26 所示。刀具轨迹效果如图 9－27 所示。

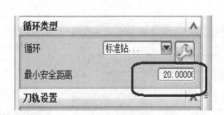

图 9－26　最小安全距离（台阶点孔）

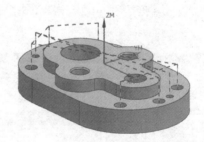

图 9－27　刀具轨迹（台阶点孔）

**2. 创建啄钻孔工序**

单击【创建工序】工具按钮，弹出【创建工序】对话框，如图 9－28 所示，选择【类型】为"drill"，【工序子类型】为"断屑钻"，【刀具】为 D11.8，【几何体】为"11－1－01"，【方法】为"METHOD"，命名程序【名称】为"BREAKCHIP_DRILLING"，单击【确定】按钮弹出【断屑钻】对话框。

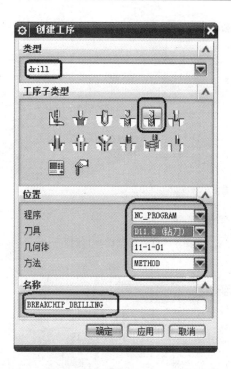

图 9-28　创建断屑钻孔工序(啄钻孔)

（1）指定孔

在图 9-29 中单击【指定孔】图标,弹出如图 9-30 所示对话框,单击【选择】按钮,弹出如图 9-31 所示对话框,单击【一般点】按钮,选择孔中心,单击【确定】按钮完成孔的选择。

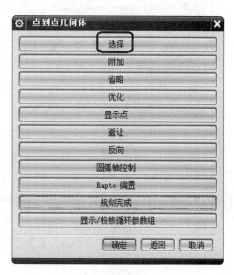

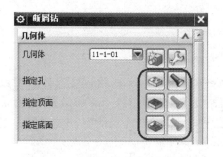

图 9-29　创建指定孔(啄钻孔)　　　　　图 9-30　选择孔(啄钻孔)

（2）指定顶面、底面

在图 9-29 中,单击【指定顶面】图标,选择上表面为孔的顶面,如图 9-32 所示,单击【确定】按钮完成对顶面的选择;单击【指定底面】图标,选择下底面为孔的底面,如图 9-33 所示,单击【确定】按钮完成对底面的选择。

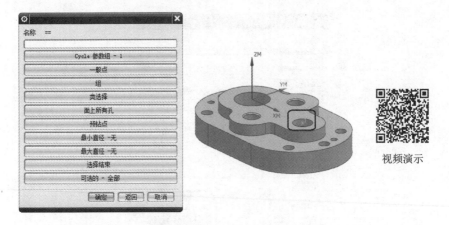

图 9－31　孔位选择（啄钻孔）

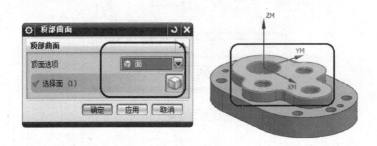

图 9－32　顶面选择（啄钻孔）

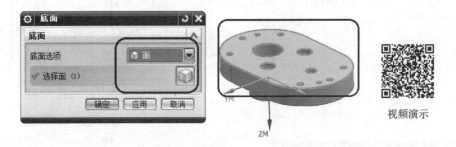

图 9－33　底面选择（啄钻孔）

（3）循环类型

　　设置【循环类型】区域中的【循环】为"标准钻，断屑"，如图 9－34 所示，单击【编辑参数】图标，弹出如图 9－35 所示【指定参数组】对话框，单击【确定】按钮弹出【Cycle 参数】设置对话框，如图 9－36 所示，单击【Depth－模型深度】按钮弹出【Cycle 深度】设置对话框，单击【穿过底面】按钮，单击【确定】按钮。其他参数保持默认，完成循环类型的设置。

图 9－34　循环类型（啄钻孔）

图 9－35　指定参数组（啄钻孔）

（4）指定主轴转速

设置【主轴速度】区域中的【输出模式】为"RPM"，【主轴速度】为"700"；【进给率】区域中的【切削】为 70 mmpm，展开【更多】，其中的各参数分别设为 1 500、1 100、800、800、1 200、1 300、1 500、1 100、500、500，单位均为 mmpm。其余参数保持默认，如图 9-37 所示，单击【确定】按钮完成设置。

视频演示

图 9-36 Cycle 参数（啄钻孔）

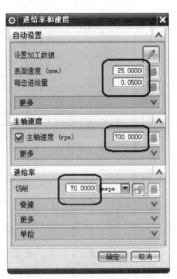

图 9-37 进给参数（啄钻孔）

（5）创建刀具轨迹

单击【生成】图标，完成对啄钻孔工序"BREAKCHIP_DRILLING"的刀具轨迹的创建，如图 9-38 所示。

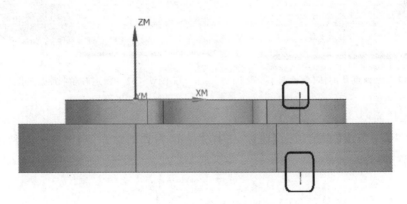

图 9-38 刀具轨迹（啄钻孔）

**3．创建沉头孔工序**

选择【创建工序】工具按钮【创建工序】对话框，如图 9-39 所示，选择【类型】为"drill"，【工序子类型】为"沉头孔加工"，【刀具】为 D18，【几何体】为"11-1-01"，【方法】为"METHOD"，命名程序【名称】为"COUNTERBORING"，单击【确定】按钮弹出【沉头孔加工】对话框，如图 9-40 所示。

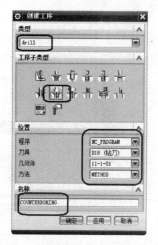

视频演示

图 9-39　创建沉头孔工序(沉头孔)　　　图 9-40　【沉头孔加工】对话框(沉头孔)

（1）指定孔

在图 9-40 中单击【指定孔】图标,弹出如图 9-41 所示对话框,单击【选择】按钮,弹出如图 9-42 所示对话框,单击【一般点】按钮,选择孔中心,单击【确定】按钮完成孔的选择。

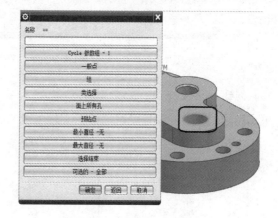

图 9-41　点到点几何体(沉头孔)　　　　　图 9-42　指定孔位(沉头孔)

（2）指定顶面

在图 9-40 中单击【指定顶面】图标,选择上表面为孔的顶面,如图 9-43 所示,单击【确定】按钮完成对顶面的选择。

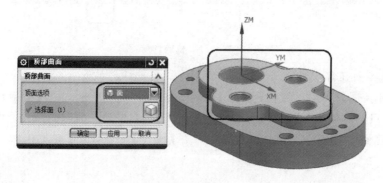

图 9-43　顶面选择(沉头孔)

（3）循环类型

设置【循环类型】区域中的【循环】为"沉头孔"，单击【编辑参数】图标，弹出如图9－44所示【指定参数组】对话框，单击【确定】按钮弹出【Cycle参数】设置对话框，如图9－45所示，单击【Depth－模型深度】按钮弹出【Cycle深度】设置对话框，如图9－46所示，单击【刀尖深度】按钮，弹出如图9－47所示深度设置对话框，输入数值为7 mm，单击【确定】按钮。其他参数保持默认，完成循环类型的设置。

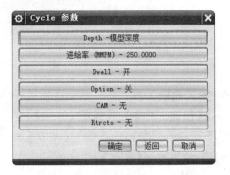

图9－45　Cycle参数（沉头孔）

图9－44　指定参数组（沉头孔）

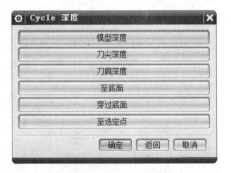

图9－46　Cycle深度参数（沉头孔）

视频演示

图9－47　深度值（沉头孔）

（4）指定主轴转速

设置【主轴速度】区域中的【输出模式】为"RPM"，【主轴速度】为"150"；设置【进给率】区域中的【切削】为30 mmpm，展开【更多】，其中的各参数分别设为1 500、1 100、800、800、1 200、1 300、1 500、1 100、500、500，单位均为mmpm。其余参数保持默认，如图9－48所示，单击【确定】按钮完成设置。

（5）创建刀具轨迹

单击【生成】图标，完成对沉头孔工序"COUNTERBORING"的刀具轨迹的创建，生成的刀具轨迹如图9－49所示。

图9－48　进给参数（沉头孔）

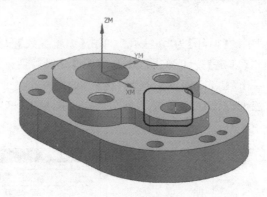

图 9-49　刀具轨迹(沉头孔)

**4. 创建孔铣工序**

单击【创建工序】工具按钮,弹出【创建工序】对话框,如图 9-50 所示,选择【类型】为"drill",【工序子类型】为"孔铣",【刀具】为 D10,【几何体】为"11-1-01",【方法】为"MILL_FINISH",命名程序【名称】为"HOLE_MILLING",单击【确定】按钮弹出【孔铣】加工对话框,如图 9-51 所示。

图 9-50　孔铣类型(孔铣)

图 9-51　【孔铣】对话框(孔铣)

（1）指定特征几何体

在图 9-51 中单击【指定特征几何体】图标,弹出如图 9-52 所示对话框,选择孔,软件自动捕捉形成特征孔,并自动捕捉孔的大小和深度,单击【确定】按钮完成特征孔的选择。

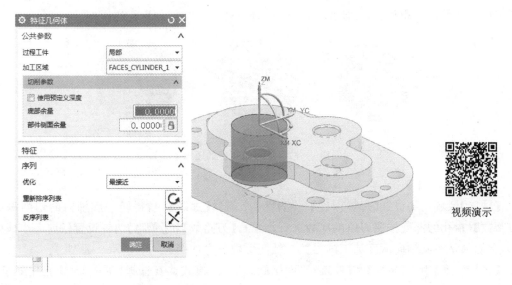

图 9 - 52　指定孔特征(孔铣)

(2)刀轨设置

1)切削模式

【切削模式】分为"螺旋""螺旋式""螺旋/平面螺旋""圆形"四种,如图 9 - 53 所示,四种切削模式相互支持,一般在加工过程中选择"螺旋"已足够使用。下面仅介绍前三种切削模式。

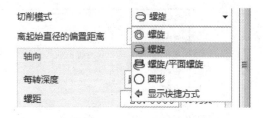

图 9 - 53　切削模式(孔铣)

【螺旋】切削模式为在单个轴向层上创建螺旋切削运动,可选择对孔或凸台深处单圈清理刀路,如图 9 - 54 所示。

【螺旋式】切削模式为在每个轴向层上创建螺旋式切削运动,可选择对全直径单圈清理刀路,如图 9 - 55 所示。

【螺旋/平面螺旋】切削模式可创建一个针对轴向切削深度的螺旋切削运动,螺旋加工的起始位置位于孔的中心。当进行螺旋切削移动时,在每个轴向层上都会增加直径。对于每个轴向层,可选择对全直径单圈清理刀路,如图 9 - 56 所示。

图 9 - 54　螺　旋　　　　图 9 - 55　螺旋式　　　　图 9 - 56　螺旋/平面螺旋

2)离起始直径的偏置距离

【离起始直径的偏置距离】指从起始直径到开始切削刀路的距离。图 9 - 57 显示了不同的

【离起始直径的偏置距离】值对使用 50 mm 端铣刀铣削 120 mm 盲孔的影响。

0 mm       20 mm       80 mm

图 9 - 57   离起始直径的距离

3）轴向参数设置

【轴向】区域主要设置【每转深度】（设置为"距离"）【螺距】（指每转一圈轴向的切削深度）【刀路数】（指孔的深度按照刀路的次数进行加工），【刀路数】和【螺距】两者设置任何一个即可，因为它们都是控制轴向深度加工的参数。轴向参数设置如图 9 - 58 所示。

【每转深度】用于【螺旋】和【螺旋/平面螺旋式】切削模式。其选择"距离"时应指定螺旋每旋转一圈时的螺距；选择"斜坡角"时应指定轴向深度步距，此值可以从刀具继承。

【径向】区域中的【径向步距】指定垂直于刀轴的连续切削刀路之间的最大距离。如图 9 - 59 所示。其选择"恒定"时设置一系列恒定增量的移动；选择"多个"时分别为每条刀路设置步距。

图 9 - 58   轴向参数（孔铣）

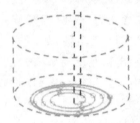

图 9 - 59   径向步距

（3）其他参数

【孔铣】对话框中的其他参数保持默认，可以根据前面的学习自行设置，此处不再赘述。然后单击【生成】图标，生成如图 9 - 60 所示的刀具轨迹。

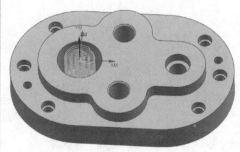

视频演示

图 9 - 60   刀具轨迹（孔铣）

**5. 创建锪孔、沉头孔工序**

根据刀具的不同，孔的加工形式主要有锪孔、镗孔、铰孔、沉头孔、埋头孔和攻丝，只需要修改【循环】的类型，确定加工刀具，其他参数基本相同，如图 9-61 所示。不同的循环类型要与后处理对应，才可以输出对应的循环指令。在 NX 软件编程中，不同形式的孔的编程过程与钻孔相同，具体说明如图 9-62～图 9-67 所示，这里不再重复操作过程。

图 9-61 不同循环类型的孔加工

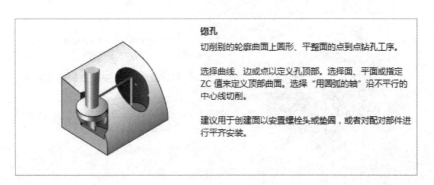

图 9-62 锪 孔

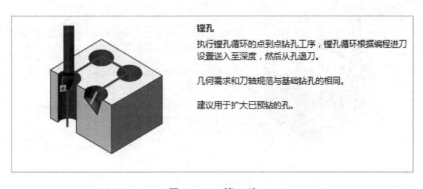

图 9-63 镗 孔

**铰**

使用铰刀持续对部件进行进刀退刀的点到点钻孔工序。

几何需求和刀轴规范与基础钻孔的相同。

增加预钻孔大小和精加工的准确度。

图 9 - 64    铰    孔

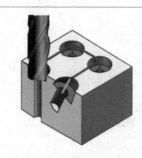

**沉头孔加工**

切削平整面以扩大现有孔顶部的点到点钻孔工序。

几何需求和刀轴规范与基础钻孔的相同。

建议创建面以安置螺栓头或垫圈，或者对配对部件进行平齐安装。

图 9 - 65    沉头孔

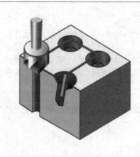

**钻埋头孔**

钻埋头孔工序可以对选定的孔几何体手动钻埋头孔，也可以使用根据特征类型分组的已识别的特征。

选择孔几何体或使用已识别的孔特征。过程特征的体积确定待除料量。

推荐用于对选定的孔或孔/凸台几何体组中的孔，或者对某个特征组中先前识别的特征分别进行埋头钻孔。

图 9 - 66    埋头孔

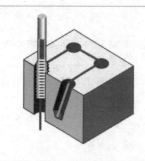

**攻丝**

攻丝工序可以对选定的孔几何体手动攻丝，也可以使用根据特征类型分组的已识别特征。

选择孔几何体或使用已识别的孔特征。过程特征的体积确定待除料量。

推荐用于对选定的孔、孔/凸台几何体组中的孔，或对特征组中先前识别的特征分别攻丝。

图 9 - 67    攻    丝

## 6. 创建螺纹铣工序

使用"螺纹铣"在孔中加工内螺纹或在凸台外周加工外螺纹。螺纹是刀具沿螺旋刀轨通过铣削工序而创建的。当刀具移动到孔或凸台的周面上时,在侧壁上切削出螺纹,然后刀具沿 $Z$ 轴进行 360°圆周移动,如图 9－68 所示。

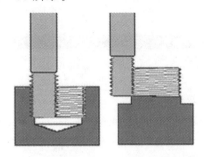

图 9－68 内、外螺纹铣

(1) 螺纹铣刀

螺纹铣需要创建螺纹铣刀,而不能使用丝锥,这是螺纹铣的一个必要前提。创建如图 9－69 所示的螺纹铣刀,螺纹铣刀的螺距要与图纸要求的螺距相同。注意:本任务是加工 $M16 \times 2$ 的螺纹。

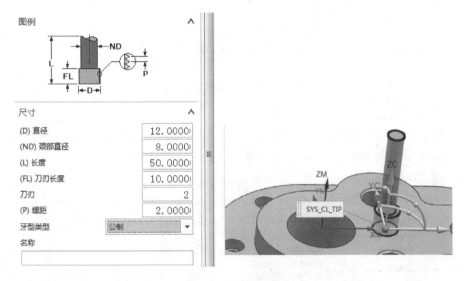

图 9－69 螺纹铣刀

(2) 螺纹特征

在铣螺纹的加工过程中,必须在 3D 模型中创建详细螺纹,否则 NX 软件无法捕捉到螺纹的特征;同时,创建的详细螺纹的螺距要与刀具、图纸完全相同。如图 9－70 所示将螺纹孔创建为详细螺纹。

视频演示

图 9－70 螺纹特征

（3）创建工序

选择创建【螺纹铣】工序，选择创建的螺纹铣刀，如图 9-71 所示，单击【确定】按钮完成工序的创建。

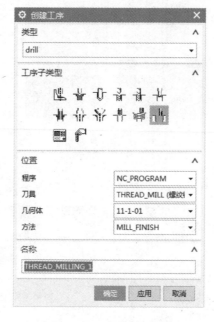

图 9-71　螺纹铣工序

（4）指定螺纹特征

单击【指定特征几何体】图标，弹出如图 9-72 所示对话框，选取创建的详细螺纹，NX 软件会自动捕捉有关深度和螺距等参数。单击【确定】按钮完成特征的选择。

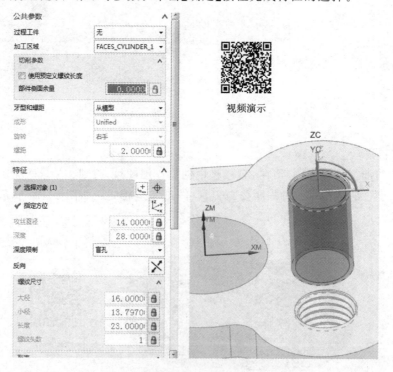

视频演示

图 9-72　特征选择

（5）轴向步距参数设置

如图9-73所示，设置螺纹加工的基本参数。

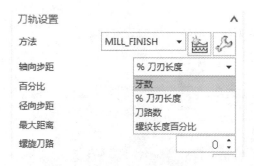

图9-73　螺纹参数设置

【轴向步距】：用于指定计算恒定的轴向步距距离的公式，其选项包括：

- 牙数：按照牙数设置轴向步距。可用的牙数取决于刀具定义中的【刀刃长度】和【螺距】值。【刀刃长度】除以【螺距】等于适用于轴向步距的"牙数"。例如，【刀刃长度】0.500除以【螺距】值0.050等于10个"牙数"。
- ％刀刃长度：按刀刃长度的百分比来设置轴向步距。
- 刀路数：按轴向深度相等的刀路数来设置轴向步距。
- 螺纹长度百分比：按螺纹总长度的百分比来设置轴向步距。

（6）径向步距参数设置

【百分比】：指定占刀刃长度或螺纹长度的百分比（见图9-73）。

【径向步距】：指定垂直于刀轴的连续切削刀路之间的最大距离（见图9-74），其选项包括：

- 恒定：设置一系列恒定增量的移动。
- 多重变量：分别为每条刀路设置步距。
- 剩余百分比：将每条刀路的增量深度设置为此次刀路加工所剩余的深度占粗加工总深度的百分比。为了防止切削过多的材料，"剩余百分比"值受"最大距离"值和"最小距离"值的限制，如图9-75所示。

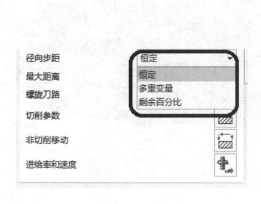

图9-74　径向步距

图9-75　剩余百分比

（7）其他参数

【螺旋刀路】：用于指定螺纹末端的螺纹刀路数，以控制螺纹尺寸，并尽可能减小刀具挠曲

（见图 9-75）。

【切削参数】和【非切削移动】参数采用默认，或者根据前面所学进行设置。

（8）生成轨迹

单击【生成】图标，生成如图 9-76 所示的刀具轨迹。

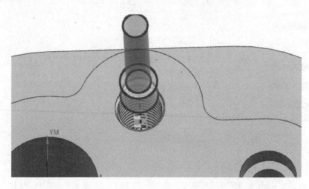

视频演示

图 9-76 螺纹铣刀具轨迹

## 任务六　点位零件程序仿真操作

完成本项目需要加工的全部元素之后，对所有程序进行仿真加工。选中所有的刀具轨迹，仿真效果如图 9-77 所示。零件的 DW1 孔加工完成。

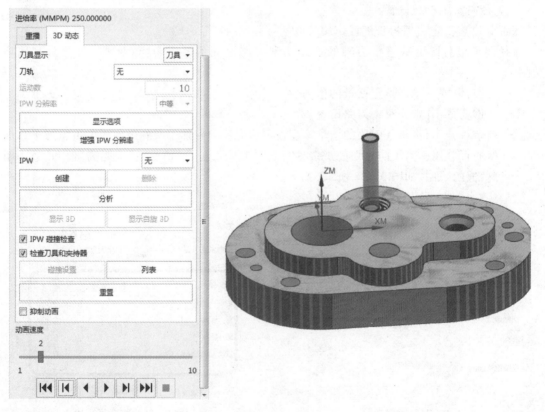

图 9-77 程序仿真效果图

# 项目综合评价表

## 点位加工项目综合评价表

| 评价类别 | 序 号 | 评价内容 | 分 值 | 得 分 |
|---|---|---|---|---|
| 成果评价(50分) | 1 | 孔加工刀具的创建 | 15 | |
| | 2 | 孔加工坐标系的创建 | 15 | |
| | 3 | 孔加工基本策略的选择 | 5 | |
| | 4 | 孔加工参数输入正确合理 | 5 | |
| | 5 | 孔加工路径优化合理 | 10 | |
| 自我评价(25分) | 1 | 学习活动的主动性 | 7 | |
| | 2 | 独立解决问题的能力 | 5 | |
| | 3 | 工作方法的正确性 | 5 | |
| | 4 | 团队合作 | 5 | |
| | 5 | 个人在团队中的作用 | 3 | |
| 教师评价(25分) | 1 | 工作态度 | 7 | |
| | 2 | 工作量 | 5 | |
| | 3 | 工作难度 | 3 | |
| | 4 | 工具的使用能力 | 5 | |
| | 5 | 自主学习 | 5 | |
| 项目总成绩(100分) | | | | |

# 工作领域五 多轴铣削加工编程

## 项目十 3+2铣削加工编程

**项目目标**

① 能正确使用矢量控制刀具路径；

② 能正确使用刀轴参数；

③ 能正确编写多轴加工程序并进行后置处理。

**项目简介**

多轴加工编程主要分为3+2程序编制和多轴联动程序编制。本项目主要学习多轴铣削加工，使用 mill_multi_axis 工序类型进行零件的加工。由于多轴加工的工序集中，所以一次装夹可以完成大多数元素的加工。多轴程序的编制也是1+X数控多轴加工技术职业技能中必须要掌握的内容。本项目进行多轴加工编程的学习，以初级职业技能证书考核中的技能为要素，进行多轴铣削加工编程的学习。

**项目分析**

本项目主要学习定轴加工的方法和策略，同时掌握1+X多轴加工的基本技能。定轴加工是多轴加工的基础，必须掌握在定轴下的孔、面、槽、凸台、凹腔、外轮廓等元素的加工过程和程序编制策略。

**项目操作**

### 任务一 零件模型绘制操作

要绘制的初级零件如图10-1所示。

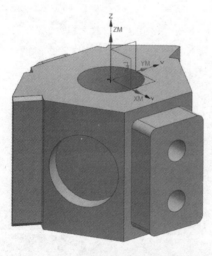

视频演示

图 10-1 初级零件图

## 任务二 零件分析操作

应用 NX 软件打开名称为"初级"的零件,通过分析工具,使用【测量距离】【测量角度】【局部半径】等功能来针对零件的大小、长度、圆角、高度、深度等基础信息进行分析。通过分析才可以选择适合的刀具大小、刀具圆角、装夹方式和铣削方法等。

## 任务三 六面体零件加工工艺分析操作

### 1. 毛坯选择

该零件属于半成品毛坯,为直径 62 mm、内径 18 mm、高度 36 mm 的空心棒料,如图 10-2 所示,依据当前毛坯进行工艺分析。

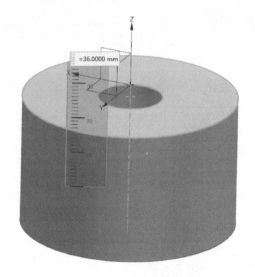

视频演示

图 10-2 毛坯示意图

### 2. 定位夹紧

根据零件的形状,采用定制芯轴装夹,露出足够的加工高度。如图 10-3 所示为工件装夹示意图。

视频演示

图 10-3 工件装夹示意图

### 3．加工方法与加工顺序

（1）加工方法的确定

根据零件图上各加工表面的加工元素，使用前面学到的平面铣、型腔铣和孔加工的加工方法。多轴加工是基于前面学习的加工方法进行刀轴的动态变化，如果刀轴固定就叫作固定轴，如果刀轴可变就叫作可变轴，所以多轴加工是基于可变轴的一种加工，使用的基本加工方法还是之前学习的方法，因此，需要更加灵活地应用之前学习的方法和策略。

（2）加工顺序的确定

遵循"先基准后其他""先面后孔"的原则，首先加工上表面，然后加工开放区域的凹腔，以保证中间的刚性，最后加工封闭凹腔。在加工过程中，应安排校直工序；在半精加工之后，安排去毛刺和中间检验工序；在精加工之后，安排去毛刺、清洗和终检工序。

### 4．刀具选择

根据模型大小、内圆角大小、凹腔加工深度、现有刀具的条件，推荐选择的刀具类型如表 10-1 所列。

表 10-1 刀具表

| 产品名称 | | 多轴工件 | 零件名 | 初级 1 | | | | 零件图号 | | 1 |
|---|---|---|---|---|---|---|---|---|---|---|
| | | | | 刀 具 | | | | | 备 注 | |
| 工步号 | 刀具号 | 刀具型号 | 刀柄型号 | 直径 $D$/mm | 长度 $H$/mm | 刀尖半径 $R$/mm | 刀尖方位 $T$ | | | |
| 1 | T01 | $\phi$10 立铣刀 | BT40 | $\phi$10 | 45 | 0.1 | 0 | | | |
| 2 | T02 | $\phi$6 立铣刀 | BT40 | $\phi$6 | 45 | 0.1 | 0 | | | |
| 3 | T03 | $\phi$5.8 钻头 | BT40 | $\phi$5.8 | 60 | 0 | 0 | | | |
| 4 | T04 | $\phi$6 铰刀 | BT40 | $\phi$6 | 80 | 0 | 0 | | | |
| 5 | T05 | $\phi$7.8 钻头 | BT40 | $\phi$7.8 | 70 | 0 | 0 | | | |
| 6 | T06 | $\phi$8 铰刀 | BT40 | $\phi$8 | 80 | 0 | 0 | | | |
| 7 | T07 | $\phi$2 中心钻 | BT40 | $\phi$2 | 30 | 0 | 0 | | | |
| 编制 | | 审核 | | 批准 | | | | 共 页 | | 第 页 |

### 5．切削用量的选择

切削用量的选择如表 10-2 所列。

表 10-2 切削用量选择表

| 序 号 | 加工内容 | 刀具号 | 主轴转速/（r·min$^{-1}$) | 进给量/（mm·r$^{-1}$) | 背吃刀量/mm |
|---|---|---|---|---|---|
| 1 | $\phi$10 立铣刀毛坯开粗 | T01 | 2000 | 800 | 0.5 |
| 2 | $\phi$6 立铣刀精加工 | T02 | 2500 | 600 | 0.5 |
| 3 | $\phi$5.8 钻头预钻 $\phi$6 的底孔 | T03 | 1600 | 37 | 2.9 |
| 4 | $\phi$6 铰刀铰 $\phi$6 的孔 | T04 | 80 | 10 | 0.13 |
| 5 | $\phi$7.8 钻头预钻 $\phi$8 的底孔 | T05 | 700 | 40 | 3.9 |
| 6 | $\phi$8 铰刀铰 $\phi$8 的孔 | T06 | 80 | 10 | 0.1 |
| 7 | $\phi$2 中心钻钻定位孔 | T07 | 800 | 30 | 1 |

### 6. 加工工艺方案

要求确定定位基准,装夹合理,工序集中,一次装夹完成所有内容的加工,如表10-3所列。

表10-3 数控加工工艺卡片(简略卡)

| 机械加工工艺卡片 | | 产品型号 | | 零件图号 | | 共1页 |
|---|---|---|---|---|---|---|
| | | 产品名称 | | 零件名称 | | 第1页 |
| 材 料 | 毛坯种类 | 毛坯外形尺寸 | | 毛坯件数 | 加工数量 | 程序号 |
| 45♯ | 空心棒料 | | | | 1 | |
| 工序号 | 工序名称 | 工序内容 | | | 加工设备 | |
| 1* | 加工所有面 | 一次装夹完成粗铣所有面,精加工所有面和孔等 | | | 五轴机床 | |
| 2 | 去毛刺 | 去除尖角毛刺,保证倒角0.5 mm | | | 手工 | |
| 3 | 中检 | 检查产品加工是否符合工艺及尺寸要求 | | | 手工 | |
| 4 | 热处理 | 保证满足图纸要求 | | | 无 | |
| 5 | 校正尺寸 | 检测尺寸并校正 | | | 手工 | |
| 6 | 清洗 | 清洗工件表面 | | | 手工 | |

注:* 为CAM加工自动编程工序内容。

## 任务四 六面体零件程序编制准备操作

### 1. 知识点与技能点

多轴铣削加工过程的知识点与技能点分解如表10-4所列。

表10-4 多轴铣削加工过程的知识点与技能点分解表

| 序 号 | 多轴加工方法 | 知识点 | 技能点 |
|---|---|---|---|
| 1 | 多轴零件的坐标系设定 | 坐标系与刀轴的关系 | 学会应用主坐标系和局部坐标系 |
| 2 | 多轴零件的毛坯设置 | 半成品毛坯的设置 | 毛坯对多轴仿真的作用 |
| 3 | 多轴零件的刀具创建 | 刀具类型、刀柄、刃长等的作用 | 学会使用不同刀具类型进行程序编制 |
| 4 | 多轴零件的工序创建 | 工序创建的主要特点是刀轴、投影矢量、驱动三者的配合应用 | 学会根据不同元素选择不同的刀轴、投影矢量和驱动的参数 |
| 5 | 多轴零件的程序仿真 | 程序仿真的目的和意义 | 学会使用NX软件的仿真功能和步骤 |
| 6 | 多轴零件的程序生成 | 后处理与坐标系的关系 | 学会根据设备生成G代码程序 |

### 2. 坐标系设定

多轴编程坐标系就是工件坐标系,由于多轴编程刀轴的方向会发生变化,所以有时需要对坐标方向进行调整,特别是Z轴的朝向可以自己定义。因此在多轴编程时,如果需要多个坐标系,就必须设置主要坐标系和局部坐标系,如图10-4所示为坐标系设置界面。

可以按图10-5设置主要坐标系。在设置局部坐标系时,必须要完成一个重要的步骤,即将【特殊输出】参数选择为"使用主MCS",如图10-6所示,这样设置的含义是:局部坐标仅用来编制刀具轨迹,在后处理时采用主要坐标系进行坐标输出。如果不新建局部坐标系,则可以使用矢量方向来设置Z轴的方向,也能收到同样的效果。该零件设置的坐标系如图10-7所示,厚点位于零件毛坯的上表面中心。

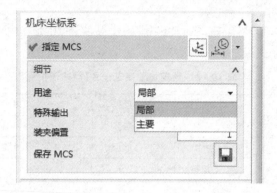

图 10 - 4　坐标系设置

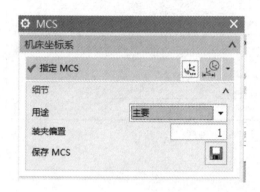

图 10 - 5　MCS 设置

图 10 - 6　局部坐标系设置

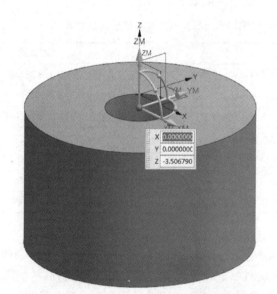

视频演示

图 10 - 7　坐标系设置

### 3. 毛坯设置

对于半成品毛坯,或者异形毛坯,可以如同绘制模型一样完成毛坯的绘制,然后在操作时,使用几何体去选择已经画好的毛坯即可,如图 10 - 7 所示。单击【创建几何体】工具按钮,单击【几何体子类型】区域中的"WORKPIECE"图标,名称默认"WORKPIECE_1",单击【确定】按钮弹出【工件】对话框,如图 10-8 所示,单击【指定部件】图标,选择模型为部件,单击【指定毛坯】图标,弹出【毛坯几何体】对话框,如图 10-9 所示,选择【类型】为"几何体",选择已经画好的毛坯模型为几何体,单击【确定】按钮完成毛坯的创建。

图 10-8　毛坯的选择

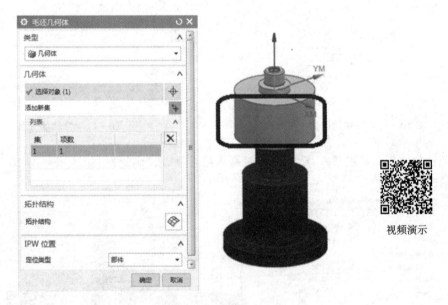

视频演示

图 10-9　几何体的选择

### 4. 刀具创建

刀具的创建需根据工艺分析中所列的刀具表来创建所有的刀具,以便在程序编写时随时调用不同大小的刀具。创建刀具时可以完整地创建刀片、刀杆、夹持器、刀柄、拉钉等所有刀具内容,当然,对于简单刀具或者经验较多的编程者来说,可以进行不完全创建,但是一定要知道刀具的基本参数,因为在实际使用中要用到刀具的基本参数,例如刀具的露出长度、直径、圆角、刃长和齿数。创建的刀具列表如图 10-10 所示。

图 10 - 10　刀具列表

## 任务五　六面体零件程序编制操作

### 1. 型腔铣

创建型腔铣的操作与前面学习的内容基本相同,只是有一处区别,如图 10 - 11 所示,在进行刀轴的设置时,注意刀轴必须垂直于当前加工的平面,【指定矢量】的设置就是设置刀轴的方向,实际上是由刀尖指向刀柄的方向。

型腔铣中的刀轴参数类型有 3 个:【+ZM 轴】与坐标系的 Z 轴相同,【指定矢量】可以按照自己的需求选择线、点、边等来设定方向,【动态】是根据需求自己调整坐标系的方向和角度,如图 10 - 12 所示。

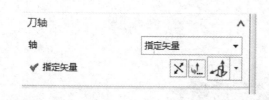

图 10 - 11　刀轴的设置

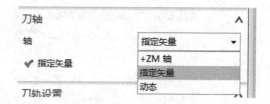

图 10 - 12　刀轴的分类

型腔铣的操作参照项目八,设置完需要的参数后,单击【确定】按钮生成如图 10 - 13 所示的刀具轨迹。

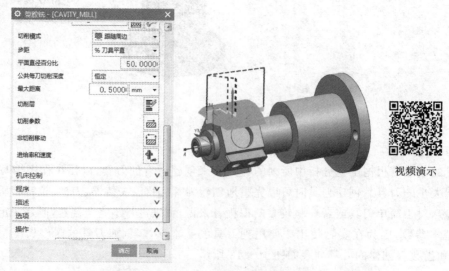

图 10 - 13　型腔铣刀具轨迹

### 2. 深度加工轮廓

精铣侧面工序主要针对区域的侧面进行精加工。因此创建如图 10-14 所示的"深度轮廓铣"工序,完成侧壁的精加工,刀轴的设置与项目七中的"精铣壁"相同,其余参数参照项目七。

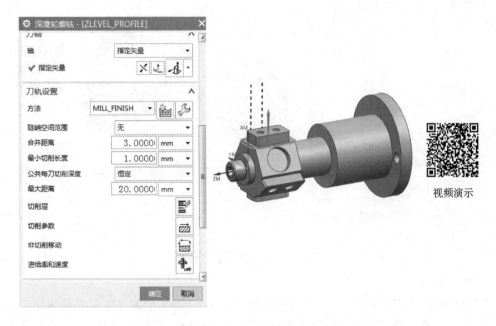

图 10-14　创建精铣侧壁工序

### 3. 钻、铰孔

按照加工顺序进行孔的加工,如图 10-15 所示,可以选择点钻、钻孔、铰孔工序完成孔的加工,参数设置与项目九相同,如图 10-16 所示完成孔的程序编制。由于使用 hole_making 进行孔加工,所以不用选择刀轴的方向,软件默认选择孔的中心线法向。其他参数参照项目九,完成孔的加工。

图 10-15　孔加工类型

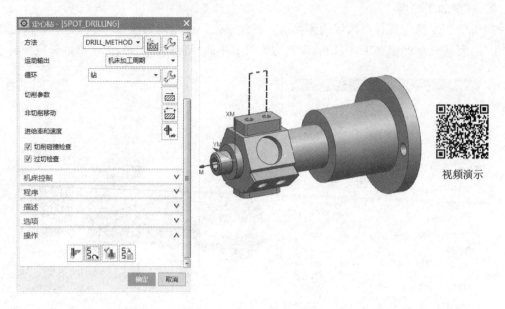

视频演示

图 10-16　孔加工刀具轨迹

### 4. 面　铣

本案例为 1+X 初级等级实践考核样题,包含对 3+2 斜面的加工。对斜面的加工可以采用面铣工序,设置刀轴与要加工的面垂直,如图 10-17 所示,其他参数默认,可以参照项目四进行设置。单击"生成"图标后,生成如图 10-18 所示刀具轨迹,完成斜面的精加工。

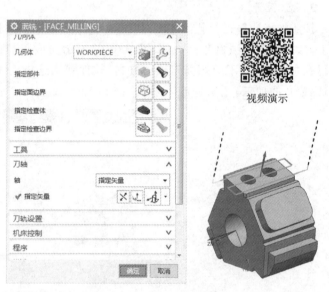

视频演示

图 10-17　面铣刀轴朝向

图 10-18　面铣刀具轨迹

### 5. 其他元素的加工铣削

此处用到的加工方法有面铣、型腔铣、深度轮廓铣和孔加工,这些加工方法与前面学习的内容相同,在此不再赘述。程序编制效果如图 10-19～图 10-21 所示。由于参数的设置不同,刀路的密集程度也不同,因此在编程中不要求与此处的效果图完全一致。

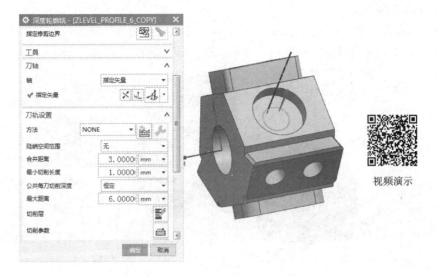

图 10 - 19　圆槽加工刀具轨迹

视频演示

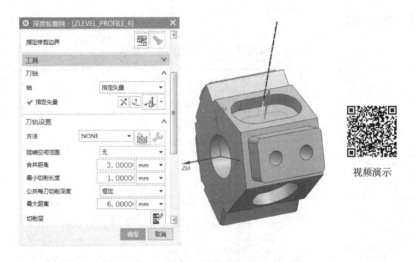

图 10 - 20　腰槽加工刀具轨迹

视频演示

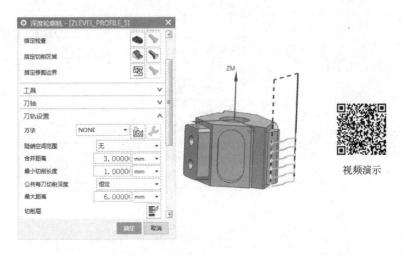

图 10 - 21　侧壁圆弧加工刀具轨迹

视频演示

### 6. 六面体程序仿真

完成本项目需要加工的元素之后，对所有程序进行仿真加工。选中所有的刀具轨迹，仿真效果如图 10 - 22 所示。至此 1＋X 初级等级实践考核样题加工完成。

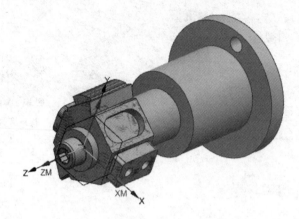

视频演示

图 10 - 22　程序仿真效果图

## 项目综合评价表

3＋2 铣削加工编程项目综合评价表

| 评价类别 | 序 号 | 评价内容 | 分 值 | 得 分 |
|---|---|---|---|---|
| 成果评价（50 分） | 1 | 多轴加工刀具的创建 | 15 | |
| | 2 | 多轴加工坐标系的创建 | 15 | |
| | 3 | 多轴加工基本策略的选择 | 5 | |
| | 4 | 多轴参数输入正确合理 | 5 | |
| | 5 | 多轴路径优化合理 | 10 | |
| 自我评价（25 分） | 1 | 学习活动的主动性 | 7 | |
| | 2 | 独立解决问题的能力 | 5 | |
| | 3 | 工作方法的正确性 | 5 | |
| | 4 | 团队合作 | 5 | |
| | 5 | 个人在团队中的作用 | 3 | |
| 教师评价（25 分） | 1 | 工作态度 | 7 | |
| | 2 | 工作量 | 5 | |
| | 3 | 工作难度 | 3 | |
| | 4 | 工具的使用能力 | 5 | |
| | 5 | 自主学习 | 5 | |
| 项目总成绩（100 分） | | | | |

# 项目十一　五轴联动铣削加工编程

## 项目目标

① 能使用矢量控制五轴联动加工的刀具路径；

② 能正确使用刀轴参数并控制刀轴的方向;

③ 能正确编写多轴加工程序并进行后置处理及仿真。

**项目简介**

本项目依据多轴数控加工职业技能等级标准,包含了更多的多轴加工的知识和技能,以便更进一步理解多轴加工的编程方法和技巧。五轴联动加工的方法和策略是五轴编程的最高、最难掌握的技能,因此,本项目针对五轴联动编程的方法和步骤进行重点讲解。

**项目分析**

本项目主要学习五轴联动的加工方式、方法,特别要学习对回转类曲面零件各类元素的加工。其中,主要综合运用五轴联动的加工方法,学习刀轴的控制以及驱动和加工参数的设置,并编制完善合理的五轴联动加工程序,完成零件的加工。

**项目操作**

**任务一　零件模型绘制操作**

要绘制的环绕基座零件如图 11 - 1 所示。

视频演示

**图 11 - 1　环绕基座零件图**

**任务二　零件分析操作**

应用 NX 软件打开名称为"环绕基座"的零件,通过分析工具,使用【测量距离】【测量角度】【局部半径】等功能来针对零件的大小、长度、圆角、高度、深度等基础信息进行分析。通过分析才可以选择适合的刀具大小、刀具圆角、装夹方式和铣削方法等。

**任务三　环绕基座零件加工工艺分析操作**

**1. 毛坯选择**

该零件属于半成品毛坯,为直径 70 mm、内径 18 mm、高度 50 mm 的空心棒料,如图 11 - 2 所示,依据当前毛坯进行工艺分析。

**2. 定位夹紧**

根据零件的形状,采用定制芯轴装夹,露出足够的加工高度。如图 11 - 3 所示为工件装夹示意图。

**3. 加工方法的确定**

根据零件图上各加工表面的加工元素,以可变轴轮廓铣为主要加工方法,这也是本项目学

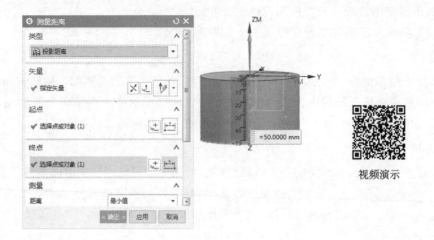

视频演示

图 11-2　毛坯示意图

视频演示

图 11-3　工件装夹示意图

习的重点内容。用型腔铣开粗,用平面铣加工平面,用钻孔和可变轮廓铣进行精加工。

### 4. 刀具选择

根据模型大小、内圆角大小、凹腔加工深度、现有刀具的条件,推荐选择的刀具类型如表 11-1 所列。

表 11-1　刀具表

| 产品名称 | | 多轴工件 | 零件名 | 环绕基座 | | | | 零件图号 | 1 |
|---|---|---|---|---|---|---|---|---|---|
| 工步号 | 刀具号 | 刀具型号 | 刀柄型号 | 刀具 | | | | 备 注 | |
| | | | | 直径 $D$/mm | 长度 $H$/mm | 刀尖半径 $R$/mm | 刀尖方位 $T$ | | |
| 1 | T01 | $\phi$10 立铣刀 | BT40 | $\phi$10 | 50 | 0.1 | 0 | | |
| 2 | T02 | $\phi$6 立铣刀 | BT40 | $\phi$6 | 45 | 0.1 | 0 | | |
| 3 | T03 | $\phi$5.8 钻头 | BT40 | $\phi$5.8 | 60 | 0 | 0 | | |
| 4 | T04 | $\phi$6 铰刀 | BT40 | $\phi$6 | 80 | 0 | 0 | | |
| 5 | T05 | $\phi$8$R$4 球头刀 | BT40 | $\phi$8$R$4 | 60 | 4 | 0 | | |
| 6 | T06 | $\phi$2 中心钻 | BT40 | $\phi$2 | 30 | 0 | 0 | | |
| 编制 | | 审核 | | 批准 | | | 共 页 | 第 页 | |

### 5．切削用量的选择

切削用量的选择如表 11 - 2 所列。

**表 11 - 2　切削用量选择表**

| 序　号 | 加工内容 | 刀具号 | 主轴转速/<br>$(r \cdot min^{-1})$ | 进给量/<br>$(mm \cdot r^{-1})$ | 背吃刀量/<br>mm |
|---|---|---|---|---|---|
| 1 | $\phi 10$ 立铣刀型腔铣开粗 | T01 | 2 000 | 800 | 0.5 |
| 2 | $\phi 6$ 立铣刀精加工 | T02 | 2 500 | 600 | 0.5 |
| 3 | $\phi 5.8$ 钻头预钻孔 | T03 | 1 600 | 37 | 2.9 |
| 4 | $\phi 6$ 铰刀铰孔 | T04 | 80 | 10 | 0.1 |
| 5 | $\phi 8R4$ 球头刀曲面精加工 | T05 | 2 000 | 600 | 0.1 |
| 6 | $\phi 2$ 中心钻钻定位孔 | T06 | 80 | 10 | 1 |

### 6．加工工艺方案

要求确定定位基准，装夹合理，工序集中，一次装夹完成所有内容的加工，如表 11 - 3 所列。

**表 11 - 3　数控加工工艺卡片(简略卡)**

| 机械加工工艺卡片 | | 产品型号 | | 零件图号 | | 共 1 页 |
|---|---|---|---|---|---|---|
| | | 产品名称 | | 零件名称 | | 第 1 页 |
| 材　料 | 毛坯种类 | 毛坯外形尺寸 | | 毛坯件数 | 加工数量 | 程序号 |
| 45# | 空心棒料 | | | 1 | | |
| 工序号 | 工序名称 | 工序内容 | | | 加工设备 | |
| 1* | 加工所有面 | 一次装夹完成粗铣所有面，精加工所有面和孔等 | | | 五轴机床 | |
| 2 | 去毛刺 | 去除毛刺飞边 | | | 手工 | |
| 3 | 中检 | 进行中间检测 | | | 手工 | |
| 4 | 热处理 | 阳极化处理 | | | 无 | |
| 5 | 校正尺寸 | 检验尺寸精度 | | | 手工 | |
| 6 | 清洗 | 清洗油渍 | | | 手工 | |

注：* 为 CAM 加工自动编程工序内容。

## 任务四　环绕基座零件程序编制准备操作

### 1．知识点与技能点

多轴铣削加工过程的知识点与技能点参见表 10 - 4。

### 2．坐标系设定

将环绕基座零件的加工坐标系设置于毛坯上表面的中心点，按如图 11 - 4 所示进行设置。

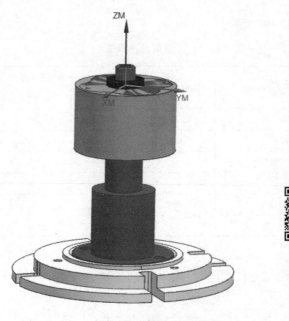

视频演示

图 11-4　坐标系设置

### 3. 毛坯设置

对于半成品毛坯,或者异形毛坯,可以如同绘制模型一样完成毛坯的绘制,然后在操作时,使用几何体去选择已经画好的毛坯即可。单击【创建几何体】工具按钮,单击【几何体子类型】区域中的"WORKPIECE"图标,【名称】默认为"WORKPIECE_1",单击【确定】按钮弹出【工件】对话框,如图 11-5 所示,单击【指定部件】图标,选择环绕基座为部件,单击【指定毛坯】图标,弹出【毛坯几何体】对话框,如图 11-6 所示,选择【类型】为"几何体",选择已经画好的毛坯模型为几何体,单击【确定】按钮完成毛坯的创建。

图 11-5　毛坯的选择

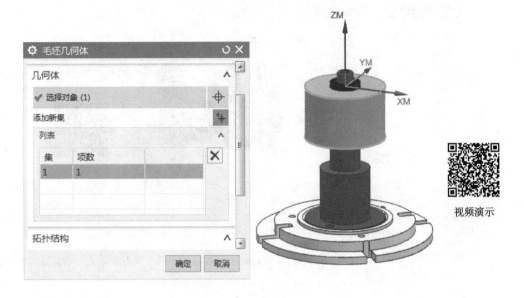

图 11-6　几何体的选择

### 4. 刀具创建

刀具的创建需要根据工艺分析中所列的刀具表来创建所有的刀具。如图 11-7 所示为所创建的刀具列表。

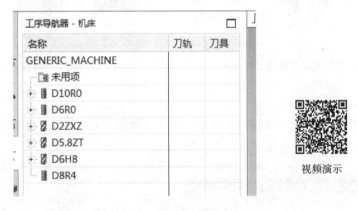

图 11-7　刀具列表

## 任务五　环绕基座零件程序编制操作

### 1. 型腔铣

创建型腔铣的操作与前面学习的内容基本相同。在进行刀轴的设置时,注意刀轴必须垂直于当前加工的平面。【指定矢量】的设置就是设置刀轴的方向,实际上是由刀尖指向刀柄的方向,参见项目十中的内容。

型腔铣的操作参照项目八,设置完需要的参数后,单击【确定】按钮生成如图 11-8 所示的刀具轨迹。对于开粗对称结构,其粗加工如图 11-9 所示。利用型腔铣对端面上 4 个分度槽进行加工,如图 11-10 所示。

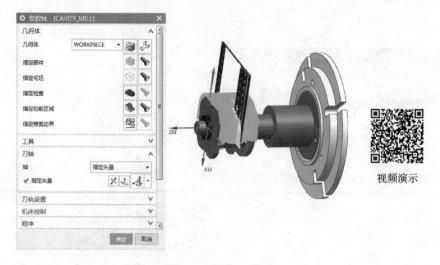

图 11-8    型腔铣刀具轨迹

图 11-9    环绕基座零件型腔铣开粗        图 11-10    开放槽的加工

## 2. 深度加工轮廓

精铣侧面工序主要针对区域的侧面进行精加工。如图 11-11 所示创建"深度轮廓铣"工序,完成侧壁精加工,其余参数参照项目七。

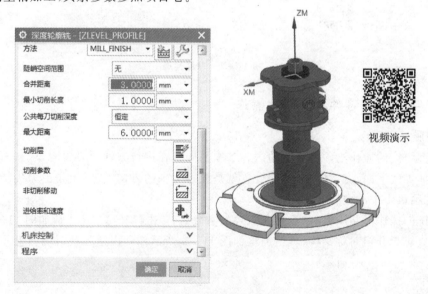

图 11-11    创建精铣侧壁工序

### 3. 钻、铰孔

按照加工顺序进行孔的加工,可以选择点钻、钻孔、铰孔工序完成孔的加工,参数设置与项目九相同,如图 11 - 12 所示完成孔的程序编制。由于使用 hole_making 进行孔加工,所以不用选择刀轴的方向,软件默认选择孔的中心线法向。其他参数参照项目九完成孔的加工。

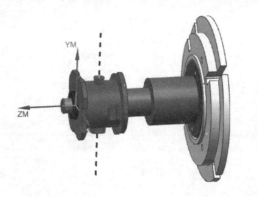

视频演示

图 11 - 12　孔加工刀具轨迹

### 4. 面　铣

环绕基座零件中的小平面可以采用面铣工序,设置刀轴与要加工的面垂直,如图 11 - 13 所示,其他参数默认,可以参照项目四进行设置。单击【生成】图标后完成斜面的精加工。

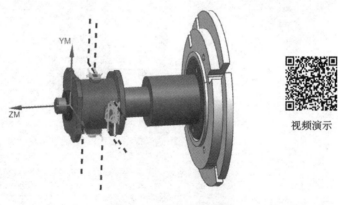

视频演示

图 11 - 13　面铣刀轴朝向

### 5. 可变轮廓铣

可变轮廓铣的加工方法主要是理解 3 个参数的具体应用,即投影矢量、刀轴和驱动三者之间的关系和应用策略。

(1)创建工序

单击【创建工序】工具按钮,弹出如图 11 - 14 所示界面,选择"可变轮廓铣"【工序子类型】,选择图中所示的参数,单击【确定】按钮弹出如图 11 - 15 所示对话框。

(2)指定部件

选择环绕基座模型为部件几何体,如图 11 - 16 所示。

(3)指定切削区域

选择底圆柱面为切削区域,如图 11 - 17 所示。

图 11-14　可变轮廓铣工序

图 11-15　【可变轮廓铣】对话框

视频演示

图 11-16　部件几何体

视频演示

图 11-17　切削区域

（4）驱动方法

【驱动方法】用于定义创建刀轨所需的驱动点。某些驱动方法允许沿一条曲线创建一串驱动点，而其他的驱动方法则允许在边界内或所选曲面上创建驱动点阵列。一旦定义了驱动点，就可用于创建刀轨。如果没有选择"部件"几何体，则刀轨直接从"驱动点"创建；否则，将驱动点投影到部件表面以创建刀轨。

如何选择合适的驱动方法，应该由希望加工的表面形状和复杂性以及刀轴和投影矢量的要求决定。所选的【驱动方法】决定了可以选择的驱动几何体的类型，以及可用的投影矢量、刀轴和切削类型。

【投影矢量】是大多数【驱动方法】的公共选项，它确定了驱动点投影到部件表面的方式，以及刀具接触部件表面的哪一侧。可用的【投影矢量】选项将根据所使用的【驱动方法】而变化。

如图 11-18 所示说明了"曲面区域"的驱动方法，驱动方法的选择取决于部件表面的复杂性和刀轴所需的控制。系统会在所选驱动曲面上创建一个驱动点阵列，然后将此阵列沿指定的投影矢量投影到部件表面上，刀具则定位到"部件表面"上的"接触点"。刀轨是使用刀尖处的输出刀位置点创建的。投影矢量和刀轴都是变量，它们被定义为垂直于驱动曲面。

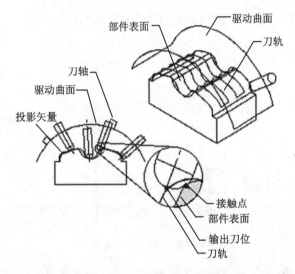

**图 11-18　驱动方法说明**

（5）"曲面区域"驱动方法

"曲面区域"驱动方法允许创建一个位于"驱动曲面"栅格内的"驱动点"阵列。在加工可变刀轴的复杂曲面时，这种驱动方法是很有用的，它提供了对"刀轴"和"投影矢量"的附加控制。如图 11-19 所示，选择底圆柱面为驱动曲面，驱动曲面和切削区域可以重合，也可以分开。与曲面区域驱动相关的设置参数如下：

① 切削区域：指定在工序中将使用多少总驱动表面积。【切削区域】选项只在指定了驱动几何体之后可用，包括如下选项：

- 曲面％：如图 11-20 所示的第一条刀路的起点和终点、最后一条刀路的起点和终点、第一个步距和最后一个步距分别指定了正的或负的百分比值，以决定要使用的驱动表面积。
- 对角点：用于通过选择驱动曲面上的点以定义对角来指定切削区域。

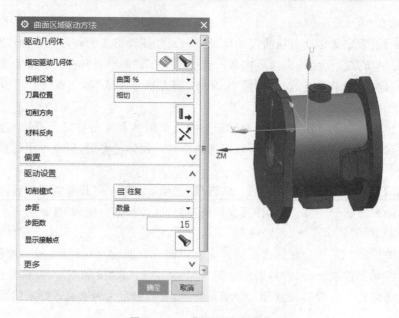

图 11 - 19   曲面区域驱动方法

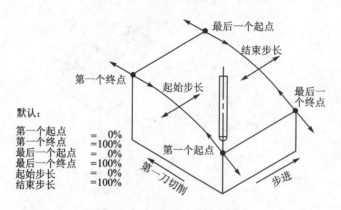

图 11 - 20   切削区域(曲面%)

② 指定驱动几何体:系统将显示一个默认的切削方向矢量,如图 11 - 21 所示。可通过选择【切削方向】,然后从显示的 8 个矢量中选择一个矢量来重新定义切削方向,这 8 个矢量成对显示在每个曲面拐角处。所选的矢量指定了"切削方向"和第一刀开始的象限。

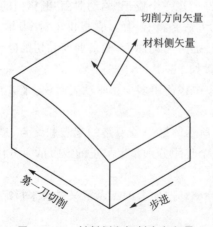

图 11 - 21   材料侧和切削方向矢量

指定了驱动几何体之后,系统还显示"材料侧矢量",如图 11 - 21 所示。"材料侧矢量"应该指向要移除的材料;若要反转此矢量,则可在【曲面区域驱动方法】对话框中单击"材料反向"图标。材料侧的方向矢量确定了刀具沿着驱动轨迹移动时要接触驱动曲面的哪一侧(仅限于【曲面区域驱动方法】中的设置)。材料侧的法向矢量必须指向要移除的材料,并且远离刀具不能碰撞的一侧,如图 11 - 22 所示。

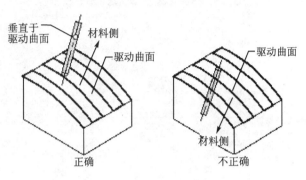

**图 11 - 22 材料侧矢量**

③ 切削方向:指定第一刀开始的切削方向和象限,选择在各个曲面拐角处成对出现的矢量箭头之一。得到的刀具运动方向如图 11 - 23 所示。

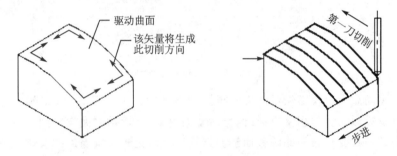

**图 11 - 23 切削方向设置**

④ 刀具位置:指定刀具位置以决定软件如何计算部件表面的接触点,如图 11 - 24 所示,包括以下选项:

- 相切:在将刀轨沿指定的投影矢量投影到部件上之前,定位刀具使其在每个驱动点处相切于驱动曲面。
- 对中:在将刀轨沿指定的投影矢量投影到部件上之前,将刀尖定位在每个驱动点上。

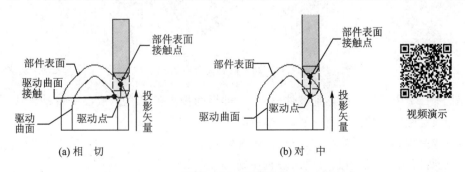

(a) 相 切　　　　　　(b) 对 中

视频演示

**图 11 - 24 刀具位置**

⑤ 驱动设置:本项目采用"往复"【切削模式】。其他参数默认。

（6）投影矢量

【投影矢量】允许定义驱动点投影到部件表面的方式，以及刀具接触的部件表面侧。"曲面区域"驱动方法的【投影矢量】参数中提供一个附加选项，即"垂直于驱动体"，其他驱动方法不提供该选项，如图 11-25 所示。

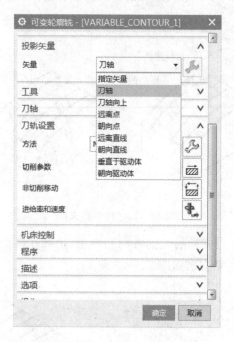

图 11-25　投影矢量类型

投影矢量驱动点沿着投影矢量的方向投影到部件表面上。但有时，如图 11-26 所示，驱动点在移动时以投影矢量的相反方向（但仍沿着矢量轴）从驱动曲面投影到部件表面。投影矢量的方向决定了刀具要接触的部件表面侧。刀具总是从投影矢量逼近的一侧定位到部件表面上。在图 11-26 中，驱动点 p1 以投影矢量相反的方向投影到部件表面上以创建 p2。

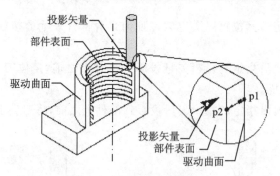

图 11-26　投影矢量原理

在图 11-27 中驱动点投影到部件表面上，可用的投影矢量类型取决于驱动方法。【投影矢量】的选项是除"清根"之外所有驱动方法都有的选项。

**注意：**选择投影矢量时应小心，避免出现投影矢量平行于刀轴矢量或垂直于部件表面法向的情况。这些情况都可能引起刀轨的竖直波动。

图 11-27 展示了驱动点是如何投影到部件表面上的。在此示例中，投影矢量被定义为固定的。在部件表面上的任意给定点处，矢量与 ZM 轴是平行的。要想投影到部件表面上，驱动

点必须以投影矢量箭头所指的方向从边界平面进行投影。

图 11 - 28 中的驱动轨迹以投影矢量的方向投影,投影矢量的方向决定了刀具要接触的部件表面侧。

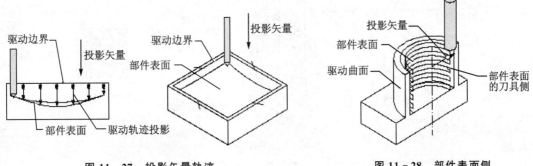

图 11 - 27　投影矢量轨迹　　　　　图 11 - 28　部件表面侧

图 11 - 29 中的投影矢量方向决定了部件表面的刀具侧,图中说明了投影矢量的方向如何决定刀具要接触的部件表面侧。在图 11 - 28 中,刀具接触相同的部件表面(圆柱内侧),但是刀具接触的表面侧则根据投影矢量的方向而变化。图 11 - 29 说明了投影矢量朝向直线,产生了不需要的结果,即刀具沿投影矢量的方向从圆柱外侧逼近部件表面,并对部件形成过切。

如图 11 - 30 所示把朝向直线改为远离直线,产生了需要的结果,即刀具沿投影矢量的方向从圆柱内侧逼近部件表面,且没有对部件形成过切。

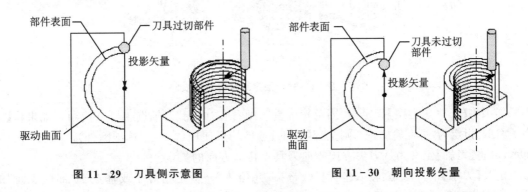

图 11 - 29　刀具侧示意图　　　　　图 11 - 30　朝向投影矢量

图 11 - 31 为远离直线的投影矢量,注意:当使用"远离点"或"远离直线"作为投影矢量时,从部件表面到矢量焦点或聚焦线的最小距离必须大于刀具的半径,如图 11 - 31 所示。必须允许刀具末端定位到投影矢量的焦点,或者沿投影矢量聚焦线定位到任何位置,且不过切部件表面。

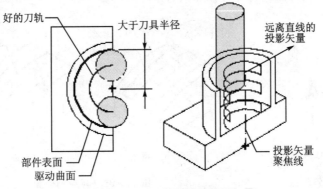

图 11 - 31　远离直线的投影矢量

图 11-32 的刀具过切部件表面,当刀具末端定位到投影矢量的焦点,或者沿投影矢量聚焦线定位到任何位置时,如果刀具过切了部件表面,则系统不能保证生成良好的刀轨。

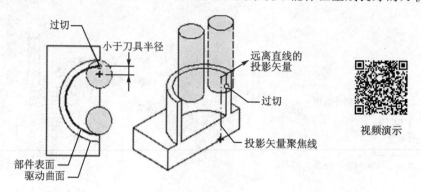

图 11-32　部件表面过切示意图

（7）刀　轴

【刀轴】参数允许定义"固定"和"可变"刀轴方位。固定刀轴将保持与指定矢量平行,如图 11-33 所示,可变刀轴在沿刀轨移动时将不断改变方向。

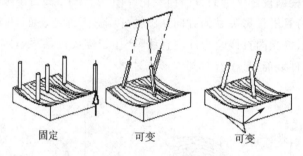

图 11-33　固定和可变刀轴

如果将【工序子类型】指定为"固定轮廓铣",则只有"固定"刀轴选项可以使用。如果将【工序子类型】指定为"可变轮廓铣",则全部【刀轴】选项均可使用("固定"选项除外)。如图 11-34 所示,可将【刀轴】定义为从刀尖方向指向刀具夹持器方向的矢量。

定义【刀轴】的方法是:输入坐标值→选择"几何体"→指定相对于或垂直于"部件表面"的轴→指定相对于或垂直于"驱动曲面"的轴。

当使用【曲面区域驱动方法】直接在"驱动曲面"上创建刀轨时,应确保正确定义"材料侧矢量",如图 11-35 所示。材料侧矢量将决定刀具与驱动曲面的哪一侧相接触。材料侧矢量必须指向要移除的材料(与刀轴矢量的方向相同)。

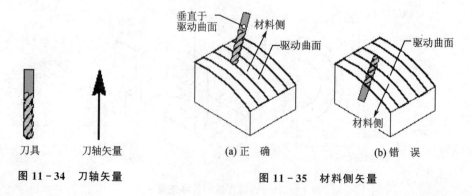

图 11-34　刀轴矢量　　　　图 11-35　材料侧矢量

有些刀轴的矢量方向取决于部件表面的法线方向，而有些则不是。不取决于部件表面法线方向的刀轴（除"垂直于部件"、"相对于部件"、"4 轴，垂直于部件"、"4 轴，相对于部件"和"双4 轴在部件上"之外的所有刀轴）将位于部件表面的边缘（此时"移除边缘追踪"选项关闭），即使刀尖处于部件表面边缘之外时也是如此。

对于取决于部件表面法线方向才能确定方向的刀轴（"垂直于部件"、"相对于部件"、"4 轴，垂直于部件"、"4 轴，相对于部件"和"双4 轴在部件上"的刀轴），如果刀尖位于部件表面边缘之外，则刀轴不会位于该边缘上，这是因为尚未定义法线。因此，这些刀轴的表现始终如同关闭了"移除边缘追踪"选项情况下的表现。

如图 11 - 36 所示，投影"驱动曲面"的边缘与"部件表面"的边缘重合，这使得生成的接触点全部位于部件表面的边缘之上。"垂直于部件"的刀轴无法将刀具定位到部件表面上，因为刀尖位于部件表面的边缘之外。刀具退刀、移刀、进刀（根据指定的"避让"移动），然后在可以重新定位到部件表面边缘的位置处继续切削。取决于部件表面法线方向的刀轴，在刀尖位于部件表面之外时无法定位，因此，为了防止出现此类情况，并允许刀

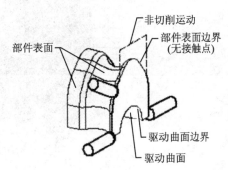

图 11 - 36　驱动关系图

具沿着第一条刀路的整个长度进行切削，可稍微增加一点"起始步长％"的值。

（8）远离直线

如图 11 - 37 所示，刀轴"远离直线"允许定义偏离聚焦线的"可变刀轴"。刀轴沿聚焦线移动，同时与该聚焦线保持垂直。刀具在平行平面之间运动。刀轴矢量从定义的聚焦线离开并指向刀具夹持器，如图 11 - 38 所示。

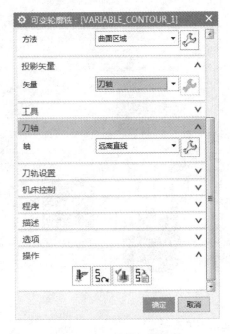

图 11 - 37　设置刀轴参数

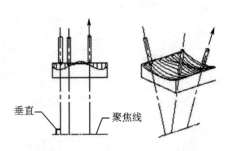

图 11 - 38　使用往复切削模式的远离直线的刀轴

（9）生成刀路

设置完【刀轴】【投影矢量】【驱动方法】之后，单击【生成】图标完成刀具轨迹的生成。如图 11-39 所示为完成可变轮廓铣全部加工的结果。

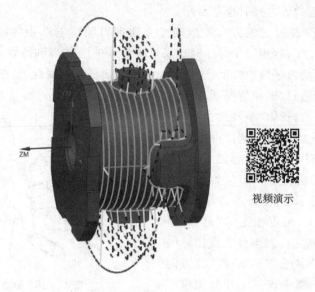

视频演示

图 11-39 可变轮廓铣刀具轨迹

## 任务六 环绕基座零件程序仿真操作

完成本项目需要加工的元素之后，对所有程序进行仿真加工。选中所有的刀具轨迹，粗加工仿真效果如图 11-40 所示，半精加工仿真效果如图 11-41 所示，孔加工仿真效果如图 11-42 所示，产品整体仿真效果如图 11-43 所示，至此完成产品的编程仿真，1+X 中级等级实践考核样题加工完成。

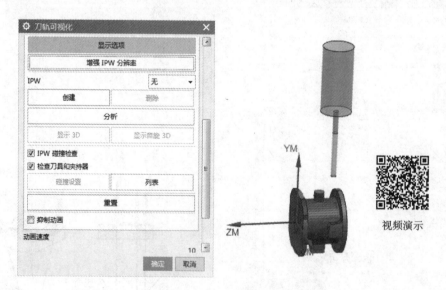

视频演示

图 11-40 粗加工仿真效果图

图 11－41　半精加工仿真效果图

图 11－42　孔加工仿真效果图

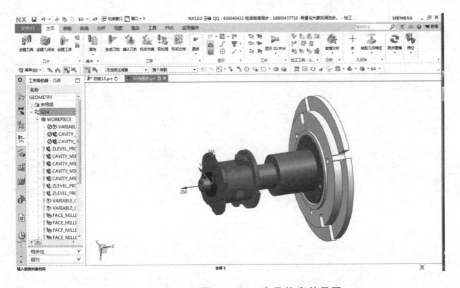

视频演示

图 11－43　产品仿真效果图

## 项目综合评价表

**五轴联动铣削加工编程项目综合评价表**

| 评价类别 | 序 号 | 评价内容 | 分 值 | 得 分 |
|---|---|---|---|---|
| 成果评价(50分) | 1 | 多轴加工刀具的创建 | 15 | |
| | 2 | 多轴加工坐标系的创建 | 15 | |
| | 3 | 多轴加工基本策略的选择 | 5 | |
| | 4 | 多轴参数输入正确合理 | 5 | |
| | 5 | 多轴路径优化合理 | 10 | |
| 自我评价(25分) | 1 | 学习活动的主动性 | 7 | |
| | 2 | 独立解决问题的能力 | 5 | |
| | 3 | 工作方法的正确性 | 5 | |
| | 4 | 团队合作 | 5 | |
| | 5 | 个人在团队中的作用 | 3 | |
| 教师评价(25分) | 1 | 工作态度 | 7 | |
| | 2 | 工作量 | 5 | |
| | 3 | 工作难度 | 3 | |
| | 4 | 工具的使用能力 | 5 | |
| | 5 | 自主学习 | 5 | |
| 项目总成绩(100分) | | | | |

# 参考文献

[1] 吴中林,朱生宏,谌丽容.立体词典:UG NX6.0 注塑模具设计[M].杭州:浙江大学出版社,2012.

[2] 贺炜.模具 CAD/CAM [M].大连:大连理工大学出版社,2007.

[3] 张幼军,王世杰.UG CAD/CAM 基础教程[M].北京:清华大学出版社,2006.

[4] 何满才.模具设计与加工:Mastercam 9.0 实例详解[M].北京:人民邮电出版社,2003.

[5] 李东君.机械 CAD/CAM 项目教程(UG 版)[M].北京:北京理工大学出版社,2017.